Society for Sociology of Warfare

戦争社会学研究

特集①

ミリタリー・カルチャー研究の可能性を考える

特集②

戦争体験継承の媒介者たち——ポスト体験時代の継承を考える

ミリタリー・カルチャーの可能性

戦争社会学研究会編

Mizuki Shorin

目次

特集1

ミリタリー・カルチャー研究の可能性を考える

座談会

ミリタリー・カルチャー研究の可能性を考える

（第二二回戦争社会学研究会大会シンポジウム）

二〇二一年四月二五日（日）

司会　**青木深**
報告者　**吉田純**
高橋由典
永冨真梨
討論者　**須藤遙子**
山本昭宏

はじめに

青木深（以下、青木）　司会の青木深と申します。例年四月に開催している大会ですが、コロナ禍がはじまった昨年度（二〇二〇年度）は大会の開催を見送ることになりました。パンデミックはまだ続いておりますが、今年度（二〇二一年度）はシンポジウムもオンラインで開催する運びとなりました。どうぞよろしくお願いいたします。

本日のシンポジウムは、昨日の高橋三郎先生の基調講演でも話題に出ておりました『ミリタリー・カルチャー研究』（青弓社、二〇二〇年）を手がかりに、「戦争」と「軍事組織」と「文化」の関係を研究することの今日的な意味や可能性について、あらためて考える場を設けようと企画しています。『ミリタリー・カルチャー研究』は、大規模でまた詳細な社会学的調査にもとづき、戦争・軍事と日本の文化・社会との関係をさまざまな視点から考察し、なおかつそれを「専門家」ではない読者にもわかりやすく提示した、「入り口」の広い魅力的な御本と思います。今日は、この成果に刺激されるかたちで、戦争観や平和観、あるいは、戦争や軍事に結びついた「趣味」的な文化が現在の日本でどのように絡み合いながら形成されているのか、議論できればと考えています。

最初に、『ミリタリー・カルチャー研究』の編者で本研究会会員でもいらっしゃる吉田純先生、それから著者のおひとりである高橋由典先生に、この本をふまえた発展的なお話をしていただきます。続けて会員の永冨真梨先生にご登壇いただきますが、アメリカの事例を経由しながら、日本におけるミリタリー・カルチャーの特殊性を浮かび上がらせるようなお話をしていただけるのではないかと思います。

休憩時間の後は、『自衛隊協力映画――「今日もわれ大空にあり」から「名探偵コナン」まで』（大月書店、二〇一三年）の御著者でいらっしゃる須藤遙子先生と、本研究会の山本昭宏会長からコメントをいただきます。報告者の先生方に応答していただいてから、フロアに議論を開いていきたいと思います。

サブカルチャーの中の戦争・軍隊（吉田純）

吉田純（以下、吉田）　京都大学の吉田です。昨年出版しました『ミリタリー・カルチャー研究』の編者という立場なのですが、私のこれからの報告は、この本全体の紹介というよりは、タイトルにありますとおりサブカルチャーというテーマに絞って、「サブカルチャーの中の戦争・軍隊」と題してお話ししたいと思います。

「戦争のサブカルチャー化」

最初に、つい最近出ましたアニメ評論家の藤津亮太さんの『アニメと戦争』[1]という本がありまして、この本の中で「戦争のサブカルチャー化」ということが論じられています。引用しますと「戦後のアニメは、実際に起きた太平洋戦争を作中に取り入れた時期の後、『宇宙戦艦ヤマト』『機動戦士ガンダム』を経て「架空の戦争」をリアリティをもって描く方向へとシフトしていった。多くのひとの共通体験である歴史的な出来事から、非歴史的な架空の箱庭の中での出来事へ。それはアニメの中の戦争が実際の歴史を離れて、サブカルチャー化していく過程といえる。[2]」というふうに述べられて

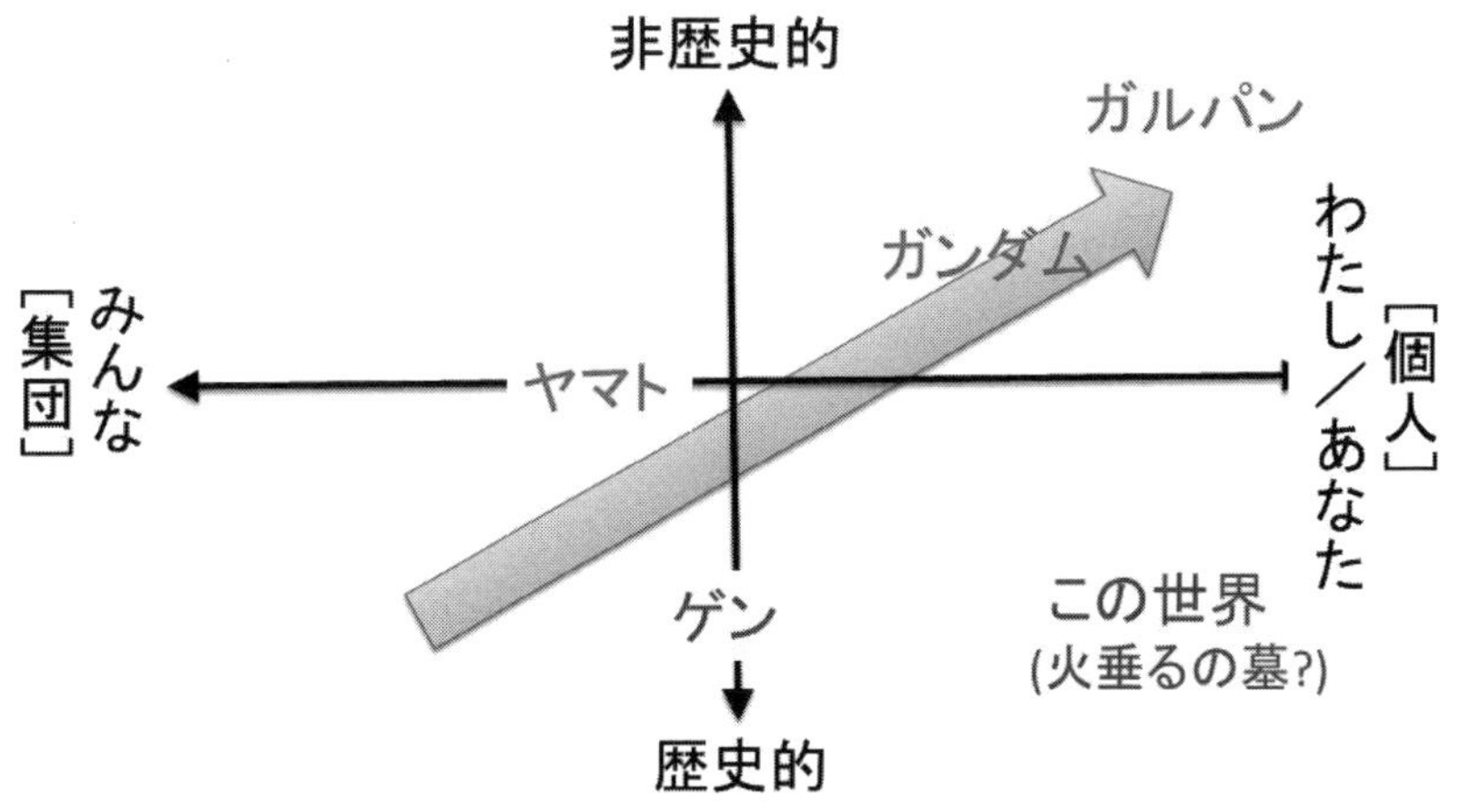

図1　「戦争とその語り」の座標平面
（藤津2021:120 図5-1より吉田が再構成）

います。

藤津さんは、「戦争とその語り」を図1のような座標平面の中にマッピングしています。縦軸が非歴史的な語りと歴史的な語り、横軸が「みんな」［集団］の物語と「わたし／あなた」［個人］の物語。この座標平面の中に、例えば『はだしのゲン』『ヤマト』『ガンダム』『ガルパン』『この世界の片隅に』といった作品がこういうふうに位置付けられています。『火垂るの墓』については藤津さん自身はこの図の中には入れていないんですけれども、おそらくこの辺りに位置するかと思います。そして「戦争のサブカルチャー化」という変化は、第三象限から第一象限へ、つまり歴史的な「みんな」の物語から、非歴史的な個人の物語へのベクトルとして描かれるわけです。

この藤津さんの議論を踏まえた上で、今日の私の報告の基本的な問いを設定したいと思います。「アニメの中の戦争が実際の歴史を離れて、サブカルチャー化していく」という、作品内容の変化についての藤津さんの指摘は、おおむね私たちのミリタリー・カルチャー調査の回答者、つまりアニメ作品の受け手の意識の分析結果と符合しています。では、「戦争がサブカルチャー化していく」ということは、アニメや漫

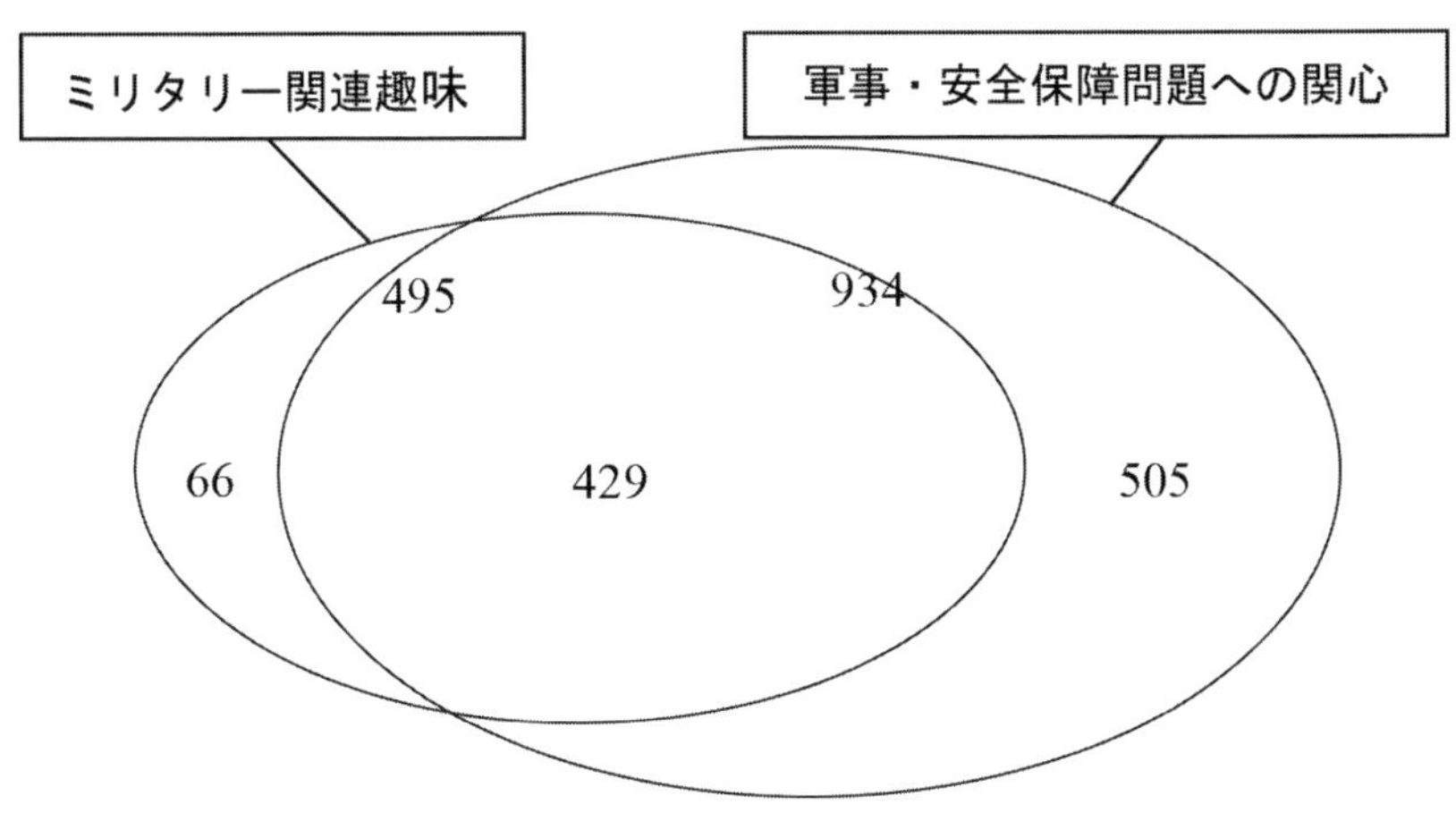

図2　ミリタリー・カルチャー調査の対象者

画の受け手、あるいは作り手にとって、現実の軍事・戦争、あるいは安全保障問題への関心のあり方とどのように関係しているのか／いないのか——このような問いをとりあえず設定した上で、ここから本題に入らせていただきたいと思います。

調査方法と対象者

まず、前提としまして、このミリタリー・カルチャー調査の方法と対象者について簡単にご説明しておきます。この調査は二〇一五年六月にWebモニター調査の方式で実施し、まず予備調査によって一〇〇〇人の対象者を抽出しました。予備調査の方法は以下のとおりです。ひとつは、「軍事・安全保障問題に関心があるかどうか」という設問で九三四人を抽出しました。もうひとつ、「ミリタリー関連の趣味を持っているかどうか」という設問によって四九五人を抽出しました。このふたつの集合の重なり具合は図2のようになっており、ミリタリー関連趣味の有無ということが、ほぼ一〇〇〇人の対象者を二分するという形になっています。

そのことを念頭に置いた上で、もう一点、この調査全体の解釈から得られたひとつの知見として、戦争と軍事に関するふたつの「関心層」の存在ということを述べておきます。ひとつは「批判的関心層」と名付けたグループで、安全保障に関わる国際的・政治的問題や戦争被害者の視点からの問題への関心が高い人々です。この層は属性としては高年齢層と女性、そしてミリタリー関連趣味を持たない人々に多いという結果が出ています。もうひとつが「趣味的関心層」と名付けたグループです。この層は軍事や戦争それ自体の構成要素、つまり兵器や作戦や戦闘などへの関心が高い人々であり、属性では若年齢層と男性、そしてミリタリー関連趣味を持つ人々に多いという結果が出ています。

このミリタリー関連趣味の有無という変数と、対象者が戦争や軍事にどういうきっかけで関心を持ったかという設問、このふたつの変数のクロス集計を取りますと、図3のような結果が出ています。このグラフでは、ミリタリー関連趣味を持つ人の比率が高い順にソートしているのですが、そのトップに来るのが「マンガ・アニメ」です。マンガ・アニメがきっかけであるという人々のうちの七六・三%がミリタリー関連趣味を持つという結果になっています。

以上が、私の報告の前提です。ここから本題に入っていきたいと思います。

戦争や軍隊を描いたマンガ・アニメ

この調査の中で、「戦争や軍隊を描いたマンガやアニメであなたの推薦する作品を挙げてください」という設問があります。これは自由記述方式で最大一〇作品まで挙げていただいたんですけれども、その回答を集計した結果が図4です。一位『はだしのゲン』、二位『火垂るの墓』、この二作が一〇〇人を超える圧倒的に多くの推薦者を集めています。その次に来るのが三位『宇宙戦艦ヤマト』と『機動戦士ガンダム』で、いずれも三七人という数字になっています。以下、ご覧のような作品が上がっているんですけれども、一位から四位までの四作が、五位以下に比べますと、多くの支持を集めているということが分かります。

そこで、ここからしばらくはこの上位の四作に注目して、クロス集計などの統計的な処理を行った結果をご報告したいと思います。

まず、以上の上位四作の推薦者と、性別、年齢層というふたつの属性、それからミリタリー関連趣味の有無とのクロスを取ってみました。

最初に性別とのクロス（図5）を見ますと、非常に顕著な

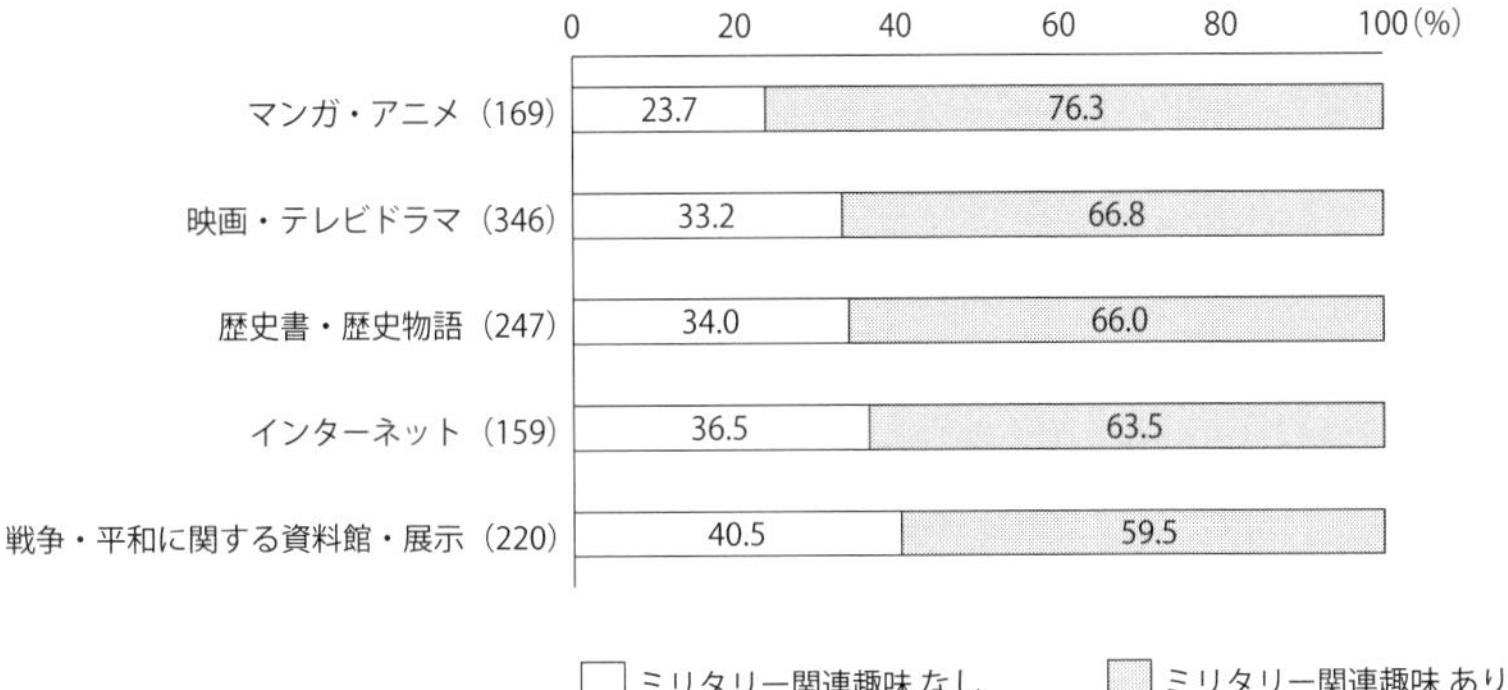

図3　戦争や軍事に関心を持ったきっかけ
(ミリタリー関連趣味のある人の比率の高い順、上位5項目)

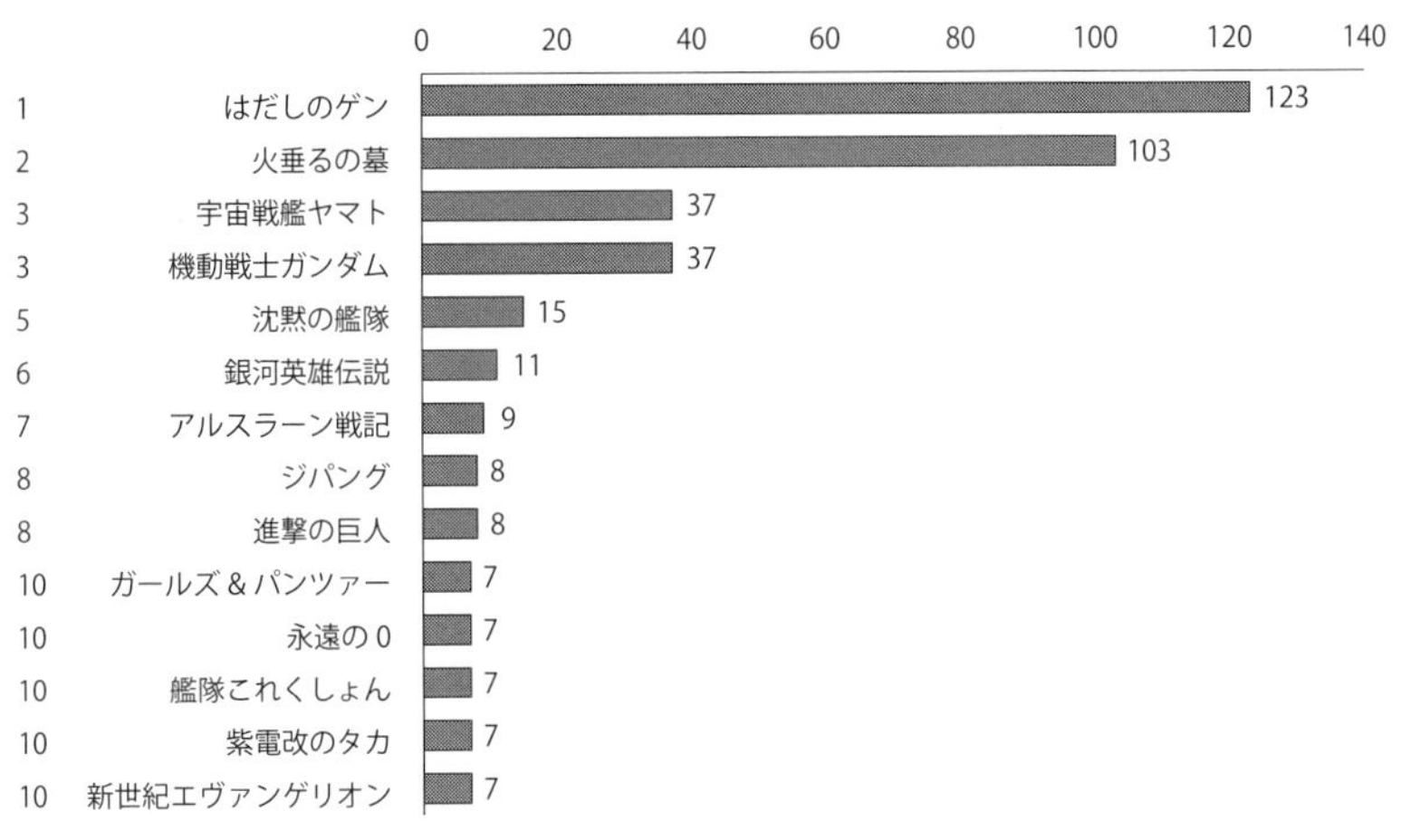

図4　戦争や軍隊を描いたマンガやアニメで推薦する作品(上位14作)
(『宇宙戦艦ヤマト』『機動戦士ガンダム』は、シリーズ作品を含む)

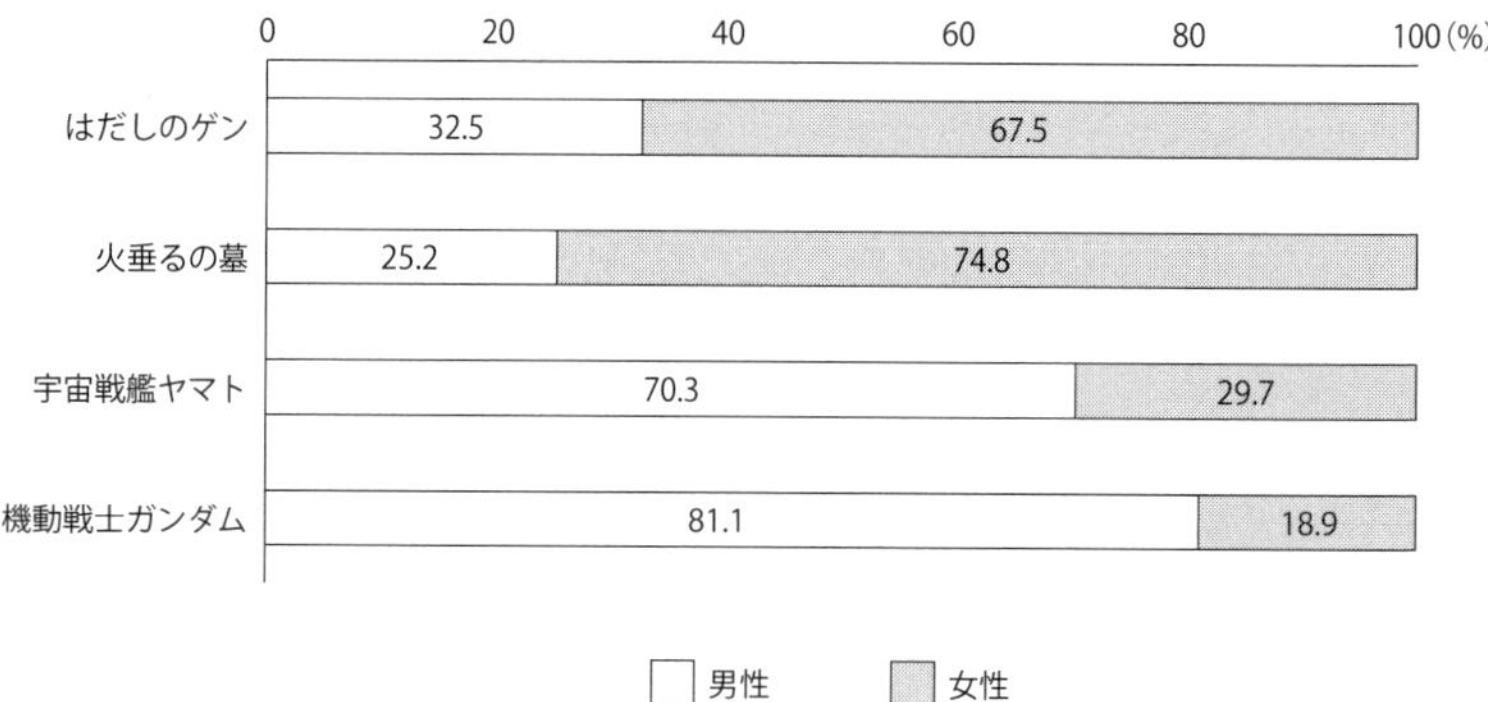

図5　上位4作の推薦者と性別とのクロス集計

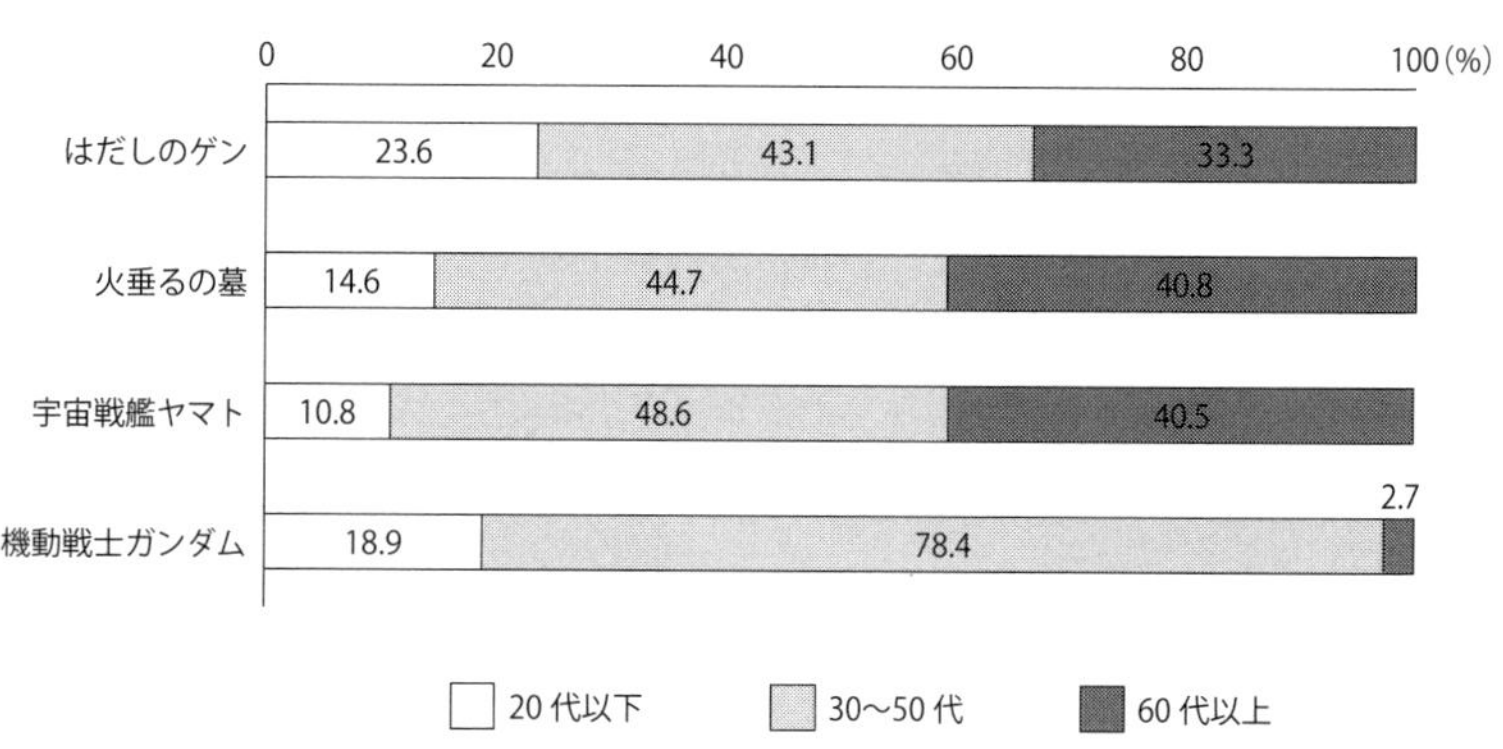

図6　上位4作の推薦者と年齢層とのクロス集計

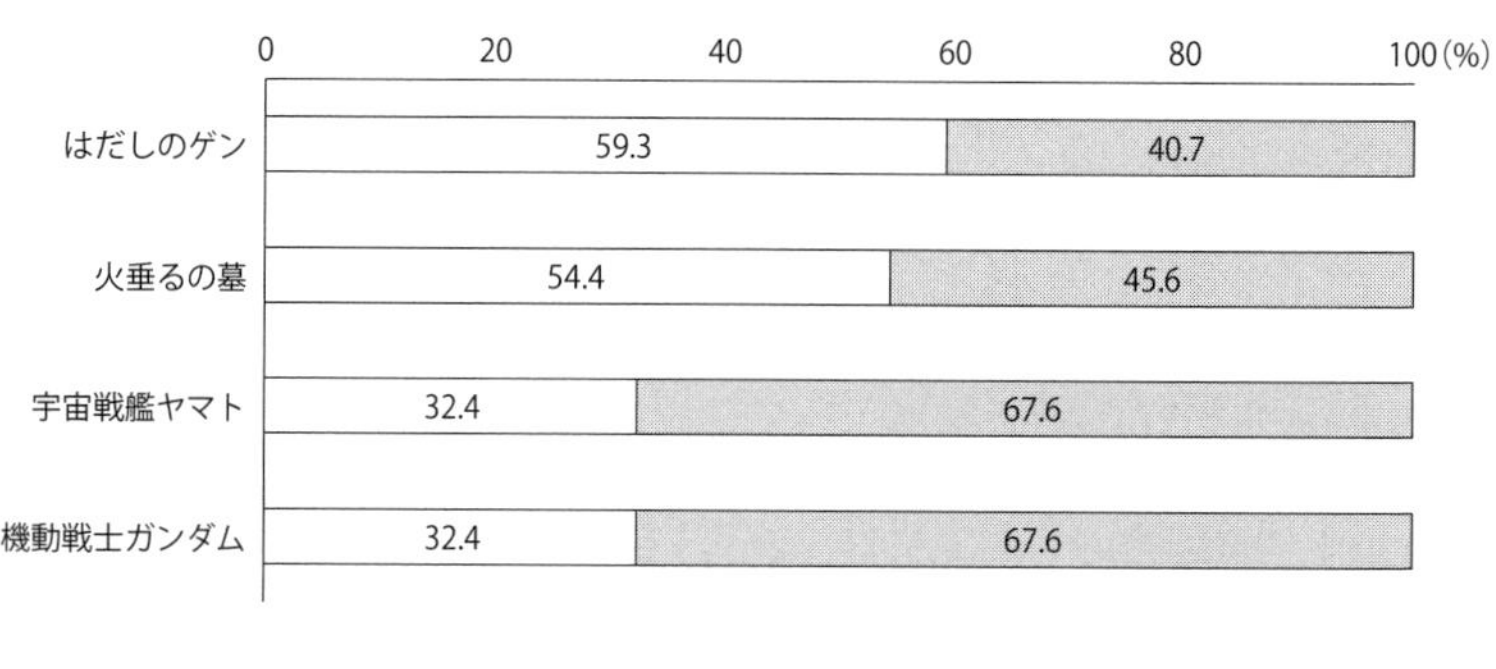

図7　上位4作の推薦者とミリタリー関連趣味の有無とのクロス集計

相関が出ていまして、『はだしのゲン』『火垂るの墓』の推薦者は女性が六～七割を占めるのに対し、『ヤマト』『ガンダム』は逆に男性が七～八割という結果になっています。

次に年齢層とのクロス（図6）では、これはちょっと特徴的でして『ガンダム』のみが六〇代以上の高年層が少なく、中年層が多いという結果です。一方、『はだしのゲン』は一番若年層が多くなっている。これはおそらく学校図書館などにこの作品が置かれて現在も読まれているということと関係しているのかと思います。

最後にミリタリー関連趣味の有無とのクロス（図7）ですけれども、これはほぼ予想どおりの結果ですが、性別との相関と比べるとそれほど強い相関にはなっていないという印象もあります。

以上のようなクロス集計の結果を見ますと、先ほどご説明しましたふたつの関心層、つまりこの調査の対象者を大きく二分するふたつの関心層の人々と、その人々が推薦するマンガ・アニメ作品との関係ということについて一定の予想が得られます。それは、批判的関心層の人々が現実の戦争を背景とする作品を推薦するのに対して、趣味的関心層の人々は架空の戦争を背景とする作品を推薦する――つまり、前者は『はだしのゲン』『火垂るの墓』、後者は『ヤマト』『ガンダム』、それぞれ二作に代表されるような作品を推薦しているのではないか、ということです。

〈架空の戦争への関心〉と〈現実の戦争への関心〉との関係

ここで、最初に藤津さんの『アニメと戦争』を手掛かりに提示した問いを、少し修正して再設定してみたいと思います。それは、「マンガ・アニメ作品の背景としての架空の戦争への関心は、現実の戦争への関心とどのように関係しているのか／いないのか」という問いです。

この問いに答えるために、まず、調査対象者の人々が、軍事や戦争といってもその中のどういった事柄に特に関心を持っているのかについて尋ねた設問を手掛かりにしたいと思います。この設問への回答と、マンガ・アニメ作品の先ほどの上位四作の推薦、それぞれの回答をダミー変数にして主成分分析を行った結果が、図8です。グラフの横軸の成分1に関してはこれらの変数とあまり顕著な関係は見られないんですけれども、縦軸である成分2に関しては大きくふたつの変数群にはっきりと分かれます。

この図の上半分、つまり成分2がプラスの値を取る変数群

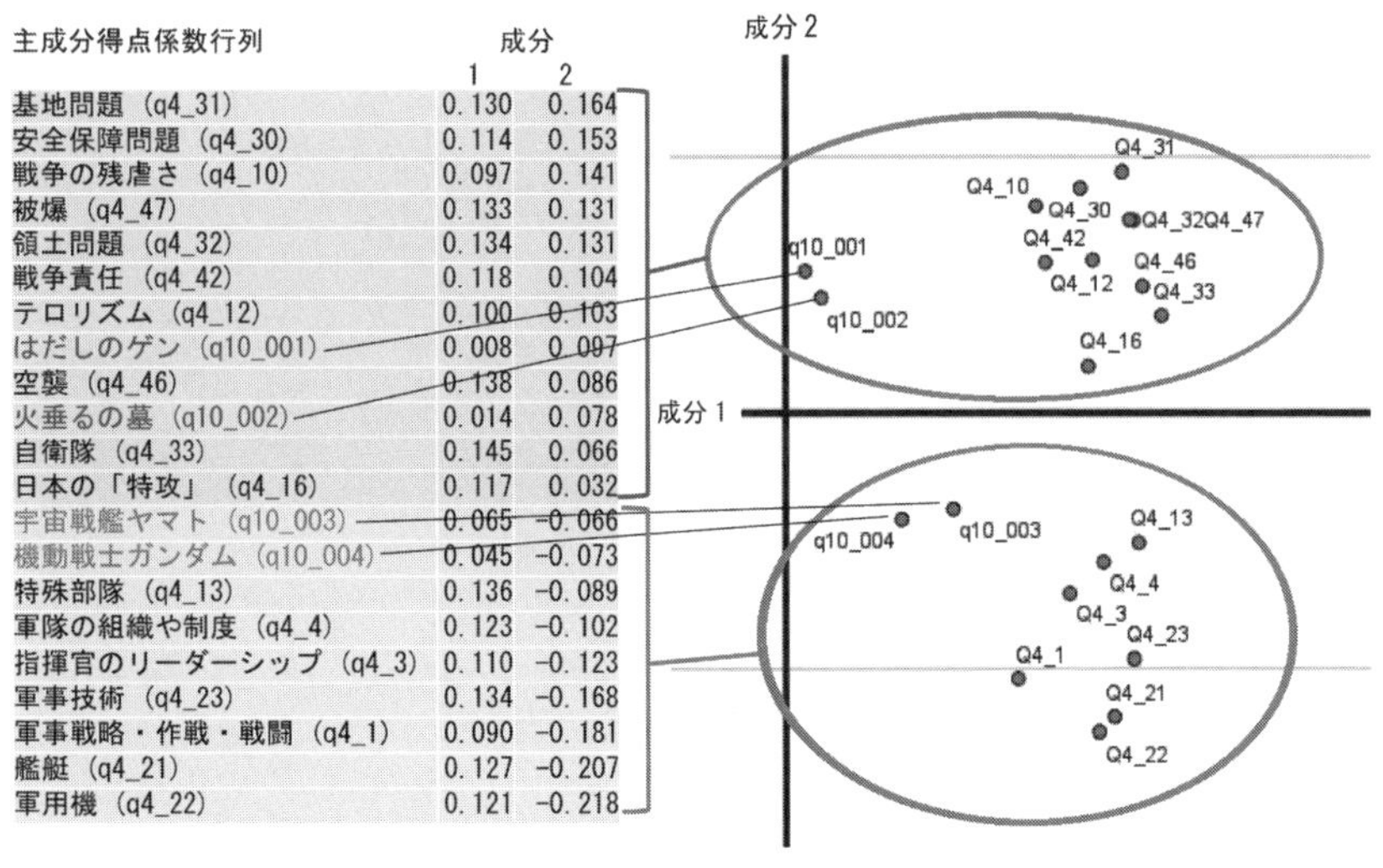

主成分得点係数行列

	成分 1	成分 2
基地問題（q4_31）	0.130	0.164
安全保障問題（q4_30）	0.114	0.153
戦争の残虐さ（q4_10）	0.097	0.141
被爆（q4_47）	0.133	0.131
領土問題（q4_32）	0.134	0.131
戦争責任（q4_42）	0.118	0.104
テロリズム（q4_12）	0.100	0.103
はだしのゲン（q10_001）	0.008	0.097
空襲（q4_46）	0.138	0.086
火垂るの墓（q10_002）	0.014	0.078
自衛隊（q4_33）	0.145	0.066
日本の「特攻」（q4_16）	0.117	0.032
宇宙戦艦ヤマト（q10_003）	0.065	−0.066
機動戦士ガンダム（q10_004）	0.045	−0.073
特殊部隊（q4_13）	0.136	−0.089
軍隊の組織や制度（q4_4）	0.123	−0.102
指揮官のリーダーシップ（q4_3）	0.110	−0.123
軍事技術（q4_23）	0.134	−0.168
軍事戦略・作戦・戦闘（q4_1）	0.090	−0.181
艦艇（q4_21）	0.127	−0.207
軍用機（q4_22）	0.121	−0.218

図8　軍事・戦争に関する関心の対象とマンガ・アニメ作品の上位4作の推薦（主成分分析）

をみますと、基地問題、安全保障問題、戦争の残虐さといった、現実の戦争に関わる政治的問題、あるいは戦争被害者の視点からの問題に関心を持つ人々と、『はだしのゲン』や『火垂るの墓』を推薦する人々とは比較的近い位置にいるということが分かります。それに対して、この図の下半分、つまり成分2がマイナスの値を取る変数群をみますと、特殊部隊、軍隊の組織や制度、指揮官のリーダーシップといった、軍事や戦争それ自体の構成要素に関心を持つ人々は、『ヤマト』や『ガンダム』を推薦する人々と近い位置にある。この結果は、批判的関心層と趣味的関心層、それぞれの関心の方向性と、マンガ・アニメ作品における現実と架空という区別が対応しているとも言い換えられるかと思います。

次に、この上位四作の推薦と、現在の世界の軍事情勢への関心、および日本の安全保障問題への関心というふたつの設問に対する回答とのクロス集計の結果を見てみます。これがある意味、少し意外な結果になりました。

まず、現在の世界の軍事情勢への関心とのクロス（図9）を見てみます。この調査の回答者は、最初にご説明したように、もともと軍事・安全保障問題への関心の高い人々を抽出

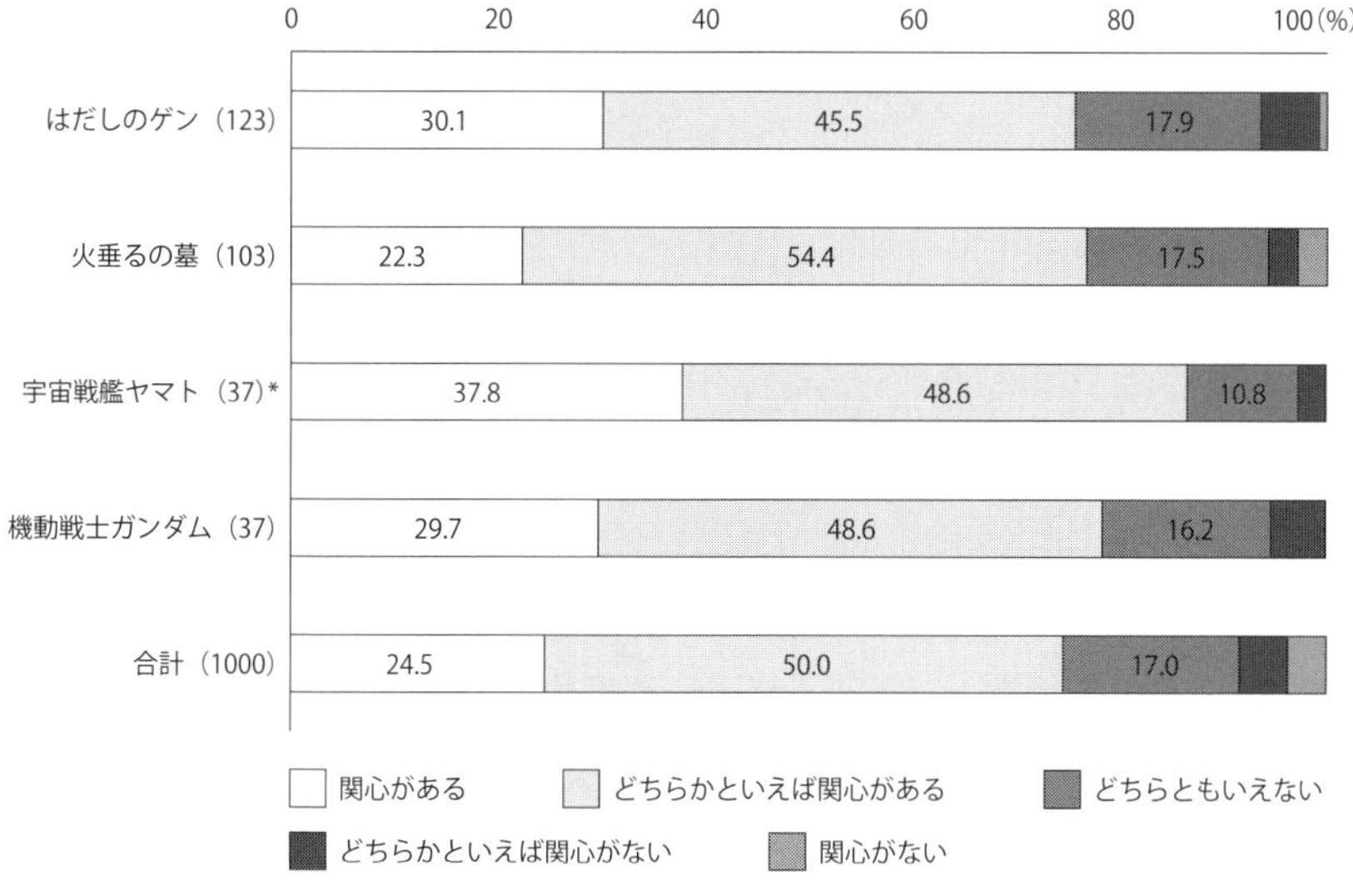

図9　上位4作の推薦と現在の世界の軍事情勢への関心とのクロス集計

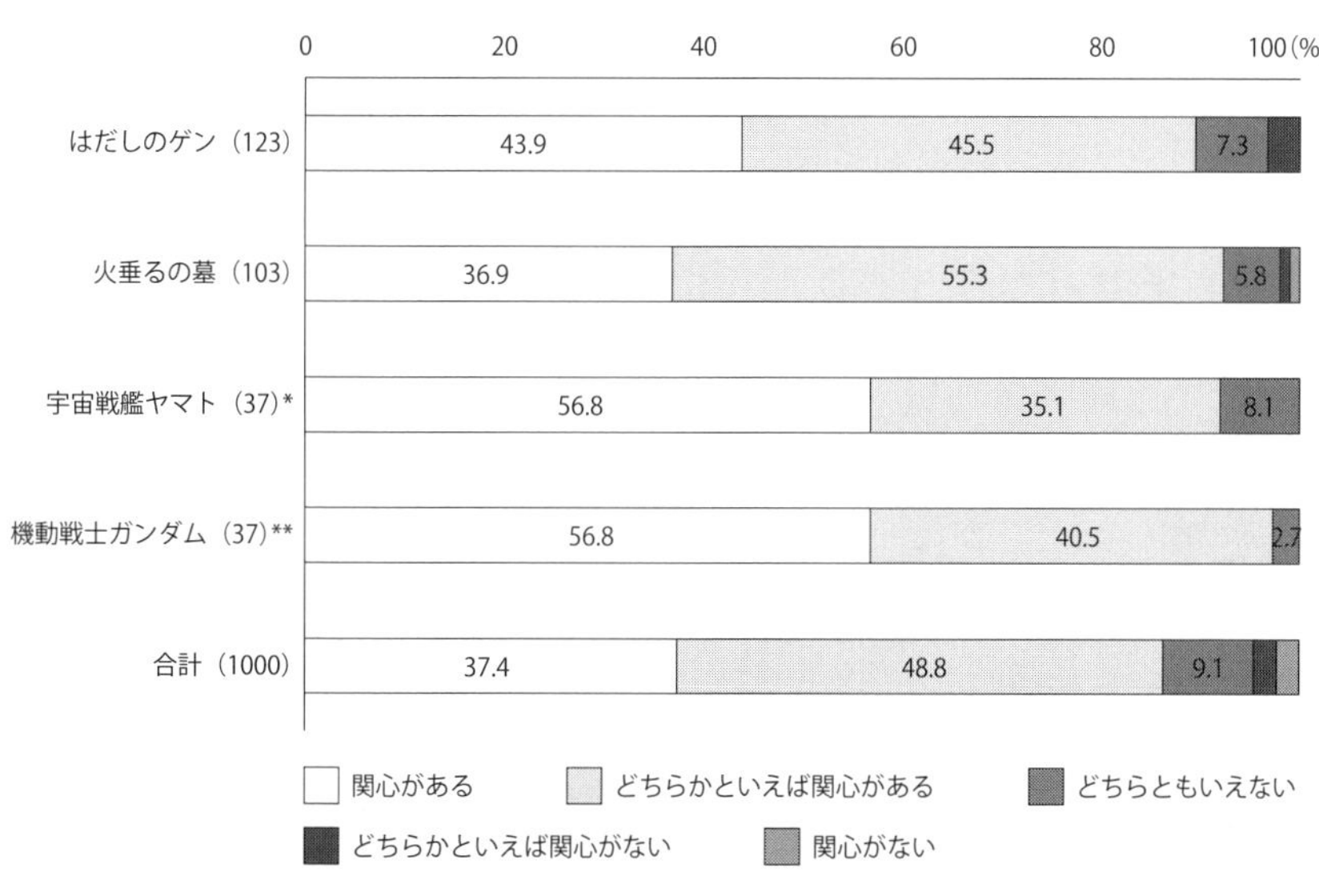

図10　上位4作の推薦と日本の安全保障問題への関心とのクロス集計

していますので、全体として「関心がある」あるいは「どちらかといえば関心がある」という回答が多いんですけれども、その中でもこの四作の推薦者に注目しますと、『ヤマト』の推薦者のみ、五%水準で有意に「関心がある」の比率が高いという結果が出ています。それに対して『はだしのゲン』や『火垂るの墓』の推薦者に関しては有意な差は出ていません。[3]

次に日本の安全保障問題への関心とのクロス（図10）ですが、こちらになるともっとはっきりしていまして、『ヤマト』の推薦者は五%水準、『ガンダム』の推薦者は一%水準で、それぞれ有意に「関心がある」の比率が高いという結果です。

さらに、以上の結果をもう少し一般化するために、今度は上位四作にとどまらず、図4で挙げた上位一四作を「現実の戦争を背景とする作品」と「架空の戦争を背景とする作品」というふうに二分類しまして、それぞれの推薦と、現在の世界の軍事情勢への関心、および日本の安全保障問題への関心とのクロスを取るということを行ってみました。変数のリコードのしかたは図11のとおりで、上位一四作のうち、図の上側の四作と下側の一〇作を、それぞれを「現実の戦争を背景とする作品」と「架空の戦争を背景とする作品」にリコードしてふたつのダミー変数にしました。

これらのダミー変数と現在の世界の軍事情勢への関心とのクロスを見ると、やはり架空の戦争を背景とする作品を推薦する人々においてのみ五%水準で有意の相関が出ています（図12）。日本の安全保障問題への関心についても同様です（図13）。やはり架空の戦争を背景とする作品を推薦する人々のみが「関心がある」という比率が有意に高いということです。

以上の結果をどう考察するかはなかなか難しい部分がありますが、取りあえず次のようなことはいえるかと思います。すなわち、現実の戦争を背景とする作品を推薦する人々が、必ずしも現実の軍事・安全保障問題に強い関心を持つ傾向があるわけではない。架空の戦争を背景とする作品を推薦する人々のほうが、むしろ現実の軍事・安全保障問題に強い関心を持つ傾向がある。

この「ねじれ」の意味についてはさらなる分析・考察が必要と思われますが、ひとつ取りあえず言えそうなこととして、現実の戦争を「投影」するという作り手の意図が、一定程度まで受け手にも共有された可能性があるのではないかという

はだしのゲン 永遠の0	火垂るの墓 紫電改のタカ	現実の戦争を背景とする作品
宇宙戦艦ヤマト 沈黙の艦隊 アルスラーン戦記 進撃の巨人 艦隊これくしょん	機動戦士ガンダム 銀河英雄伝説 ジパング ガールズ＆パンツァー 新世紀エヴァンゲリオン	架空の戦争を背景とする作品

図11　変数のリコード

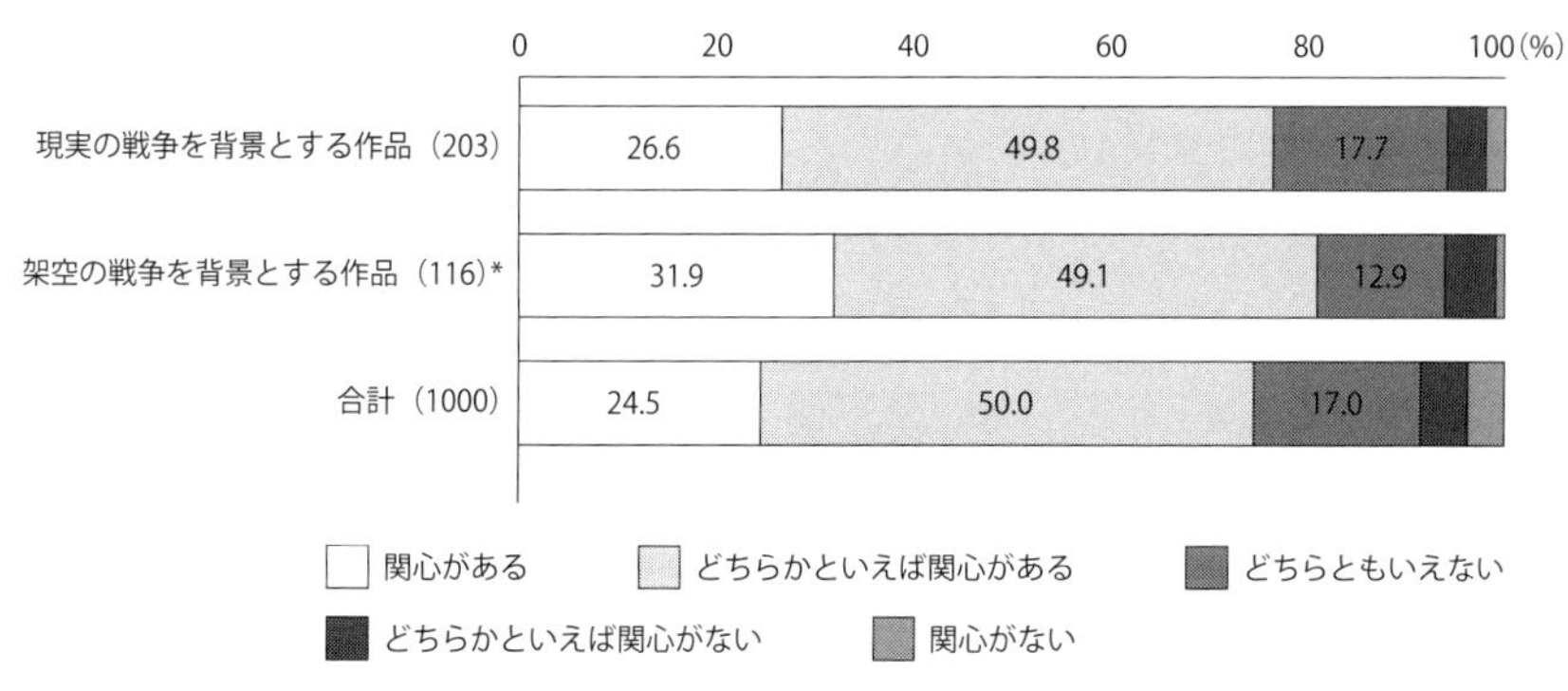

図12　推薦する作品と現在の世界の軍事情勢への関心とのクロス集計

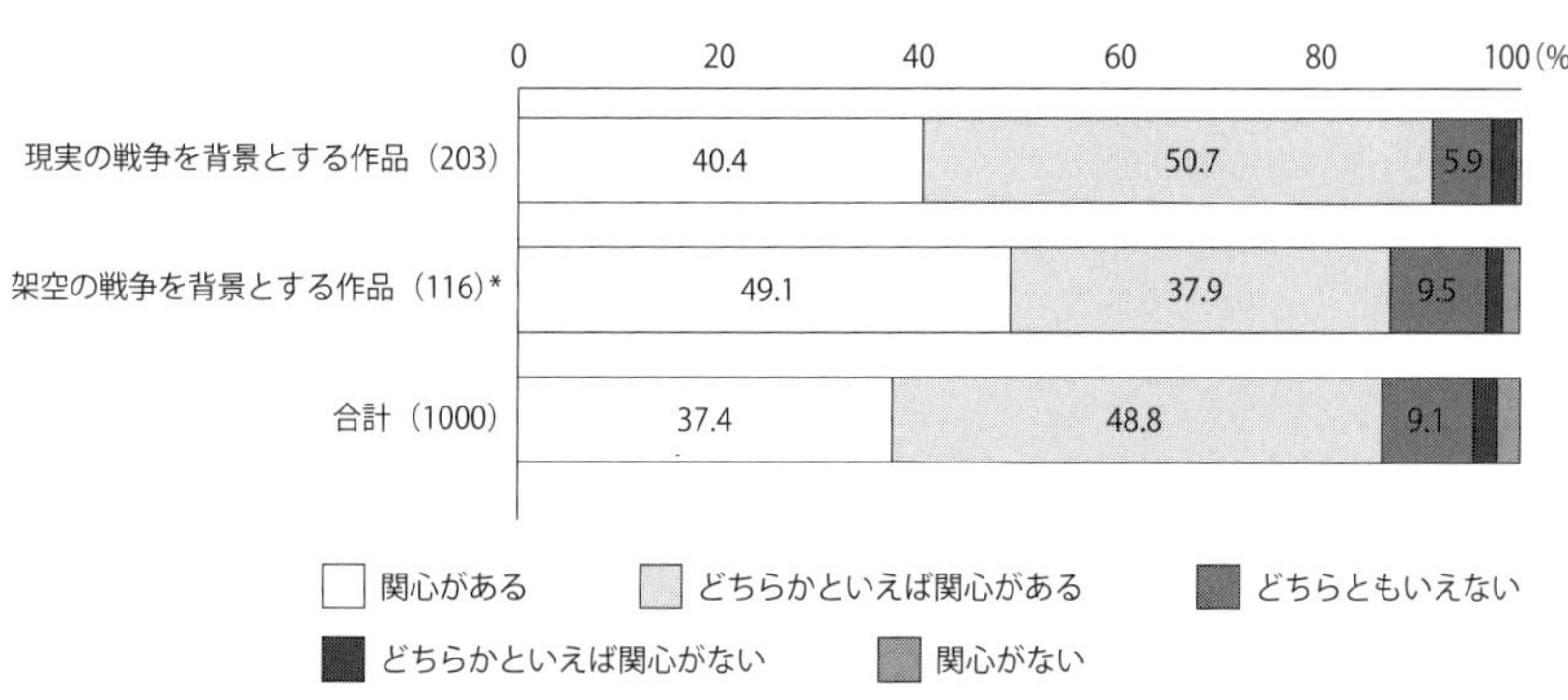

図13　推薦する作品と日本の安全保障問題への関心とのクロス集計

ことがあります。

例えば、『ガンダム』の最初のほうのシリーズの原作者・監督である富野由悠季は、あるインタビューの中で次のように語っています。「領土、生活圏、資源、真の独立……そういう戦争の口実や原因、そして結果についての『ガンダム』の描写は、ある意味で第二次大戦の引き写しなんです。僕にとっては、日本の過去の戦争を意識的に、あるいは無意識に投影した部分がある。そこには、屈折したものも含まれているかもしれませんが[4]」。もちろんこういった意図が受け手に共有されていたかどうかということに関しては、さらなる実証研究の必要があることはいうまでもありませんが。

最後に、今後の分析や考察の可能性として、いくつかの選択肢を呈示しておきたいと思います。

まず計量研究として、私たちのミリタリー・カルチャー調査では、自衛隊・安全保障政策の詳細に関しても多くの質問をしています。それらの回答との関係を見るということがひとつ。それからサブカルチャーないしポピュラー・カルチャーの他のジャンル、たとえば映画や活字などへの関心との関係を分析するという方向も考えられます。

次に質的研究として、これは私たちのデータとは別の角度からの研究ということになりますが、たとえば先ほどの富野監督のインタビューのような作品の作り手、あるいは受け手の言説分析ということが考えられます。それから、作品の分類や内容分析といった方向性も考えられると思います。

ということで、最後にあまりはっきりした結論には至っていないんですけれども、「ミリタリー・カルチャー研究の可能性を考える」というこのシンポジウムの趣旨に照らして、問題提起的な閉じ方で取りあえず報告を終わらせていただきたいと思います。なお付記としまして、本研究はJSPS科研費JP18H03650の助成を受けたものです。

注

（1）藤津亮太『アニメと戦争』（日本評論社、二〇二一年）。
（2）同前、一二六頁。
（3）有意水準の検定は、順位相関係数（ケンドールのタウb）による。なお、ここでの「有意」の意味は、ある作品の推薦者と非推薦者とを比較した場合、現在の世界の軍事情勢への関心の強さの程度に、統計的に有意な差がある（または、ない）という意味である。たとえば、『ヤマト』の推薦者と非推薦者を比較した場合には有意な差があり、『はだしのゲン』の推薦者と非推薦者を比較した場合には、有意な差はない、ということである。したがって、厳密にいえば比較対象としての非推薦者のグラフも表示すべきであるが、煩雑になるため省略した（以下同様）。

（4）「「アムロ父子の確執は創作ではなかった」40周年『ガンダム』富野由悠季監督が語る戦争のリアル」朝日新聞デジタル＆M、二〇一九年一二月一九日。https://www.asahi.com/and_M/20191229/8595254/（二〇二〇年一月二二日閲覧）。

「戦友会を知っているか」から考える（高橋由典）

高橋由典（以下、高橋（由））　高橋と申します。よろしくお願いいたします。

私はみなさんとほとんど初めてお会いする感じなので、最初に自己紹介というか、なぜ私がこういう場にいるのかを簡単にお話ししようと思います。私はもともと自分の勉強としては理論的なことを考えてきているのですが、大学院生時代に、昨日基調講演をされました高橋三郎先生が主宰する戦友会研究会に参加し（一九七〇年代の後半）、それ以来、戦争・軍隊体験から戦後日本社会を考えることに関心を抱き、今に至っています。

戦友会研究会は、高橋三郎先生という戦争社会学・軍隊社会学を専門とされる方が主宰者でしたが、そこに集まった大学院生は、戦争とか軍事についてはほぼ全員素人でした。それぞれ別々の研究領域や研究テーマをもつ学生たちが、戦友会研究は何か面白そうと思い、集まったわけです。専門家ひとりと何人かの非専門家（素人）というのが、その研究会の構成でした。三郎先生は素人の突飛な発想や議論を尊重されているように見えました。それで私ども若い大学院生はずいぶん伸び伸びと（何も知らないのに）いろいろな議論をしていたというわけです。

昨日来この戦争社会学研究会のいくつかのご発表をお聴きしていて、完全に場ちがいのところに来たなというふうに思っております。発表される方々の情報量や質にはまったくついていけませんし、専門が明らかにちがうなというふうな思いを非常に強くしております。ですが、お引き受けした以上はきちんとお話しをしなければいけないと思いますので、非専門家としての考えを率直にお話しさせていただきたいと思います。

今日の話

これからお話しする内容を最初に手短にお示ししておきます。話は前半と後半に分かれていて、前半では、いま吉田先生からご紹介のあった『ミリタリー・カルチャー研究――データで読む現代日本の戦争観』（青弓社、二〇二〇年）中の「戦友会を知っているか」という項目の内容を紹介いたします。後半では、その話を前提にして、本日のシンポジウムのテーマ「ミリタリー・カルチャー研究の可能性を考える」に即して何が言えるかを考えてみたいと思います。それは、ミリタリー・カルチャー研究の内容に関わることというより、認識の仕方というか方式というか、そういうことに関係する考察になるだろうと思います。

私は吉田純先生の主宰するミリタリー・カルチャー研究会のメンバーになっていて、『ミリタリー・カルチャー研究』で「戦友会を知っているか」という項目を担当いたしました。そこで書いた内容をまずお話ししたいと思います。私自身、一九七〇年代から戦友会研究に参加させてもらい、高橋三郎先生編の本（『共同研究・戦友会』田畑書店、一九八三年）や研究会メンバーによる共著（『戦友会研究ノート』青弓社、二〇一二年）にも執筆者のひとりとして名を連ねてきました。その長い歴史を背景にして、この機会に、戦友会の中心は何かを自分なりに考えてみよう。「戦友会を知っているか」を執筆するにあたって、こうしたことが頭にありました。ですので、そこで提示したアイディアには私個人はかなり思い入れがあります。ここでお話しさせていただこうと思ったのはそのためです。

本に書かれている内容をお話しするわけなので、本を読んでいただければそれで済む話なのですが、ただ、執筆の意図や背景などにも言及しつつ、コントラストをはっきりつけながらお話しすることによって、多少理解を深めていただけるのではないかというふうに思っています。ここまでが前半です。

後半での話に関しては、やや唐突なのですが、作田啓一先生（一九二二―二〇一六）が一九六〇年代に高橋三郎先生と共同執筆されたＢＣ級戦犯論（「われらの内なる戦争犯罪者」『展望』一九六五年八月号、のちに作田啓一『恥の文化再考』筑摩書房、一九六七年に所収）を参照点として置いておきたいと思います。「戦友会を知っているか」での議論やこのＢＣ級戦犯論の検討を通して得られた知見をもとに、「ミリタリー・カルチャー研究の可能性」に関して何が言えるかを考えたいと思います。

戦友会概説

ミリタリー・カルチャー研究会が行った二〇一六年の調査で、戦友会についての知識を尋ねたところ、「詳しくは知らない」「存在したことを知らない」という回答が七割近くありました。このことについては、男女の差も年齢による差もそれほど大きくはありませんでした。二〇一六年現在の日本では、戦友会を知らない人が多数派になっていたわけです。これはある程度予想していたことでしたが、それが現状ということになると、調査データを詳しく分析してもあまり意味がない。むしろデータから離れ、戦友会そのものについての原理的な考察を深める方が有益ではないか。このように考えて、これまでの研究の蓄積を背景にした試論を展開してみようということになったわけです。

とはいえ、戦友会についての情報がある程度共有されていなければ、原理的な考察といったところで空回りするばかりです。そこで「戦友会を知っているか」の執筆時には、まずはじめに戦友会についての概括的な話をしてみようと考えました。それは今日も同じです。なお戦後日本社会に存在した数多くの戦友会のほとんどは、いま現在その活動を停止したり、解散したりしています。メンバーの多くが亡くなったり、高齢のため活動ができないといった状況になっているからです。戦友会は現存の集団というよりは、過去に存在した集団というべきでしょう。したがって叙述には過去形を用いることが正しいのでしょうが、ここではあえて現在形を使ってお話ししようと思います。その方が私も話しやすいですし、聴いてくださる方にも臨場感が伝わるのではないかと思います。

ここでは戦友会を「アジア・太平洋戦争で軍隊を体験した人たちが、戦後かつての共通所属や共通体験をもとに作った集団」と考えておきます。現実にはいろいろな戦友会がありますので、この定義に当てはまらない会もあると思いますが、今回はこの了解に立った上で先に進みたい。戦友会は当事者が任意で作った団体で、それらを束ねる全国組織のようなものはありません。したがって戦友会の総数については確定的なことは言えません。私たちは何度か戦友会を対象とする全国規模の質問紙調査を行っていますが、そのうち最大のもの（二〇〇五年調査）では、サンプル数三六〇〇余りでした。二〇〇五年当時に少なくともこの程度の数の戦友会は存在したわけです。

戦友会の主たる活動は、年に一回みんなで集まるということです。集まって、死んだ戦友のための慰霊の行事をし、飲食を共にする。慰霊の行事がある点が独特ですが、それを除くと、クラス会とか同窓会などとよく似ています。お互いの顔を見るために集まり、それを毎年繰り返している。その他の活動として、会報とか名簿、あるいは部隊史の発刊・発行ということもあるし、慰霊碑等の建立ということもあります。ですがそのようなことを律義に行っている戦友会でも、この「集まる」ということがメインであることに変わりはありません。

戦友会の置かれた歴史的文脈（後述）を考えると、この集団には対外的活動への高い動機づけがあってよいように思いますが、実際のところ、戦友会は対外的活動にとても冷淡です。自分たちが何であるか、何者であるかを世間にアピールしたり、社会に対して何らかの主張を訴えたりというようなことはほとんどしない。そういうことにはまったく関心がないようです。部隊史等の発行も、慰霊碑の建立も外部に自己主張するためというよりは、純粋に自分たちのための発行であり建立であるように見えます。こう考えると、この戦友会という集団は、もっぱら対内的な事柄つまり「死んだ戦友を含むメンバー間のつながり」を中心とする集団であるということがわかってきます。

「死んだ戦友を含む」という点が独特で、これが一般のクラス会や同窓会と区別されるところです。集まって慰霊行事を行う、死んだ戦友の思い出話をする。戦友会ではそういうことに非常に重きが置かれています。質問紙調査をするとどの調査においても自由回答欄には「戦友同士のつながりは兄弟以上」「クラス会などとは比べ物にならない」といった類の回答が頻出します。「死んだ戦友」が加わることによって、戦友会のメンバー同士のつながりに一種独特の深みが生まれてくるわけです。このことは、戦友会大会を参与観察したり、戦友会メンバーをインタビューしたときに私たちが感じる印象とも符合します。

簡単ですが、以上で戦友会についての概括的な話を終えます。

戦友会と戦後日本社会

戦友会という集団が存在しているという事態は、戦後日本社会に固有の現象で、諸外国にはこうした集団は存在しません。となると、戦友会をめぐる最も基本的な問いは、おびただしい数の戦友会が戦後日本だけに存在したのはなぜか、ということになります。「死んだ戦友を含むメンバー間のつながり」を中心的な価値とする集団がなぜ戦後日本に多数生まれ、長きにわたって存在し続けたのか。

戦争とか軍事という文脈で戦後日本社会を見ると、この社会は、直近の戦争（アジア・太平洋戦争）あるいは戦争一般への全面的に否定的な評価によって特徴づけられます。全否定ということです。庶民のレベルでいえばそれは徹底した戦争への忌避感ということになります。全否定というのは、すなわちアジア・太平洋戦争を構成したすべての要素が一切合財否定されるということを意味するわけですから、当然ながら「死んだ戦友を含む（戦友会の）メンバー間のつながり」というのも否定されます。「あってはならぬこと」というふうに見られる。

戦友会の人からすると、「あってはならぬこと」と言われても、現にあるものは仕方がないというか、戦友間のつながりのリアリティーは否定しようがない。いま現在それはまちがいなく存在しているわけですから。戦友とのつながりは、自分たちが選んだものとか自分たちが獲得したものというよりか、そうなってしまったものなわけです。つながりの深さ、濃さは、自分たちのせいではなくて、軍隊体験の中でそういうふうになってしまったものなのです。自分たちのせいでないもの、自分たちが意図して選んだとは言えないもの（戦友間のつながり）について、「あってはならぬこと」などと言われても困ってしまう。

当人たちの意図によらず、「なってしまう」というかたちで起こる変化は、私の用語では「体験選択」というのですが（高橋由典『行為論的思考——体験選択と社会学』ミネルヴァ書房、二〇〇七年など）、戦友同士のつながりはまさにこの体験選択の結果なわけです。体験選択一般がそうであるように、ここでも体験選択は道徳的判断（「あってはならぬ」という判断）に事実のうえで先行しています。

先ほども述べましたように、「死んだ戦友を含むメンバー間のつながり」は戦友会のいわば中心です。つまり彼らはそのつながりを単に現にあるものとして認識しているだけではなくて、他に代替不能なものとして肯定的に評価し、宝物のように大事にしています。

その一方で、戦友会当事者たちは戦後日本社会の構成メンバーでもあるので、その社会の常識としての戦争への全否定的な評価の意味を十分了解し、部分的には共有してさえいます。

負符号のついた全体から正符号のついた部分を取り出す

戦友会を構成している人たちは、年に一回集まることにより、自分たちにとって高い価値をもつ「死んだ戦友を含むメンバー間のつながり」をいわば遂行的に実現しているわけですが、その営みは、「全否定」の戦後日本社会においては、負の符号の付いた全体（戦争）から正の符号の付いた部分（戦友間のつながり）を取り出すふるまいに見えます。戦争はいけないこと（負符号のついた全体）だが、戦争のなかにもよきもの（正符号のついた部分）はある。戦友間のつながりはまさにそのようなものだ。戦友会はそういうメッセージを発している。世間はそのように見るでしょうし、世間がそのように見ていることを戦友会当事者たちも気づかざるをえません。

戦友会当事者たちのこのふるまいは、いうまでもなく全否定の物語に抵触します。先ほど述べましたように、「戦争を構成したすべての要素が一切合財否定される」ことが全否定だからです。そこによきものがあっていいわけがない。戦友会の人たちもそのことを自覚するわけですが、彼らは自分たちに向かって吹く逆風にもかかわらず、集まることをやめない。なぜか。やめてしまえば、「死んだ戦友を含むメンバー間のつながり」そのものが雲散霧消してしまうからです。彼らは集まることを通して「死んだ戦友を含むメンバー間のつながり」を現実化するのでした。そしてそのことができるのは、彼ら自身だけです。彼らが集まらなければ、「死んだ戦友を含むメンバー間のつながり」は空文化し、どこかに行ってしまいます。こういう次第で、戦友会当事者たちは、逆風にもかかわらず、というよりむしろ、逆風が吹いているがゆえに一層集まることへの動機づけを強めることになるわけです。

戦友会の主たる活動は、「集まること」なのでした。したがって「集まること」への強い動機づけの存在は、戦友会という集団の成立およびそれの長期にわたる存続を説明するのではないかと思います。「集まらないではいられない」と思う人々がいたからこそ、戦友会は作られ、長きにわたって存続したわけです。

以上が「戦友会を知っているか」という項目の紹介です。「負符号のついた全体から正符号のついた部分を取り出す」というアイディアは、一九六〇年代初頭の少年雑誌における戦争ブームについて考えたときに思いついたものです（高橋由典「一九六〇年代少年週刊誌における「戦争」——「少年マガジン」の事例」、中久郎編『戦後日本のなかの「戦争」』世界思想社、二〇〇四年所収）。今回戦友会について考えようとしたときに、またこのアイディアが浮かんできました。この観点は、この種の問題を考えるときに一定の有用性をもつものなのかもしれません。

作田啓一のBC級戦犯論

後半の話に入ります。残り時間が少なくなってきましたので、少し駆け足でお話しします。昨年度（二〇二〇年度）後期の少人数クラスの授業（全学共通科目）で、作田啓一先生の初期論文を集中して読みました。高橋三郎先生が一九八五年に作成された「作田啓一先生著作目録」の中から、学生が読みたいと言うものを選び、授業二回で一論文のペースで読み進め、結局六、七本読んだと思います。一回目に丁寧に読解し、二回目に、その論文を読んだ後に現代社会をどう見るか、その論文から刺激を受けて現代社会を見るとどういう景色が見えてくるか、という課題を与えて議論する。そういう授業をしました。

そこで読んだものの中に、最初に言及した「われらの内なる戦争犯罪者」がありました。学生たちはBC級戦犯も知らないし、アジア・太平洋戦争についてもあまり詳しく知らない。けれどもこの論文を結構面白がって読んだ。「とても印象深い」と言った学生が何人もいました。それがどうしてかということが気になります。

この論文は、戦争末期に石垣島で起きた米軍捕虜の殺害事件を扱ったものです。石垣島の海軍警備隊が三人の米軍捕虜を殺してしまった。捕虜の殺害というきわめて重大なことが行われていながら、それについての意思決定がどのようになされたかがはっきりしない。殺害そのものあるいは殺害の方法について、手続きを踏んで決定された形跡がない。いつの間にか決定され、実行されたかのようだ。この不思議な現象を、集団統合をめぐる集団力学とか群衆行動論などを参照しながら、日本軍隊あるいは日本人の組織形成一般の問題としてとらえようとしたのがこの論文です。全体として、日本人の集団同調の特殊性が浮き彫りになる論考となっています。

学生たちがこの論文を面白く読んだのにはやはりそれなりの理由があります。ひとつは事実関係がきちんと押さえられていること。裁判記録は非公開のため参照できなかったようですが、検察側の資料と弁護側のメモをもとに事実関係の把握に最大限の努力が払われています。もうひとつの理由は、事象をパターンとして把握する努力がなされている点です。パターンとして把握するというのは、つまり石垣島で起きた米軍捕虜の殺害を単に一回起的な事象として捉えるのではなくて、それを何かもっと一般的なパターン（たとえば日本人に特有の集団同調のあり方）の観点から眺めるということです。事実を把握し、それをパターンとして理論的に説明する。戦争や軍事に疎い学生たちはこの方式に興味をもったのだと思います。

つまり作田先生のBC級戦犯論においては、事実と理論が認識の両輪になっているということです。事実関係の把握を徹底して行いつつ、一般論への関心を失わない。著者の一般論への関心に示唆を受けて、学生たちは学校でのいじめであるとかSNS上での加害といった問題に想像力を広げました。BC級戦犯論を読んで、一見戦争犯罪とはまったく無関係な現代の諸事象への関心が浮上してくる。学生たちはこうした経験を面白いと思ったのではないかと思います。

率直な問いに耳を傾ける

先ほど来お話ししてきた戦友会論もまた、データの下支えの上でパターンを把握するということをしているつもりです。データとはその場合、調査で得た情報のことですし、パターンの把握とは、例の「負符号のついた全体から正符号のついた部分を取り出す」という認識のことです。「戦友会を知っているか」の本文はごく短いもので、それを作田先生のBC級戦犯論と横並びにすることには相当躊躇がありますが、それはともかく、書き手としては、作田先生がBC級戦犯論で行ったのと同質のことをしているつもりなのです。

ここまで私の戦友会論と作田先生のBC級戦犯論を紹介してきたわけですが、これまでのお話でおわかりいただけるように、両者の認識の仕方・方式の方向性は重なっています。どちらも事実の裏づけに基づいて事象の理論的な把握をめざしている。理論的な把握といっても、この場合、難しいことではなくて、（繰り返しですが）パターンを抽出するというほどの意味です。パターンを把握することによって、話は横方向にも縦方向にも広がる可能性が出てくるわけです。つまり一見無関係な多様な現象が視野に入ってくるし（横方向）、過去の事象を扱いながら、現代の諸事象を考えることができる

（縦方向）。

ふたつの論考を並べて紹介したのは、認識の方式に共通性があるという事実次元の指摘をしたいためではありません。そうではなく、私自身が、両者に共通するこの方式を認識の方式として望ましいと考えるからです。「事実＋理論的な把握」が大事だ。そう主張するためにふたつの論考をもちだしたわけです。むろんこの主張自体に目新しさはありません。「事実＋理論的な把握」が望ましい認識だという理解は、社会を認識対象とする学問においては、ほぼ常識だろうと思います。

ただ実際にこの方式を看板どおりに実行しようとすると、これがなかなか難しい。特に「パターンの把握」で躓いてしまう。「事実＋理論的な把握」が望ましい認識のあり方だとして、理論的な把握つまりパターン把握を適切に行うにはどうしたらよいか。最後にこの問題を考えてみたいと思います。

適切なパターンを取り出すことに成功すると、初学者にも訴求力のある論考が生まれます。先ほど作田先生の事例で確認したとおりです。適切なパターン把握は初学者にも訴える力をもつ。このことをパターン把握実現のために活用してみることはできないだろうか。初学者は学術の常識を顧慮しないので、率直な疑問の提示を気楽に行います。「だから何」「それがどうした」「それに何の意味がある」。彼らの口からはこうした問いがよく発せられます。こうした初学者の声は適切なパターン把握の実現に意味をもつかもしれない、と思うのです。「事実＋理論的な把握」のプロセスを前に進めるときに、「だから何」といった初学者固有の問いに耳を傾けてみる。自らの思考を「だから何」といった不躾な問いに常時さらすことにより、適切なパターン把握につながる骨太な発想が生まれることもあるのではないかと思います。

以上、「ミリタリー・カルチャー研究」の範疇に入るであろうふたつの論考を素材にして、認識の仕方について論じてきました。「ミリタリー・カルチャー研究の可能性を考える」という課題にはあまりふさわしくないごく一般的な話になってしまいました。専門家が相互批判を行うこのような場に来て、「初学者の率直な疑問が大事」と主張するのは、いかにも場ちがいな感じですが、非専門家のそれこそ率直な感想ですので、ご了解いただければと思います。時間が来ましたので、これで終えることにいたします。

Racism Ain't Cowboy（人種主義はカウボーイではない）
――ブラック・カウガールズ、カウボーイズの運動から考えるミリタリー・カルチャー研究の可能性（永冨真梨）

永冨真梨（以下、永冨）　摂南大学外国語学部講師の永冨と申します。普段はポピュラー音楽とアメリカ研究のふたつの柱で研究を行っております。特に、カントリー音楽、また、カントリー音楽を象徴する代表的なシンボルのひとつでもありますカウボーイや西部劇のイメージの日本における受容についても研究しています。以前、『戦争社会学研究』で、日本におけるカウボーイのイメージと日中戦争開戦前夜の男性性ついての論文を出版していただいために、今回シンポジウムで登壇する機会を頂きました。

本日は、ブラック・カウガールズ、カウボーイズの社会運動から考えるミリタリー・カルチャー研究の可能性について、僭越ながら提示させていただきます。

本発表では、私が「ブラック・カウガールズ、カウボーイズ」と称する、黒人(1)で乗馬を通して社会運動を行っている人々を紹介します。彼女彼らは、以前から乗馬を通して、それぞれの地域コミュニティーを改善する活動をしていました。二〇二〇年五月にジョージ・フロイド（George Floyd）さんが殺害されたことをきっかけに、さらに広まったブラック・ライブズ・マター（Black Lives Matter）運動を通して、彼女たちの活動が全米に知られることになりました。

例えば、画面左側の、騎手のブリアナ・ノーブル（Brianna Noble）さんは、二〇二〇年五月二九日にカリフォルニア州オークランド市で行われたブラック・ライブズ・マターの抗議運動で、「ブラック・ライブズ・マター」のプラカードを掲げた馬に乗って登場しました。この様子は大きく報道され、彼女の存在が脚光を浴びることとなりました。

画面右側の「レイシズム・エイント・カウボーイ（Racism Ain't Cowboy）」と書かれたプラカードは、本日主に取り上げる乗馬のグループ、ザ・コンプトン・カウボーイズ（The Compton Cowboys）が作成したものです。彼らも馬に乗って、ロサンゼルスで行われたブラック・ライブズ・マターの抗議運動に参加しました。一般的に想像されるカウボーイは、白人男性の入植者で、人種主義の象徴でもあります。しかし、彼女彼らは、人種主義それ自体が常にカウボーイと同じではない、人種主義を支持しないカウボーイもいるとの意味を、このプラカードに込めています。

ノーブルさんやザ・コンプトン・カウボーイズと同様の活

動を行う人々は、画面で紹介しているように、カリフォルニア州のアーバン・サドルズ（Urban Saddles）、メリーランド州のカウガールズ・オブ・カラー（Cowgirls of Color）など全米にいらっしゃいます。ペンシルベニア州フィラデルフィアを本拠地とするフレッチャー・ストリート・アーバン・ライディング・クラブ（Fletcher Street Urban Riding Club）の活動は特に有名です。彼らは若者向けの小説『ゲットー・カウボーイズ（Ghetto Cowboys）』のモデルとなり、その小説を原作としたネットフリックスの映画『コンクリート・カウボーイズ（Concrete Cowboys）』は、二〇二一年四月に全世界に向けて公開されました。

本日は、乗馬を通した黒人による社会運動を行う代表としてブリアナ・ノーブルさんとザ・コンプトン・カウボーイズの活動を紹介します。時間の関係上、より情報が得やすかったザ・コンプトン・カウボーイズを主に説明します。発表では、従来、非常にミリタリスティックなイメージを付与されているカウボーイを、彼女彼らがどのように再解釈し、その意味を反転させたのか、その再解釈を通してアメリカ合衆国の「自由」や「多文化」などの国家のアイデンティティーをどのように再提示したのかをご紹介します。

本発表ではまず、彼女彼らの活動が注目されるようになった背景として考えられる、ポピュラー文化における動向「イーハー・アジェンダ（Yeehaw Agenda）」を紹介し、その後、ノーブルさんとザ・コンプトン・カウボーイズの活動を説明します。最後に、彼女彼らの活動と、ミリタリー・カルチャー研究の関連について述べます。

イーハー・アジェンダ

前述のように、ノーブルさんやザ・コンプトン・カウボーイズの活動が脚光を浴びたのは、ブラック・ライブズ・マター運動の新たな広がりがきっかけでした。しかし、それと並行して、カウボーイ・カウガールの白人優位で暴力的なイメージの再解釈を試みる、若者を中心としたポピュラー文化における動向も、彼女たちの活動の可視化を加速させたと考えられます。そのポピュラー文化における動きを、「イーハー・アジェンダ」と呼びます。

それでは、イーハー・アジェンダが文化現象として浮上した時代背景を見ていきましょう。そのひとつに、二〇一七年のトランプ大統領の就任が考えられます。レーガン大統領などと比べると、トランプ大統領はカウボーイのイメージを頻繁に利用していたわけではありません。しかし、彼の女性蔑視、人種差別を助長する発言や政策は、悪びれもせずに白人を優位に立たせる帝国主義的な暴力である、と考える人は多かったと言えるでしょう。

例えば、トランプ大統領を応援していた元アラバマ州最高裁判所判事のロイ・ムーア（Roy Moore）は、アラバマ州上院議員に立候補し、投票所へカウボーイ姿で馬に乗って行き注目されました。当時、トランプと同様にムーアも、性的嫌がらせを受けたとして複数の女性から訴えられていたものの、その疑惑を否定していました。つまり、彼がカウボーイになって投票に行く姿は、女性を蔑視するシスジェンダーの白人男性の暴力的なイメージと合致していたために、注目を浴びたとも考えられます。

トランプ大統領の支持者とカウボーイのイメージの親和性は、二〇二一年一月にアメリカ合衆国の議会議事堂を襲撃し逮捕された極右グループのリーダー、コーイー・グリフィン（Couy Griffin）にも顕著です。それは、彼が率いるグループの名称「カウボーイズ・フォー・トランプ（Cowboys for Trump）」にも明確に表れています。彼は、二〇二〇年五月一日にコロナ禍でロック・ダウン中のニューヨーク市における「#リオープンアメリカ（#ReOpenAmerica）」のデモの際にも、フリンジがついた革のジャケットに黒のカウボーイハットで馬に乗って登場しています。

このように、トランプ大統領就任中に、白人男性優位、自国優先のアメリカ合衆国のアイデンティティーを、彼らがカウボーイのイメージを使って流布しようとしました。これを背景として、進歩的と言えるかは慎重に考える必要がありますが、少なくとも彼らよりはリベラルな考えを持った若者を中心に、カウボーイ・カウガールの再解釈をする文化的な動きが浮上してきたと考えられます。

さて、この若者を中心としたカウボーイ・カウガールの再解釈を行うポピュラー文化の動向である「イーハー・アジェンダ」の名称は、二〇一八年に活動家のブリ・マランドロ（Bri Malandro）さんがツイッター上で使用し始めた言葉を由来としています。彼女はインスタグラムで、黒人でウエスタンの格好をしている人の写真を募り投稿し、非常に人気を得、それが、SNS上で盛り上がりのある動きに発展していきました。今は「Yeehaw Agenda」は登録商標になっています。

イーハー・アジェンダの動きは、マランドロさんだけではなく、彼女の活動より少し前にも発見できます。例えば、二〇一三年に発表された、カントリー歌手のケイシー・マスグレイヴス（Kacey Musgraves）は、LGBTQの人々の権利を擁護する自身の楽曲「フォロー・ユア・アロー（Follow Your Arrow）」のミュージック・ビデオで、ウエスタンの格好で登場しました。こちらも、カントリー音楽にまつわるホモフォビックなステレオタイプに挑戦し話題を集めました。

ファッションやポピュラー文化などを取り扱う、ニューヨークを拠点に発行されている雑誌『PAPER』誌の総合監修者でもある記者のサンドラ・ソン（Sandra Song）によれば、イーハー・アジェンダは、シスジェンダーの白人男性の視点からつくられた自由、自主性、独立といったアメリカ人のアイデンティティーを、これまで十分に謳歌できなかった人たち、つまり、シスジェンダーの女性、黒人、その他の非白人、LGBTQの人たちが、カウボーイやカウガールのイメージを利用して、彼女彼らの視点から自由や自主性などのアメリカのアイデンティティーを改めて表現したものである、と分析しています。(2) イーハー・アジェンダが浮上する歴史的背景は、もう少し時間が経過しなければ、明瞭に解明されません。しかし、ソンさんの分析をふまえれば、シスジェンダーの白人男性に都合の良いアメリカのアイデンティティーが表立って強調されるトランプ政権下のアメリカを背景として、イーハー・アジェンダは、そのような閉塞感ある社会や文化への抵抗や反発が現れたものとして解釈できます。

それでは、イーハー・アジェンダが現れた事例を紹介しましょう。画面でご覧いただいているのは、ミツキ（Mitski）という名で活躍する日系アメリカ人のミュージシャンの二〇一八年に発売されたアルバム『ビー・ザ・カウボーイ（Be the Cowboy）』のカバー写真です。カウボーイのイメージとは縁遠いと思われる日系アメリカ人のミツキが、アルバムカバーでもウエスタンの格好をしていないのに、タイトルに「カウボーイになりなさい」との意味を含めたことが、注目されました。彼女はインタビューで、カウボーイになることは自分自身に対してオーセンティックな自分でいることである、と語っています。(3) 彼女は、アジア系アメリカ人女性であるために、いつもアジア系アメリカ人らしいとされる女性を演じないといけない状況を窮屈だと感じ、他人の期待に添わずに、自分自身に忠実な自分でいることを「カウボーイ」と解釈しています。

現在のカウボーイの再解釈は、ミツキさんのように、個人レベルで自分らしさの主張として利用されているだけではなく、ドム・フレモンズ（Dom Flemons）のように実際にアメリカ西部で黒人が歌ったカウボーイ・ソングを録音して作品として発表することによって、白人男性の暴力的なイメージがつきまとうことで見えなくなっていた、アメリカ西部に存在した黒人の歴史や文化を可視化する手段としても使われています。

黒人騎手による社会運動

さて、イーハー・アジェンダは、あくまでもポピュラー文化における、カウボーイ・カウガールなどのアメリカ西部にまつわるイメージの再解釈の動きであり、実際の騎手や、農場・牧場などで働くカウボーイ・カウガールから発信されたものではありません。ここからは、実際の騎手による社会運動を紹介し、彼女彼らの活動がイーハー・アジェンダの潮流によって注目されながら、同時に、その動きの発展を促し、さらにはアメリカ合衆国のイメージに対してもさらに再解釈を促していく様子を見ていきます。

まずは、本発表の冒頭で紹介しました、ブリアナ・ノーブルさんの活動を見ていきます。彼女はカリフォルニア州オークランドを中心としたサンフランシスコ近郊も含む地域で、「ハンブル（Humble）」という名称の乗馬を通した社会活動を行なっています。

画面でご紹介しているように、この活動には、自然と触れることが難しい都会のこどもたちを対象とした一日限りのイベント「ハンブル・イン・ザ・シティ（Humble in the City）」、乗馬の基礎や馬の世話、仕事や任務に対する責任を学ぶ八週間のプログラム「ハンブル・オン・ザ・ランチ（Humble on the Ranch）」、さらに継続して乗馬を学べる「ハンブル・エクスタリアン・コレクティブ（Humble Equestrian Collective）」の三種類のプログラムがあります。三つ目のプログラムに参加するには、学校でのGPAが三以上で、ボランティア活動に規定の時間数従事していること、参加者の年齢に相応しいエッセイを執筆することなどの条件が与えられています。どのプログラムも、貧困のために自然に触れられなかったり、市民活動について知らなかったり、教育レベルが低くなったりする状況を、乗馬を通して改善することを目的としています。

都会の黒人の体験とそれに対するステレオタイプに挑戦するために、乗馬が有効な手段であることは、ザ・コンプトン・カウボーイズの活動からより詳しく理解できます。彼らはロサンゼルス近郊の都市コンプトンで活動しています。この乗馬グループは、二〇一七年に結成されました。彼らの活動目的も、ノーブルさんと同じように、乗馬を通して地域コミュニティーの改善を図ることにあります。さらに、コンプトンの黒人に対するネガティブなステレオタイプを解消することも目指しています。

では、コンプトンに対するステレオタイプとはどのようなものでしょうか。コンプトンは、ロングビーチとロサンゼルスの間に位置する、ロサンゼルス中心部から車で約三〇分に位置する街です。人口八〇％以上が黒人またはラティンクスであると言われています。さらに、人口の二〇％は、国勢調査が定める貧困層で占められています。これは、コンプトン在住の黒人やラティンクスが怠惰であるからではなく、「制度的な差別」のためです。それは、この地域の貧困や失業を改善する社会制度が設けられないことや、脱工業化後にコカインの取引の温床になったことが原因で、ギャング同士の暴力が頻発し、それに対する警察による不当な取り締まりから、暴力が更に横行し、治安がより悪化する状況が生み出される社会構造のことです。

ザ・コンプトン・カウボーイズのメンバーのケイアラ・ウェイド（Keiara Wade）さんの弟は、二三歳でギャングの暴力に巻き込まれて亡くなっています。ウエイドさんの弟にとってギャングは、成人男性のロールモデルであり、憧れの対象でした。しかしギャングに参加することで、殺されてしまいました。弟の死に直面し、姉であるウェイドさんはこのような状況を改善しようと考え、ザ・コンプトン・カウボーイズに参加しました。

実際に貧困層は多いのですが、コンプトンは、イメージの上でも、治安が非常に悪い場所として、全米、全世界で知られていると言っても良いかも知れません。コンプトンが、とりわけ黒人の貧しさと暴力を表す町であるとの印象を決定付けたのは、アメリカ西海岸で発展した、ギャングスタ・ラップ（Gangsta Rap）とも称される、ヒップホップのスタイルの全世界での人気だと言えるでしょう。

このスタイルは、一九九〇年代初頭から、コンプトン出身のヒップホップグループ、エヌ・ダブリュー・エー（以下、N.W.A）を中心に発展し、あえて暴力的な言葉やストーリーをリリック（歌詞）に含ませ、それまで東海岸（特にブロンクス）を中心に発展していたヒップホップと異なるものとして、人気を博しました。歴史学者のロビン・D・G・ケリー

(Robin D.G. Kelley) によれば、この暴力的な言葉や物語を含む作風は、実際の体験を表現する時もありましたが、楽曲をより良いものとして成立させるリズムや調べのためであり、ある状況をいかに巧みに表現できるかを競うための、彼らの楽曲製作・演奏における美学でもありました。また、ギャングスタ・ラップのアーティストたちは、彼らを取り巻く貧困や暴力を時には誇張して表現することで、より人気を得て、貧困や暴力から抜け出すのですが、結局、彼らが人気を得ることで、黒人は貧しいから暴力を行使し、貧困から抜け出せない、などの従来のステレオタイプを皮肉にも維持することとなったとケリーは指摘しています。(4) これは、白人が投影する黒人像を、黒人が誇張して演じることでしか人気を得ることができない、英文学者でポピュラー音楽研究者の大和田俊之が論じるところの「人種の擬装」の構造が、アメリカのポピュラー音楽では深く根付いていることをも示唆します。(5) N.W.A.やそのメンバーは、誇張された黒人像を演じることで貧困から抜け出しました。しかし彼らの人気の副産物として、コンプトンが貧しくて危険な場所であるとのステレオタイプが全世界に流布したとも言えるでしょう。

ロスアンゼルス周辺の警察も、そのようなステレオタイプが実際の人々や街を説明するものであると鵜呑みにしました。現在ご覧いただいているのは、ギャングの見つけ方が列挙されているロサンゼルス市警のウェブページです。(6) ヒップホップを構成するひとつの要素であるグラフィティがある場所にはギャングがいる、野球帽を逆さにかぶってバギーパンツを着用している人、女性の場合は化粧が濃い場合はギャングと疑え、などと書かれています。つまり、ヒップホップで強調される黒人像が、犯罪者を探す指標として警察内では機能してしまっているのです。

このようなコンプトンをめぐる社会・文化的背景の中で、ザ・コンプトン・カウボーイズは、乗馬、馬の世話を行い、実際に馬に乗って街中を移動することで活動しています。例えば、ご覧いただいているメンバーは、車に乗ったり、路上を歩いたりしていると、あるギャングのメンバーから敵のギャングだと思われるが、馬に乗っていると、コンプトン・カウボーイズが拠点としているリッチランド・ファームズから来た者であると判断され、闘争に巻き込まれないと言います。街の商店に馬に乗って行くと、警察も、彼らはギャングではないと認識し、職務質問などはしないそうです。(7)

加えて、ザ・コンプトン・カウボーイズの活動は、ポピュラー文化を通して発信されています。例えば、メンバーのひとりである、ランディー・サヴィー（Randy Savvy）さんは、N.W.Aに所属していた著名なラッパー、ドクター・ドレ（Dr. Dre）と共演した楽曲を発表しています。また、ブラック・ライブズ・マター運動で彼らが馬に乗ってデモ行進したことで、活動が広く知られ、アディダスやトミー・フィルフィンガーなどの著名なアパレルブランドの広告に登場するまでにもなりました。先に紹介しましたノーブルさんも、ブラック・ライブズ・マター運動で馬に乗って登場した後、携帯電話の無線通信サービスなどを提供する大手の会社、エクスフィニティ（Xfinity）のコマーシャルに起用されました。ポピュラー文化やそれらを媒介する広告を通して、地域に根ざした彼女彼らの活動が全米に知れ渡るだけではなく、彼女彼らの馬に乗る姿こそが、本当のアメリカのアイデンティティーであることも、印象付けられる結果となりました。

ミリタリー・カルチャー研究との関連

本日ご紹介した、ノーブルさんやザ・コンプトン・カウボーイズの活動は以前から存在していました。しかしながら、トランプ政権が発足するアメリカを背景に浮上したと考えられる、イーハー・アジェンダと呼ばれるポピュラー文化における潮流や、ブラック・ライブズ・マター運動のさらなる広がりによって、彼女彼らの活動は広く可視化されました。そのために、彼女彼らの地域に根ざした活動が、アメリカ全土の黒人の命を守る運動を刺激し、促進する推進力を与えたとも言えます。さらに、冒頭でご紹介したネットフリックスの映画になった『ゲットー・カウボーイズ』のように、従来知られていなかった黒人による乗馬の歴史、アメリカ西部での黒人の体験や存在を可視化する動きにもつながっています。彼女彼らが注目されることによって、ポピュラー文化とつながりの強いファッション業界や、コンテンツを提供する携帯電話やインターネットに関わる企業などが、彼女彼らを広告に起用することにより、彼女彼らの活動を活性化させるだけではなく、彼女彼らが反転させた、白人男性的なカウボーイのイメージを、新たなオーセンティックなアメリカの自由の象徴として発信したと言えるでしょう。

では最後に、彼女彼らの活動やその広がり方の状況に、私がどのようにミリタリー・カルチャー研究との関連を見出しているかを紹介します。例えば、『ミリタリー・カルチャー研究』の二三五頁に記載されている、革命歌や労働歌などの

「平和な社会の達成のための血みどろの戦い」を表現した楽曲も「ミリタリー・カルチャーの一部を構成してきた」と記されている事象が、今回の彼女たちの活動と類似していると考えました。しかし同時に、日本において、従来、軍隊や戦争と関連の強い視覚的なシンボルが、意味を反転させて、再解釈され、平和や多様性に寛容な日本の新たなアイデンティティーを示すシンボルとして再機能するような事例はあったのか、との疑問も浮かびました。

もし、そのような事例が希少であるのであれば、その背後にある社会・文化的な理由は何なのかを考える必要があるのではないでしょうか。また、そのような事例が存在するのならば、再解釈が可能な時代背景、再解釈し公に発信できる人、再解釈を多くの人に納得させられる人というのはどういう人なのか、についても明らかにすることが必要であると考えました。このような問題に取り組むことで、他国と日本のミリタリー・カルチャーの違いがより鮮明に把握できるのではないかと考えました。

したがって、著書の中で「ミリタリー・カルチャー」と先生方が定義された事象を享受したり批判する人たちのジェンダー、セクシュアリティ、人種、エスニシティ、階級などの属性やその分布を精査し、その理由を解明していくことも、ミリタリー・カルチャー研究の今後の発展のひとつの方向性であると考えました。

注

(1) 本論では、昨今の潮流に沿い、大文字のBを使用したBlacksの翻訳として「黒人」と表記する。以前からBlacksをどのように表記するかの議論はあったが、ブラック・ライブズ・マター運動のさらなる広がりを契機に、AP通信や、CNN、ニューヨーク・タイムズ紙などのアメリカの主要メディアは、Blacksと表記することにした。Bを大文字にすることで、単なる肌の色ではない、黒人であることで特殊な体験をしなくてはいけないとの意味を込めている。「アフリカ系アメリカ人」ではなく、この表記にすることで、アメリカ合衆国における奴隷制を体験していない先祖を持つ人々も含めることができる。"Why We are Capitalizing Black" *The New York Times*, July 5, 2020. https://www.nytimes.com/2020/07/05/insider/capitalized-black.html, 最終閲覧日二〇二一年九月二四日。; "AP changes writing style to capitalize "b" in Black" *The Associate Press*, June 20, 2020. https://apnews.com/article/race-and-ethnicity-us-news-business-ap-top-news-racial-injustice-71386b46dbff8190e71493a763e8f45a, 最終閲覧日二〇二一年九月二四日。

(2) Dan Q Dao, "How the 'Yeehaw Agenda' Disrupted Texas Country Culture for Good," *Texas Monthly*, September 6, 2019. https://

www.texasmonthly.com/arts-entertainment/yeehaw-agenda-country-movement/　最終閲覧日二〇二一年九月二四日。

（3）　Ann-Derrick Gaillot, “Mitsuki Wants You to be Your Own Cowboy: A Conversation with the Artist About Her New Album ‘Be the Cowboy’,” *The Outline*, August 14, 2018, https://theoutline.com/post/5810/mitski-be-the-cowboy-interview. 最終閲覧日二〇二一年九月二四日。

（4）　Robin D.G. Kelley, *Race Rebels: Culture, Politics, and the Black Working Class*, (New York: Free Press, 1994), 183-227.

（5）　大和田俊之『アメリカ音楽史――ミンストレル・ショウ、ブルースからヒップホップまで』（講談社、二〇一一年）。

（6）　“How are Gangs Identified,” Los Angeles Police Department, https://www.lapdonline.org/get_informed/content_basic_view/23468. 最終閲覧日二〇二一年九月二四日。

（7）　Walter Thompson-Hernàndez, “For the Compton Cowboys, Horseback Riding Is a Legacy, and Protection,” *The New York Times*, March 21, 2018. https://www.nytimes.com/2018/03/31/us/compton-cowboys-horseback-riding-african-americans.html. 最終閲覧日二〇二一年九月二四日。

コメント

青木　これから討論に入りたいと思います。須藤遙子先生、それから山本昭宏先生の順番で、よろしくお願いいたします。

須藤遙子（以下、須藤）　筑紫女学園大学（現在は東京都市大学）の須藤遙子と申します。

私は自衛隊が協力した映画で博士号を取り、それ以降、自衛隊や在日米軍の広報などを研究しております。二〇一五～一八年には、科研費の挑戦的萌芽研究で自衛隊の広報施設とか広報イベントを三年かけて回りました。論文ではなくてエッセーなんですけれども、毎月一回三年間、とにかく行ったところをレポートするというかなりハードなエッセーを大月書店のメールマガジンでやりまして、もしよろしければその自衛隊広報の現状みたいなことが非常によく分かると思いますので、ぜひお暇な時に見ていただければと思います。

報告者への質問・コメントをする前に、このシンポジウムのテーマであります「ミリタリー・カルチャー研究の可能性を考える」について問題提起をさせていただければなと考えました。

ミリタリー・カルチャーの定義から始めたいんですが、これに関しては昨日、高橋三郎先生の基調講演でたくさんの文献を挙げられて、どういう研究領域なのかということを、どういうふうに立ち上げたのかということをかなり詳しく説明していただきました。大変勉強になったんですけれども、取りあえず『ミリタリー・カルチャー研究』の本に書いてある定義を基にして議論を進めたいと思います。

この八ページにミリタリー・カルチャーの定義として「市民の戦争観・平和観を中核とした、戦争や軍事組織に関連するさまざまな文化の総体」というふうになっています。ここで私がすごく気になったのは、この「市民の戦争観・平和観を中核とした」という部分です。これはなぜ気になったのかというと、市民の戦争観・平和観とは全く関係のないミリタリー・カルチャーが存在するのではないか、という疑問からです。

本の一〇ページに構造が書かれておりまして、この緑枠がミリタリー・カルチャーの枠組みで、中心に戦争観・平和観があって、一、二、三、四と平和観との応答というかのある形でカルチャーがつくられているというような解説であったかと思います。私が疑問を持ったのは、この一番のポピュラー・カルチャーの部分と、四番の軍事組織（自衛隊・アメリカ軍）の文化の部分です。これは特にアメリカ軍ではなくて自衛隊のほうですけれども、ここをちょっと見ていきたいと思います。

二と三のマスメディア・ジャーナリズム、教育（学校・社会教育）、これに関しては私も全く異論ございませんで、やはり戦争観とか平和観というものが「倫理」として存在するだろうと思います。特にメディアに関しては、これは倫理と一口に言っても日本の戦争責任をいう倫理もあれば、日本は悪くないという倫理、両方あるかと思うんですけれども、いずれにしても何かしらの戦争観・平和観が存在するでしょう。私が少し引っかかったのは、一番のポピュラー・カルチャーと四番の軍事組織の部分です。ここにいわゆるその戦争観・平和観と関連しない部分があるのではないかということです。

このポピュラー・カルチャーに関してですけれども、昨日の高橋三郎先生の基調講演の時に、「萌えミリ」とか「兵器の消費」というようなキーワードを出されて、これらは戦争観などと関係ないのではないかというような質問がありました。実は私も全く同じようなことを考えていたわけです。

私はアニメの『ガールズ&パンツァー』に関する論文の中で、産官民が相乗りする「ガルパン文化圏」、結局「経済圏」とほとんど重なるものを指摘しました。お金もうけがまず中心にあって、政治的なものは後回しなのだけど、そこに自衛隊が乗っかってくることでやっぱり政治的になる、というようなことを書いていきます。あとまた、戦争観・平和観を捨象して「純粋」に、これはかぎかっこ付きの純粋ですけれども、作品を楽しんでいるからこそ生まれる萌えミリの政治性にも言及しました。これは消費文化論のほうからも議論が必要ですが、この非政治的な態度だからこそ政治性があるのではないか、ということをずっと考えてきました。

図14 『ストライクウィッチーズ』のキャラクターを使用した自衛官募集ポスター

さらに、自衛隊の少なくとも広報文化に関し、本当に戦争観、戦争につながるのか。自衛隊広報は、本当にこの萌えキャラ、ゆるキャラのオンパレードです。つい最近ニュースになったポスター（図14）では、『ストライクウィッチーズ』のキャラクターをそのまま使って、下着をはいてないだとか下着が見えるだとかいろいろ言われて問題になり、すぐに削除されました。でもそれ以外も、本当にもう萌えポスターばっかりです。時々萌えポスターの検索をかけるんですが、そのたびに新しいポスターが出てきてとても追いきれない状態です。

このような萌えキャラ、萌えポスターはだいぶ認知されていますが、自衛隊広報はゆるキャラも大好きです。自衛官募集は、全国に五〇カ所ある地方本部がそれぞれ行うんです。防衛省が一括してやるんではないんです。この五〇カ所それぞれ全部にゆるキャラがいます。いるはずです。鹿屋基地のイベントでは、九州各地のゆるキャラが自衛隊に体験入隊するというプログラムがあり、たくさんのゆるキャラが揃っていました。このように自衛隊自体もゆるキャラを持っているし、地方自治体とのゆるキャラとも相当コラボしているという状態です。

私が一番あきれているのは、パトリオットミサイルのゆるキャラ（図15）です。何と四兄弟なので他に三体いるわけですけれども、こんなゆるキャラまであるんです。

サビーネ・フリューシュトゥックが『不安な兵士たち』で次のようなことを書いています。「自衛隊は広告の手法やポップカルチャーをうまく利用して、大衆の目から軍隊をカモフラージュし、日常的でありふれたものとして見せている」「自衛隊と大衆文化の関係が緊密になっていくという傾向は、軍隊主義化のひとつのかたちといえる」。この考察が果たして現在もそういえるのか。つまりこれが書かれたのは二〇〇八年ですから、だいぶ前に書かれているわけです。彼女が自衛隊に体験入隊してこの考察を導き出したのはもっと前の話なので、その後さらに進化したポピュラー文化、消費文化を加味した新しいミリタリー・カルチャー研究がやっぱり必要なのではないかと、私はとても強く思っています。

昨日の高橋三郎先生の基調講演の中で、ミリタリー・カルチャーの定義は「戦争研究と軍隊研究」を合わせたものであるというふうにおっしゃっていたと思います。私の感覚としましては、すごく僭越なのですが、これは「War・カルチャー」というほうが適しているのではないかと感じました。高橋先生ご自身も「カルチャー・オブ・ウォー」という単語を出されていらっしゃいましたが、その同じ意味です。

私が考えるミリタリー・カルチャーというのは、この外側にあるもので、いわゆるサブカルチャーというかポピュラー文化を指します。ここを合わせたものがミリタリー・カルチャーなのではないかと思うわけです。つまり言いたいのは、このドーナツの外側の部分、これを中側の「War・カルチャー」で分析するというのはやはりちょっと無理があるのではないかと。なので、中核として大変厚い研究がある中の部分、「War・カルチャー」の部分を広げる、足す形でのこの「ミリタリー・カルチャーの可能性を考える」というシンポジウムだろうと私は捉え、ここの部分を増やしていければなと考えました。

以上の問題意識を持って、各先生方のご発表に質問とかコメントをさせていただきたいと思います。このなかでは一番、吉田純先生のご研究が私に近かったので、ちょっとけんかを売るようなコメントが多くなってしまって本当に申し訳ないんですが、吉田先生、怒らないでください（笑）。よろしくお願いします。

まずひとつ目ですけれども、今まで話してきた問題意識から、ポピュラー文化表象の戦争とか軍隊を全て戦争と結び付けて考察するということには、何か疑問というか違和感が私はあるなという感じです。

ふたつ目は、先生が分析されているふたつの関心層、「批判的関心層」と「趣味的関心層」というのが挙げられていました。この「趣味的関心層」という層には「戦争批判層」、

図15　パトリオットミサイルのゆるキャラ「パックさん《M司》」

これが私は相当数含まれるのではないかと思われると思っています。その層をどういうふうに考えていらっしゃるのかお聞きしたいです。大変大規模の統計調査でそこから導き出された結果であることはもちろんなんですけれども、分析軸というか、これが何か別の方向ができないのかなというふうに思いました。

三番目は、アニメを現実の戦争と架空の戦争という題材で分けられていらっしゃったわけですけれども、私としましてはどっちも「フィクション」なんじゃないかなと思ったわけなんです。つまりそこにあまり深い違いがあるのかなという。なので上記の関心層と関連させて分析することには無理があるような気がしたんですが、もう少しご説明いただければ嬉しいです。

四番目ですけれども、オタク層、かぎかっこ付きのいわゆる「オタク」の人の性質とか傾向というのをもう少し加味してもよいのではと思いました。兵隊さんや戦車を作っている模型オタクは、もちろん戦争・武器に関心があります。でもその関心は、ベトナム戦争の時のヘルメットの角度とか、戦車に乗せる荷物はどういうふうに何をどういう形態で乗せているかとか、というものが大きく占めています。そういうリ

アルさを追求するためにすごく資料を見ているんです。そのついでに、やっぱりオタクですので、各戦闘の状況なども象のように知識をため込んでよく知っているという印象です。なので、その統計調査にこういう性質・傾向というのがなかなか入れにくいというのはよく分かるんですけれども、やっぱりこういう人たちの傾向を少し加味する必要があるのではないでしょうか。

あと『宇宙戦艦ヤマト』というのが昨日の発表でも少し出てきたんですが、私は完全にそのヤマト世代です。小学校四年生の頃だったと思いますが、ものすごく流行っていたし、私は松本零士の大ファンだったので、『銀河鉄道999』も『キャプテンハーロック』も全部見ていました。同時に、私の世代はいわゆる戦後教育をばっちりと受けてきた、つまり日本は戦争で悪いことをしたというのをたたき込まれていました。だから、この『ヤマト』の流行と戦争観を単純につなげてしまうことには、正直抵抗を感じてしまいます。

次に高橋由典先生へのコメントですけれども、「負符号の付いた全体から正符号の付いた部分を取り出す」という言葉に非常に共感いたしました。ちょっと違うかもしれませんが、自分の研究に無理やり結びつけますと、自衛隊の萌えキャラとかゆるキャラの広報も、長く日陰者扱いされてきた自衛隊がやっぱり愛されたい、人気者になりたいという、その負から正になりたいという気持ちの表れなのかな、と考えました。

また、最後におっしゃっていた理論的把握の重要さも心に残りました。私が今日ぺらぺらとしゃべっているのがなかなかきちんとした理論にならなくて、私も非常に苦しんでいるんですけれども、やはり理論の構築が重要だなとあらためて思った次第です。

永冨真梨先生のコメントですけれども、事前のレジュメに軍隊・戦争シンボルの意味を反転して平和とする事例があるのか、と書かれていらしたので、カルチャー・スタディーズの視点なのかなと思ってもう少し伺いたかったです。

たとえば自衛隊ですと、一九七九年の古いほうの『戦国自衛隊』は「ずらし」とか「ちゃかし」が見られるけれども、さすがに平和を訴えているとはあまり思えないかなと思いました。日本ではそもそも自衛隊を語るということそのものが抑圧されてきたといえます。なので、ここ数年本当に自衛隊を扱う研究がバッと増えて私もうれしいなと思っているんですけれども、研究対象としてもやっぱり少なかったですよね。私の先輩方はもちろんもっと寂しい思いをされてきたはずです。

二番目は、カウボーイもミリタリーなんだという新鮮な驚きがありました。「暴力」「銃」まで広げることで、さらにミリタリー・カルチャー研究というのも発展するのかなというふうに思わされました。

山本昭宏（以下、山本） 今回シンポジウムの手掛かりになっているこのご本ですけれども、私は縁がありまして関西社会学会の雑誌で書評を執筆いたしました。先日ゲラのやりとりをしましたからもう少しで出るんじゃないかと思います。

そこでも申し上げたことなんですけれども、このご本、共著は「データで読む」となっておって、それはもちろん科研の手段であるアンケート調査、あれがもちろん中心にはあるんですけれども、実際に読んでみますと、計量的な分析と質的分析というのが見事に協働しあっている、共鳴しあっておりました。つまり読む辞典として非常に完成されておるなと思った次第なんです。

まず総論的なことを申し上げておきますと、やっぱりデータによって私たちが漠然と抱いていた見通し、何となく「こうやろうな」と、この分野を勉強している者なら何となくそうだろうなと思っているところに明確な裏付けを与えてくださって、非常に有益であり、「使える本」になっているなと思いました。

もうひとつ、「何となく」に裏付けを与えているだけではなくて、非常に意表を突く論点というのがその調査結果から出てくるというのが私は面白かったです。これは確か野上さんが書いておられたところだったんじゃないかなと思いますけれども、ノンフィクションとフィクションが分けられないまま回答が送られてくるという話がありましたよね。『はだしのゲン』とか『永遠の0』とかと、戦記物とかと、あとノンフィクションが一緒になって送られてきて困るというようなことがありましたけれども、それは確かに現代日本の戦争認識の一端を示す事例であると言えます。そういう意表を突く論点というのもいくつかありまして、そういう点でも非常に面白く読んだんです。

それが今日の私のコメントの前提になっております。以下、それぞれの先生のご報告にコメントと質問を続けていきたいと思います。

まず吉田純先生のご報告ですけれども、スライドで私がとりわけ面白いと思いましたのは先生が傍点を付けておられる部分です。一種の「ねじれ」があって、これをどう分析していこうかというところで、ガンダムの監督の富野さんの言説を引用されておったところですね。

確かに論理的には「ねじれ」なんだけれども、戦後日本の平和主義の特徴をとてもよく表している例だと思ったんです。つまり現実の戦争を背景としている『はだしのゲン』や『火垂るの墓』が好き、あるいはそれに強い影響を受けた人は、架空の戦争を背景とする作品に対する拒否感といっては何ですけれども、そもそもあまり需要に門戸を開いていないというう、それこそ私の印象レベルですけれどもございます。

それは一体何を意味するのかというと、要は戦争への強い拒否感、それが現実に存在している軍事・安全保障問題への関心を閉ざしてしまうと。閉ざしてしまわない例ももちろんあるんですけれども、閉ざしてしまいがちであると。これがひとつ、評論家あるいは研究者がこれまでたくさん指摘してきた戦後平和主義のひとつの特徴です。それは悪い面もあるんでしょうけれどもいい面もあって、それは国家の暴力行使に対する自制や慎みを強く求めていくという態度に表れていると思います。

何が言いたかったのかといいますと、こういう戦後平和主義の慣性というのをどういうふうにその分析に取り込んでいくことができるのだろうか。とりわけ吉田先生方がやっておられる質問項目を作って調査していくというスタイル、そのスタイルでこれから、今回のご本の報告の内容は軍事・安全保障問題に関心のある人に絞っての調査でしたけれども、これをさらに開いていかれるということでしたから、そのときに具体的に戦後平和主義の現代に残る慣性というのをいかに分析に取り込んでいくのか、あるいは質問項目に取り込んでいくのか。吉田先生のご意見をいただければ勉強になるかなと思っております。見当が的外れでしたらすみません。

次に高橋由典先生のご報告にコメントをしたいと思います。これは先ほどのコメンテーターの須藤先生もおっしゃっていたことですけれども、瞠目させられたといいますか、見事なモデル抽出だったと思っています。人々がそこに集まるという行為を通して一体何をしているのかという行為遂行性のモデル抽出で、大変感銘を受けました。

さて、無い物ねだりを今からいたします。要はその戦友会という組織に戦後のある時期にいつから入ってくるのかとか、いつからその人は離脱するのかとか、最初からずっと参加しないとか、そういう個人史の領域が私は気になっています。でも、もちろんそれはほぼ分からないというか、証言を通してしか分からないことなのかなと思いますので、質問は以下のようにいたしました。

つまりその戦友会に集まることができた人々と、戦友会とは縁がなかった人たち、その人たち、そのふたつの集団を分ける何かがあると想定したときに、戦争体験あるいは戦死者の追悼のあり方、そのあり方に何か違いがあるのかしらというふうに聴きながら想像していたんです。もちろん先ほど言いましたように資料の制約からして集まった人々についてしかちょっとなかなか言及しがたいと思いますので、私が高橋先生に教えていただきたいのは、この人たちの戦死者の追悼のあり方というのが、他の死者の追悼のあり方とか、他の集団の追悼のあり方と明らかに違う点はどういう点があるのかという質問なんです。

これについては高橋先生のご業績全てに今回目を通すことができなかったので、すでに書いておられるかもしれません。その場合は大変失礼ですけれども、初学者に教えていただければと存じます。

永冨真梨先生のご報告は、平和や多様性という観点からミリタリー・カルチャーを再解釈していく、まさにそういう実践だったと思います。とりわけアメリカという日本に比べるとずっと軍事が定着しきった社会、その分析から私たちに問い掛けを投げ掛けてくださったと思います。

やはり面白かったのは、フロアの皆さんも同じだろうと思いますけれども、ミリタリー・カルチャーとしてのカウボーイやカウガール、それを現代において再解釈している人たちの実践を紹介してくれたところでして、さらにその彼ら、彼女たちの実践は黒人のカウボーイ、カウガールもいたんだという形で歴史の掘り起こしにもつながっていっているというところです。これは日本語圏の言い方なんだろうと思いますけれども、戦後の民衆思想史的研究の問題意識とも通底するような大変重要な問い掛けだったと受け止めています。

それが現代的だと思いますのは、大手の資本がそれに提携していって、そこに資本からすると自己イメージの向上や新たな商機を見いだしていくと、そういった資本と提携することもいとわないアメリカ社会の多様な実践者たちの実態というのが興味深く浮かび上がってまいりました。あともうひとつは、彼らが結局は私たちこそ「真のアメリカ」なんだという形で、アメリカをめぐる闘争をしておる、ナショナリズムの議論でよくありますけれども、そういった点も気付かされました。

ここからが質問ですけれども、これは私は完全に門外漢でして、アメリカ史が専門の先生方にも、フロアの先生方にも教えていただきたいことですが、例えば二〇世紀以降の現実の戦争でアメリカが関わった戦争でカウボーイやカウガールの表象がいかに利用されたのかというのを教えていただきたいと思います。今日はレーガンのお話が出てまいりましたけれども、教えていただきたいと思います。

あと一分だけお話しさせてください。私がミリタリー・カルチャーと聞いて思い浮かべるのは、最近調べているからかもしれないんですけれども、水木しげるなんです。これは軍艦の模型を作っている水木しげるの漫画の一コマです。一九六〇年代の初頭です。まだ貸本時代の水木しげるなんですが。

フロアの皆さんもよくご存じのように、水木しげるというのはこの絵ではちょうど隠れておりますし、水木しげるの写真とかを見ていると若い頃の写真は左手が隠れているものが多いですけれども、左腕がないんですよね。ラバウルで敵の爆撃を食らって左腕を失いました。戦争体験があり、いわゆる傷痍軍人として戦後を生き、そして七〇年代以降は『総員玉砕せよ!』とかに代表されるような、もちろんそれ以前にも戦記漫画は書いていますけれども、『総員玉砕せよ!』に代表されるような戦後平和主義の枠内に収まるような漫画を書く。もちろん多様な読み方はあって、戦後平和主義の枠内に収める必要はないんですけれども、多様な読み方はありますが。

とにかく戦争体験者で、兵士で、しかも障害を負って戦後を歩んできたこの人が、それでも軍艦が好きなんだということの意味です。これはやっぱり昨日の高橋三郎先生のご報告であったように包括的な、ミリタリー・カルチャーは非常に包括的な概念なんですけれども、その包括性を身にまとっている人物は多分何人かはいるんだろうと思うんです。戦後史を振り返れば、水木しげるに限ったことではなくてこの人が実は多様な側面を持っているというような。私自身はそういうところに関心があって、水木しげるのこの関心の持ち方って一体何なんだろうと思ったりしているんです。

何が言いたかったのかというと、今日の報告者の方に水木しげるを考えてくれと言うつもりは全然なくて、こういう当てはまらない何か、あるいは当てはまらないことはないんだけれども、こういう非常に特異な人物、面白い人物を通してこれまでの議論を揺さぶったり再解釈していくような営みというのを、今日の先生方の報告を受けて、私も刺激を受けてこれからやっていきたいなと思っている所存です。

コメントへの応答

青木　それでは報告者の先生方からの応答に移りたいと思います。まず確認ですが、須藤先生が最初におっしゃったのはシンポジウムのテーマに関わることで、市民の戦争観・平和観と関係ないようなミリタリー・カルチャーがあるんじゃないかと。これについて、先生方それぞれのお考えをお聞きしたいということでよろしいですね。

須藤　そうですね。市民の戦争観・平和観とは全く関係のない、全くというとちょっと大げさかもしれないけれども、関係のないミリタリー・カルチャーが存在するのではないかという投げ掛けです。

青木　そうしましたら吉田先生よろしいでしょうか。お願いします。

吉田　なかなか全てに完全に今お答えしきるのは難しいようにも思いますけれども、それこそ今後の可能性ということも含めて、今お答えできる範囲でお答えしたいと思います。

まず、最初に須藤先生から全体へのご質問というか疑問点として挙げられた、「市民の戦争観・平和観とは無関係なミリタリー・カルチャーが存在するのではないか」という問いについてです。それは、ある意味では全くおっしゃるとおりだと思います。ただ、戦争観・平和観という概念をもう少し広い意味で定義し直すということもできるような気がします。須藤先生が念頭に置かれているのは、現実の戦争・平和、さらにいえばそういったテーマの持つ政治的文脈への関心という意味かと思います。そういう意味では、全くそこから切り離されたミリタリー・カルチャーが存在することは間違いありません。

ただ、須藤先生ご自身の言葉をお借りすると、そういった現実の戦争・平和に対して無関心であることの政治性というものは間違いなく存在する。だとすれば、そういう現実の戦争・平和に対する無関心という意味での戦争観・平和観というふうに、戦争観・平和観概念を拡張することもおそらくできるだろうと。特に今回私がご報告したようなサブカルチャー的な作品と関係があるのは、むしろそういった現実の戦争・平和とは無関係な戦争観・平和観ということかと思います。ちょっと抽象的な答えになってしまうかもしれませんけれども、私からはそうお答えしておきたいと思います。

そのことと私の報告に対するひとつ目のご質問、つまり「ポピュラー・カルチャー作品を戦争と結び付けるということへの違和感」ということにも、同じ答えになるかなと思います。つまり、現実の戦争・平和という政治的、歴史的文脈から離脱するというベクトルを問題にするということ、それ自体が現実の戦争・平和を別な角度から問い直すということでもあるのではないかと思っています。

そのことはさらに言いますと、今日冒頭にご紹介した藤津亮太さんの『アニメと戦争』で指摘されていたことともほぼ重なる論点であろうというふうに思っています。

それから次に、二番目のご質問です。「趣味的関心層」には「戦争批判層」も含まれるのではないか。これは全く鋭いご指摘でそのとおりなんです。図8をもう一度ご参照ください。主成分分析というのは、たくさんの変数の背後に潜在的な規定要因となる少数の変数があるのではないかという仮定に立って、その潜在変数を探索するという技法ですけれども、この成分1と成分2、つまり横軸と縦軸とでは、実は成分1の横軸のほうが強く効いています。この成分1との相関に関しては、図の上半分の変数と下半分の変数とは、ほとんど差がありません。

この成分1は、軍事・安全保障問題あるいは戦争に対する関心一般の強さを規定する潜在変数であると解釈できます。こちらのほうが成分2よりも強く効いているということは、戦争や軍事に対して趣味的な関心を抱く人々は、社会的・政治的問題としての戦争や軍事にも同様に関心を向ける傾向がある、ということです。このことを、本当は図8の前提として言っておくべきだったかなと思います。そのことが私の報告全体の前提になる認識でもあると思っています。

それから次に三番目のご質問、フィクション作品を取り上げることの意味についてです。現実と架空というふうに分類しても、いずれも結局はフィクションではないかと。これも確かにおっしゃるとおりなんですけれども、もう一度藤津さんの座標平面（図1）を参照してお答えしますと、同じフィクションであっても、やはり現実の歴史上の戦争との距離の違いというものはあると思います。例えば、藤津さんがこの図で『ヤマト』を座標軸の真ん中辺りに置いているのは、『ヤマト』という作品は当然ながら現実のアジア・太平洋戦争への参照を行っているからです。そういうふうに、現実との距離という要素を導入することで、フィクション作品群の中にも存在する差異というものを分析の中に含めることができるのではないか、そういう発想でフィクション作品をあえて取り上げさせていただいたということです。

それから四番目のご質問についてです。いわゆる「オタク」の性質や傾向を加味する必要性はないかと。これも全く賛成でありまして、ただ、今回のミリタリー・カルチャー調査でそれをどこまで分析の中に入れ込めるかというのはなかなか難しいところがあります。このマンガ・アニメ作品に関しても、上位四作は別として、五位以下の作品は多くても一〇作ないし一桁程度の回答数ですので、それらを統計的に意味のあるデータとして扱うのは難しい。そこはやはり今後の質的調査などで補っていく必要があるのではないかというふうに考えております。

それから、これはご質問というよりコメントでしたけれども、『ガルパン』に見られるようなサブカルチャーが現実の社会現象として一定の政治性を持つということの意味ですね。これも全くそのとおりだと思うんですけれども、その問題が今後よりアクチュアリティを持ってくる可能性があるとすれば、次のようなことが言えるのではないでしょうか——日本で戦争を論じるときにどうしても大きな重心として働いているのは、アジア・太平洋戦争、つまり過去の歴史上の戦争です。だけれども、現在ないし近未来に現実の戦争の可能性が高まるということは多分にあり得ることで、そうなったときに日本のミリタリー・カルチャーがどういう形を取るのかと、これは全く予想が付かないですけれども、そういう課題が今後出てくる可能性はあるかなと思います。

そのことと今回の私の報告のマンガ・アニメ作品との関係についてあえて付け加えると、今日は特に主題的に取り上げませんでしたけれども、現実の安全保障問題を想定した、かわぐちかいじのシミュレーション的作品群がありますよね。『沈黙の艦隊』とか『ジパング』とか、最近だと『空母いぶき』など。『ミリタリー・カルチャー研究』の中では、そういったシミュレーション的作品を推薦している層も、やはり「批判的関心層」よりも「趣味的関心層」のほうに寄っているという、一種のねじれのようなものが存在することについて触れました（このことは、先ほどご報告しました、架空の戦争を描いた作品を推薦する人々の方が、現実の安全保障問題に関心をもつ傾向が強いということとも符合しますね）。現実の安全保障情勢が変化すると、このねじれがどう変わっていくのかということも、もしかしたら今後の課題になってくるかもしれません。そういうことが現実化しないほうが望ましいのはもちろんなのですけれども。

以上のように、須藤先生にはお答えしておきたいと思います。

次に山本先生のご質問への答えに移りますが、私の報告で指摘させていただいた「ねじれ」、架空の作品を推薦する人々のほうが現実の軍事や安全保障問題に関心を持っているということのねじれですが、これが日本の戦後平和主義の特徴をよく表しているというご指摘は非常に鋭い、全くそのとおりだと思います。そのねじれがありながら、それが意識化されずに無意識のレベルに押しとどめられているということが、まさに戦後日本のミリタリー・カルチャー全体の構造のひとつの中心的な要素になっているのではないかという気もいたします。

そのことを踏まえますと、ご質問の、作り手や受け手の「無意識」として機能するような戦後平和主義の慣性をいかに分析の中に入れ込んでいくかということが課題になってくるでしょう。これはなかなか難しい問いで、すぐにきちんとした答えはし難いのですけれども、ひとつは『ミリタリー・カルチャー研究』のあとがきに少し書いたんですが、現実の自衛隊や安全保障問題に関する調査を最近、一月、二月に郵送調査方式で行いました（まだ分析はこれからというところですが）。これは軍事・安全保障の関心が高い層だけではなくて無作為抽出を使って全国調査を行ったもので、この新たな調査から、そういった戦後の平和主義の慣性のようなものを読み取ることは、もしかしたら分析のやり方によってはできるのではないかというふうに思っております。それはぜひ今後の研究の進展をお待ちいただければありがたいです。

それからもうひとつは、これは今回のミリタリー・カルチャー調査の中では、伊藤公雄先生が書かれた「歌のなかの戦争と平和」という項目の中で、戦後の反戦歌がかなり取り上げられています。そういう反戦歌を推薦する人々の意識ということを、もしかしたら手掛かりにできるかもしれないなというのは今少し思いました。これもデータをもう少し分析してみないと結果が出るかどうかは分かりませんけれども、ひとつの可能性としてはいえるかなと思います。

高橋（由）　須藤先生の共通質問ですけれども、ミリタリー・カルチャーと市民の戦争観・平和観との関係について、「無関係ではないか」というお話でした。ミリタリー・カルチャーの定義にもよるので精密な議論をしようと思うともう少し慎重にしないといけないと思いますが、大筋としては、私も吉田先生がさっき言われたのと同じような考えです。一見、無関係に思えても違う角度で見ると、それらがつながりのある現象に見えてくるのではないか、と考えます。むしろそれを取り出して、どういうつながりなのかを考えるというのが、私たちの研究のスタンスだったのかなというように感じています。

それと、須藤先生から、自衛隊のゆるキャラとかギャルの広報等を先ほど私が提示した枠組みで理解したらどうか、といった話が出ていました。そういう方向もあるかもしれないですけれども、この問題は、やはり世間と自衛隊という枠で考えた方がよいと思います。世間との間にある隔たりを何とか自衛隊のほうから越えていくために広報というのがあり、それが私たちの予想を超えて世間一般の表象をものすごく活用している。そういう現象として理解すべきだろうと思います。それ以上のパターンをそこに読み取るのは無理ではないかと私は思います。

それから、山本先生のご指摘、戦友会に出てこない人のことですが、これは私たちも研究の最初期から気になっていた点で、研究会メンバーの中には戦友会に出てこない人を研究テーマにすると宣言した人もいたりしました。陰の部分というか、私たちが戦友会に注目することによって陰になってしまう部分には、何か検討に値するものがあるのではないか。私たちもはじめはそう考えていたところがあります。

ただそれは何かなかなかつかみ難いし、アプローチもしにくい。参加している人たちの発言とかから推測するしかないという感じでした。要するに戦友会メンバーが「あいつは出てこない」「出てこなくて当然だ」という人が実際に出てこなかったりするわけです。戦争中に悪いことをやったり、いじめたりしている人が出にくかったりするというような現象は、私たちが観察しているところでもよくあった話です。それは想像がつくのですが、それ以上についてはなかなか確定的なことは言いにくい。情報を持っていないというのが正直なところです。

戦友会というのは死者、死んだ戦友が登場人物になっているというか、非常に有意味なファクターとして機能しています。死者というのはある意味普遍性を持っていて、戦争中にいがみあいやいろいろないさかいがあったにせよ、それらの差異をある意味帳消しにしてくれる存在なのですね。その死者の前で集まるときには、かつてあったその差異はあまり意味がなくなってしまい、その結果、仲良く集まれるというような状況が生まれるわけです。そういう形で弔うわけですけれども、そういう死者を持ってきても消えない差異というのがあるようです。「どうしても許せない」とみんなが思う人間がいるということです。そういう消えない差異を体現する人がここに来たら、死者の前とはいっても分裂を引き起こしかねない。そのような人は自然と出てこなくなる。

実際のところはもっといろいろな事情が絡んでいると思います。出てこない人というのは実はいろいろな事情があって出てこない。確信犯的に出てこない人もたくさんいると思います。ともかく確定的なことをお話しできるだけの材料がありません。ここでは、死者が統合あるいは融和の象徴として機能しない、そういう範囲があるのだということを確認しておきたいと思います。

水木しげるの話を最後にされたので、それに関連してひと言だけ。水木しげるが軍艦のモデルを作るというのは、まさに「負の符号のついた全体から正の符号のついた部分を取り出す」ということそのものだと思います。彼は戦争自体には非常にネガティブだと思いますが、自分の軍艦愛好とそのことが矛盾なく併存している。そういう経験を体現しているのだろうと思いました。戦後日本における戦争関連のさまざまな経験を考えるときに、先ほど私が提示した枠組みも多少の有用性をもつかもしれないと思った次第です。

永冨　まず、須藤先生からいただいたコメントに回答します。吉田先生がおっしゃったように、平和・戦争観の定義や意味を拡大した上で、それらと関係のあるものがミリタリー・カルチャーとも言えるのではないかと認識しました。

私は、本日ご紹介したコンプトンの状況は、アメリカ合衆国の白人優位の社会によって創り出された戦争状態と捉えております。しかしながら、発表では、「戦争」の表現をあえて使いませんでした。ＮＨＫがブラック・ライブズ・マター運動の報道で、参加した黒人を差別的にアニメーションで表現したことが記憶に新しいですが、黒人と暴力性とか、黒人は好戦的であるとのステレオタイプを助長すると思い、その表現を避けました。コンプトンと類似した状況は全米各地で見受けられ、戦争状態がすでに起こっている、その状態にさらされている人たちがいることは否めません。このような状況を無くすための、従来のミリタリスティックなカウボーイのイメージを反転させる行動や流れは、ミリタリー・カルチャーのひとつとして考えるのが妥当であると考えます。

山本先生からも大変ありがたい質問をいただきました。二〇世紀以降の現実の戦争でカウボーイ・カウガールの表象がいかに利用されたのか、とのご質問です。二年前に、戦争社会学研究会大会で発表致しました、歌手の灰田勝彦によるカウボーイソングもそうですし、日中戦争が始まる前後の、一九三七年、八年の辺りに、当時のアメリカのB級ハリウッド映画で使われていたカウボーイソングをカウボーイの格好をして舞台で披露した松竹少女歌劇団の水の江瀧子もその事例として挙げられます。水の江の場合は、彼女自身が兵士として送り出す恋人であり、母親であり、兵士である、その三役を担い、戦争に行く友人に涙するカウボーイの役柄を演じ、戦争の正当化や戦争に臨む当時の人々、特に西部劇やカウボーイなどのイメージを好んだと想定された、社会階層の低い人々の気持ちや心構えの一例を示したと言えるでしょう。

最近の例では冷戦期の六〇年代でも、西部劇のイメージは、資本主義体制側のみではなく、それらに反対する共産・社会主義支持者の間でも積極的に利用されました。白土三平の漫画でも西部を舞台にした作品『死神少年キム』があります。本作品は、白人が先住民を殺して、黒人のいない西部を征服するクラシックな西部劇のプロットを反転させます。作品では、主人公のキムが、黒人の登場人物であるトムや、白人女性と結婚した北米先住民を助けます。同時代に、第二世界でも西部劇が映画として製作されます。その代表は、ソビエト連邦と東ドイツの国策映画です。一九六〇年代に主に製作されたこれらの映画では、馬に乗った主人公（東ドイツの場合は北米先住民）が悪党の白人を倒し、共産・社会主義の優位性が観客に伝えられました。これらの映画では、馬に乗る主人公が、アメリカの暴力や抑圧から、第三世界の人々を救う、共産・社会主義を支持する勇敢な人々として描かれました。(1)

総合討論

質問者1　ドイツの近現代史、特に空襲の歴史を専門にして研究しております。

質問というか、これからの議論の何かの足掛かりになればいいかなと思ってコメントに近いもので、もしそれに関わることで何か応答をいただけるならお願いしたいと。後でもう一度戻ってきていただいても構いません。

まずひとつは、フィクションとノンフィクションの議論が出たんですけれども、ここにも何かひとつ、もうひとつ補助線を引いてあげると議論ができるかなと思うんです。例えば、先ほど戦友会ですごく興味深かったのが死者の存在だったと思うんですけれども、基本的に例えばドイツの現代史とか表象文化研究の中で「死」、ホロコーストの死者、それに関しては「表象の限界」という研究がありますけれども、とにかく死には迫れないんだということなんです。

そもそも死に接近するということ自体がフィクション的要素を含むということで、むしろフィクションであるからこそ利点があるというか。なぜかというと死んでいたら証言できないし、死んでいたら話ができないわけです。そして戦友会で死者の人が重視されるというか死も重視されるというのも、僕は別に戦友会の人たちの直接の話を聞いたことはないけれども多分思い出話なり何なりもされるとは思うんですが、やはりそれもある意味、他者の語りですよね。死んだ方が語っているわけじゃないという。それをちょっと一個、感想的なコメントがひとつと。

あともうひとつは、今回のミリタリー・カルチャーのやはりこの研究の中で、藤津さんの書籍をたまたま僕は昨日読み終わったのですごくホットな話題だったんですけれども、藤津さんの『アニメと戦争』は基本的には成田龍一先生の時代区分を時間軸を使って説明されているわけです。体験とか証言とかそういうことです。

ただ、研究の中に今後時間軸ではなくて空間的な、あるいは社会的な分析軸を利用されるのかどうかということは僕はかなり関心があって、どういうことかというと、『火垂るの墓』を推薦するというか『火垂るの墓』がいいと思う人と『ヤマト』がいいと思う人たちが、どういうふうな、これはちょっと西洋史の概念ですけれども、どういうふうな社会集団に属しているかというので、結局例えば飲み会の場とかに行って「『火垂るの墓』がやっぱり勧められますよね」とか言ったときに「何を寒いことを言っているの」みたいに言われるような社会集団に属しているのか、それとも「やっぱり戦争を子どもたちに例えば伝えるのだったら『火垂るの墓』がいいですよね」と言ったら「そうだよね」と言われるようなミリューに属しているのか。『ヤマト』と言ったら逆に浮くようなそういう社会集団なのか。

　これは、おそらく二一世紀以降はそういうのは捉えづらいので崩壊していると思うんです。そういう集団というのは。しかし、戦後はまだいわゆるかぎかっこ付きですけれども、いわゆる「主婦層」であるとか、例えば世田谷の平和運動に参加しているような主婦層であるとか、あるいは企業に勤める「サラリーマン」であるとか、何かやっぱりそういう人たちの中で、職業集団なり育った環境なりの横軸の概念がこのミリタリー・カルチャーにとって重要になってくるんじゃないかなと思いました。

　最後にもうひとつ、概念を通じて分析してやるということも今後のミリタリー・カルチャー研究でできるんじゃないかなと思っていて、それは先ほどの『ストライクウィッチーズ』のほうのポスターもそうですけれども、自衛隊のポスターって、これは当たり前なんですけれども、自衛隊という名前そのものなんですが、やっぱり「守る」ことということがすごく全面に押し出されているんです。守りたいとか、国を守る、あなたを守る、そういうことが書かれているんですけれども、実はたまたま今、守るということに関して僕は防空の研究を空襲から守る防空の研究をしているので、「守る」という言葉ってもう少ししっかりと分析されると。

　要は批判を受けづらい言葉なんです。守るというのは。しかし、集団的防衛になった時点で、守るという言葉にすでに攻撃性が含まれてしまうと。つまり集団からの排除が起きるわけです。集団を守るために例えばドイツであればユダヤ系の人を排除しましょうとか、そういう集団的防衛における守るという概念、これは単なる一例なんですけれども、何かもしアイデアがあれば、こういう概念を使えば一個ずっと線が通って分析できると、何かそういうのがあるんじゃないかなと。

高橋（由）　死者と生者、生と死が絶対的に分けられているという今のお話、死に接近することが困難ないし不可能であるというそのお話と、戦友会で語られる死者の話を同列に考えることは難しい。やはりホロコーストの場合とは違っているのではないかと思います。戦友会の場合、戦争中に仲良かったとかつながりがある他者としての死者なので、それはもちろん他者についての語りではあるけれども、自分たちが彼あるいは彼らのことを話すということが、そのつながり、自分たちのイメージの中でのそのつながりを再生産するような機能を持ってしまうわけです。想像の上で死者とつながっているというイメージをつくり出すことになる。

その前提になっているのは、やはり生者と死者の連続性という観念で、これは日本のカルチャーということと関係しているかもしれないと思います。これは昔、被爆者についての著名な研究（ロバート・J・リフトン／桝井迪夫監修／湯浅信之他訳『死の内の生命』朝日新聞社、一九七一年）で強調されたことです。ともかくホロコーストにおいて問題になる死とは文脈が違うかなということを感じました。

質問者1　すみません。僕のほうでも飛躍がありまして、ホロコーストの死者に接近できないというのはもちろん表象の限界論争でまた全然違うんですけれども、空襲を研究していく中で、空襲も証言集を呼んでいてもやはり生者が結局書いている。もちろん生きていないと書けないわけで。そのときに死に、結局リアルというか現実世界でも死者にはなれないわけで、その中でちょっと高橋先生のというよりかは先ほどのフィクションとノンフィクションの議論にコメントしたくて、ちょっと飛躍はあったんですけれどもそういうふうなことを言いました。

永冨　実際の死者にとっての死と、死者の死を語る方にとっての死に隔たりがあるのは、状況や人によって変わると考えます。

質問をくださった先生の話を拝聴しながら、私の発表と照らし合わせて考えました。私の発表の背景にあるブラック・ライブズ・マター運動は、先生方もご存知のところではありますが、実際の人の死があり、肌の色が黒いがために、同じように死んでいくかもしれない、単に道を歩いているだけでも死ぬかもしれない、そのような思いを人々が持たざるを得ない、緊迫感や現実に対する怒りや失望から生まれた抗議行動だとも表現できます。ザ・コンプトン・カウボーイズにしてもノーブルさんにしても、不当に殺されていった人々の死が、自分たちの明日かもしれないとの危機感と隣合わせの状況で、活動されています。死に対する解釈や、語られる方と、実際の死の距離感は、特定の時と場所によって変化するものであると考えます。

質問者2　ジェンダーの視角からずっと自衛隊研究をやって

きたものです。

この本の後書きのところで、極めて興味深い調査者の方のコメントが三点引かれていたと思うんですけれども、皆さんおっしゃっていることはやっぱりこれを文化研究にとどめておくべきではなくて、やはり現実の戦争ということをきちんと考えながら研究していってほしいという願いのようなコメントだったと思うんです。とりわけてやっぱり私はそこから離れずに皆さんがこうした研究をまとめようとされているということにまず敬意を表したいというふうに思いました。

それで先ほどの質問者1さんのご質問で概念という話がありまして、私もその概念について少しお話ししたいというふうに思ったんです。ですので私の質問というよりは皆さんの研究のますますの発展を願ってのコメントということになるんですけれども、ジョージ・モッセが『英霊』という本の中で「戦争の平凡化」という概念を出しています。そこでは戦争を称賛してたたえるのではなくて、選んで手元に置いておくほどに親しみやすくするというのが戦争の平凡化であると。この概念が私はすごく使えるんじゃないかと思っておりまして、先ほどの須藤さんのコメント、戦争観や平和観、現実のそうしたものと無関係なミリタリー・カルチャーというものがあるんじゃないかというご指摘だったと思うんですが、まさにこの戦争の平凡化、選んで親しみやすく手元に置いておくような状態にする、そういう愛好の仕方という点で分析のしがいがあるんじゃないかというふうに感じました。

それから私自身が翻訳した本に、アメリカの国際政治学者のシンシア・エンローという人の『策略』という本がありまます。その本の中では、「軍事化」という概念がこのように定義されています。「何かが徐々に制度としての軍隊や軍事主義的基準に統制されたり影響したり、そこから価値を引き出したりするようになっていくプロセス」です。この軍事化という概念、漠としているというふうにお感じになっている方はもしかしたらいらっしゃるかもしれませんが、漠としているからこそ、非常に微細な、つまり必ずしもすぐ直結してそれを愛好する人が軍隊に入るわけではないかもしれない、そして戦争を礼賛するという方向にかじを切るわけでもないかもしれない。でも着々と今私が話したような「制度として軍隊や軍事主義的基準に統制されたり影響したり、そこから価値を引き出したりするようになっていくプロセス」、このような概念でこの研究を理論枠組みとして使っていくことが十分できるのではないかなというふうに思いましたので、せんえつながらご紹介いたしました。

この二点を使って、当戦争社会学研究会の会員でもいらっしゃる望戸愛果さんという方が『『戦争体験』とジェンダー』という大変優れた研究をお書きになっております。これは第一次世界大戦に従軍したアメリカ在郷軍人会の戦場巡礼というのはまさにこの概念ふたつを分析、枠組みとして使いながらまとめた博士論文がありますので、ぜひこのような理論枠組みを補強する形で参照していただければというふうに思った次第です。


質問者3　昨日話していた高橋三郎先生が話されていた「戦争の魅力」という論点です。ここまでポピュラー・カルチャーで戦争が扱われるのは、やっぱり戦争に魅力があると考えるべきで、悲しいけれども。もちろんすごく単純化した上での戦争の魅力で、ある膨大な捨象があるとは思うんですけれども、その捨象も含めていろんな形でポピュラー・カルチャーの中に戦争が入っているということ自体が、戦争にある種の魅力がある。

そしてポピュラー・カルチャーというのは本質上、客を集めなければいけない部分があるので、人を集めるためにもその戦争の魅力に寄生するというんですか、使わせてもらっている部分があるんじゃないかというふうに思う。それは体験した人が体験の中の高揚感を思い出すとか、体験しなかった人も何かその兵器の様式美みたいな、機能美みたいなものに引かれてしまうとか、あるいは全然関係ない「萌え」とくっつけてしまうなんていうのはあると思うんですけれども、戦争や軍事に対する魅力があることは認めざるを得ないというのがあるんじゃないかなと。ここに本質があるんじゃないかなと思うんです。

それで、でももうひとつ聞いていったら論点として出てきているのは、事実と事実でないことというフィクションとノンフィクションという軸だったかなというふうに思うんです。このフィクション、ノンフィクションというのと戦争の魅力というのがどういう関係になっているのかなというのが、少し重大な問題になっているんじゃないかなというふうに思うんです。

ずっと挙がっている『火垂るの墓』の高畑勲とか、あるいは今回の片渕須直監督とかは、アニメの中にかなり事実に近い、歴史を読み込んでやると。だからそういうことが可能になったというのはあると思うんです。つまり、事実であっても魅力的でないということはないということがあったりする場合もあるということです。ちょっとだからその辺の関係がいろいろあるのかなというふうに思ったりしました。事実であること、ないこと。つまり高畑以降のアニメは、リアルなものを使うという形での魅力をつくっていこう、構築していこうとする部分もある。あるいはその魅力をいっそう魅力的に、話の魅力をいっそう魅力的にするために事実にかなり忠実だよというふりは取りあえずしなければいけないという、そういうことがあるとすれば、分析を文化のほうでもう少し、文化の内容のほうです。僕はミリタリー・カルチャーの本の中では内容にかなり踏み込んだつもりなんですけれども、内容の分析がかなり重要なんじゃないかなというふうに思ったりします。そんな感じです。

ですので、その事実と事実でないこと。他にもいろいろ言いたいことはあるんですけれども、事実と事実でないことということと魅力の関係みたいなことで考えることがおありかどうかということは、答えていただける人には答えていただけたらうれしいなというふうに思います。

質問者4 社会文化学という名前の授業で『火垂るの墓』とかを使わせていただいて、実際に岡山空襲の体験者を呼んだりとかして講義も行っております。今日、メインは英国と日本のビルマ戦線の合同戦友会にずっと所属しておりまして、そこら辺の戦友会のインパール作戦なんかの戦友会なんかにも行かせていただいております。

質問なんですけれども、戦友会にこれまで英霊顕彰会とか靖国に行く顕彰会なんかにも参加させていただいて思ったのは、やっぱり死者に出会うという戦友会のあり方で、戦友会の団体を知っているかと何度も何度も聞かれたので、おじいさまたちもすごく戦友会の研究の方々に期待していらっしゃったところをすごく感じたのですが、靖国のことはどういうふうに思われるかということをちょっとお伺いしたいと思いました。最後にあそこには戦友の魂があるから行きたいといって言っている方たちのことは、戦友会研究からはどういうふうに今コメントが出ているのかなということです。英霊顕彰会も最後はどうしても靖国でやりたいということで、そこで解散したので。

もう一点は、『火垂るの墓』と『この世界の片隅に』がひとくくりに扱われるようなんではあるんですけれども、高畑勲さんと電話とメールでちょっと連絡させていただきました時には、彼は『この世界の片隅に』に対してはかなり批判的でいらっしゃったんです。「あんな闇市がありますか」といってすごく怒っていらっしゃって。闇市は確かに『この世界の片隅に』の中ではとても広い道のところにぽつんとあるという感じのあれで、そこら辺の高畑勲監督は自分自身が岡山空襲の体験者で、原作の本は神戸空襲の経験者で、そういう点でリアリティーをとにかく盛り込もうとしたし、説明しにくいんですけれども、主人公の男の子のお父さんは海軍はどこで戦っていて、どの戦艦でどこと戦っていたのかというところまで調べるとかなりリアルな戦争像が浮かび上がってくるんです。

高畑勲監督のそういう経験者が積み重なってできている二次表象みたいなものと、『この世界の片隅に』のように私と同い年の人が監督となして完全な戦後世代が一生懸命に聞き取りをしながら作っていくと、どうしてもそこにずれは起こってくるのかなという気はするんです。ただ、『この世界の片隅に』の優れたところは確かに最後に植民地暴力のことを入れ込めたことで、これは『この世界の片隅に』のほうが勝っている点ではないかとは思っているんですけれども。

その辺りのフィクションとノンフィクションがちょっとひとくくりにくくられてしまうところに対して、高畑さんは多分怒るかなみたいな感じがしましたので、何というか、それを一緒に語ることに対しての疑問を分かる方におっしゃっていただければと思いました。

質問者5　まず吉田先生にお聞きしたいんですけれども、その批判的関心層と趣味的関心層というのに分けられて分析をされていると思うんですけれども、まずこの「批判的関心」というところに少し僕は気になっているところがありまして。

というのも、先ほどから戦争に対する魅力とかという話があると思うんですけれども、やっぱりサブカルチャーを消費している人というのは、そこに対して戦争の忌避感もありつつも、けれども一方でやっぱり戦争に引かれる部分というのも絶対にあると思っていて、反戦的側面と好戦的側面が入り乱れてコインの裏表になっているようにしているのがサブカルチャーじゃないかなと思っていて、何か批判的関心層といっている人たちのその批判的関心、その裏にある好戦というのは、その背景にある好戦の側面というのはどのように処理していけばいいのかというのが結構気になっているのでお考えを、僕も結構気になっているのでお聞きしたいのがひとつと。

あとはもうひとつ、現在の世界の軍事情勢の関心とあと日本の安全保障問題への関心ということをクロス集計で分析されていると思うんですけれども、太平洋戦争とか過去の大戦に対して何か問題を持っている人が、果たして現在の状況に対して問題が直接リンクが行くかというところにも少し疑問がありまして。その凄惨な戦争は繰り返したくないとかということを思う人が、そのまま自衛隊の問題にまで引き付けられるのか、過去の事象は過去の事象として受け止めて、それと現実が断絶しているというような人たちも一定数いるんじゃないかなと思うので、そこについてちょっとお考えをお聞きしたいと思いました。

つぎに討論者の須藤先生にちょっとお聞きしたいんですけれども、昨日の僕の発言を拾っていただいて非常にありがとうございました。この「平和観・戦争観と全く関係のないミリタリー・カルチャー」で、兵器とか萌えミリというのがそこに当てはまるという話だったんですけれども、僕はむしろこの太平洋戦争とかで使われた兵器表象というのが絶対にその歴史との参照からは切り離せないというところにその「大戦兵器表象」というのは僕が呼んでいるんですけれども、というものの何か特徴があるのかなと思っていて。『ガルパン』でもやっぱり作中でドイツの戦車とかの性能とかというものをちゃんと作品の魅力の中に入れているし、『艦これ』というのはもう艦隊の太平洋戦争中の歴史への参照みたいなものというのを魅力として扱っていて、そこで起こっている問題というのは、高橋由典先生もおっしゃっているように、歴史から自分たちが、大戦全体という歴史、その負の符号の付いた全体の歴史から自分たちにとっては好ましいという正の部分、正符号の付いた部分だけを消費しているということがあって、何かそれは戦争観と全く関係がないともいえないところにやっぱり日本の戦後の兵器表象消費とか戦争消費の特徴があると思っていて、何かきっぱりとは境界線を引けなくて、もう態度いかんによってどうにでも消費されてしまうというのが日本のサブカルチャー、戦争の消費のあり方なのかなというふうにすごく思っていて。結局、『永遠の0』とかにしたところで、あれを反戦映画というふうに見る人もいれば、プロパガンダ映画と見る人もいて、その両方が共存してしまうところが戦争のあり方なのかなと思っているので、それについて須藤先生のお考えを伺えればと思っております。

吉田　ご質問いただいた順番とは逆になるんですけれども、一番後の質問者5さんのご質問からお答えさせていただきます。

まず、反戦と好戦が表裏一体であるのではないかというのは全くそのとおりです。それは先ほど須藤先生のご質問へのお答えで申し上げたこととかなり重なるんですけれども、趣味的関心を持つということが、批判的関心を持たないことを意味するわけではありません。

私の主成分分析を用いたふたつの関心層の分け方（図8）は、あえて言えばその表裏一体の部分を捨象して、主成分としては二番目の強さしかない第2主成分で、いわば強引に趣味的関心と批判的関心を分けたというやり方なので、そこに一種のバイアス――分かりやすいストーリーを作り出すためのバイアスがかかっていたということができるかと思います。もちろんそうではない、反戦と好戦の表裏一体性とでもいうべきことに目を向けた分析もやりようによっては当然可能ですので、それはちょっと今後の課題とさせていただきたいと思います。それ自体が重要なテーマであるのは間違いないと思います。

それからもうひとつのご質問の、過去の戦争への関心が現在の軍事・安全保障の問題への関心からむしろ目を背けることにつながっているのではないかというご指摘ですが、これは全くそのとおりだと思います。そのことは年齢層という変数を入れて再分析してみればおそらくより明らかになってくると思いますので、そのこともちょっと今後の課題とさせていただければと思います。

それから、次に質問者3さんがコメントされた、戦争・軍事の魅力とフィクション、ノンフィクションとの関係ということですね。これも非常に重要なテーマで、簡単にお答えするのは難しいのですが、ただひとつ言えそうなのは、次のようなことです。――私も『ミリタリー・カルチャー研究』の「マンガ・アニメ」の項目の中で『この世界の片隅に』について少し触れさせていただいたんですが、そこであの作品の魅力を支えている要素として、「地と図」の関係のリアリティということを述べました。「地」というのは、すずさんが生活していた日常的な世界であって、やがてその中に戦争という「図」が浮かび上がってくる、その「地と図」の関係のリアリティが重要で、そのことがあの作品の魅力をつくり出していた。だとすると、一般化して言えば、何らかの作品の中で、戦争・軍事が何らかの魅力を持った表象として立ち現れてくるときには、その作品における「地と図」の関係の表現の仕方が関わっている可能性があるのではないか、というふうに少し思いました。そして、その「地と図」の関係の「事実」のリアリティは、必ずしも質問者3さんがコメントされた「事実でないこと」のリアリティとは一致しない。場合によっては、「事実でないこと」をも描くことが「地と図」の関係のリアリティを補強することがあるのではないか。その可能性は、質問者4さんが紹介された、『この世界の片隅に』に対する高畑勲監督の批判的なコメントからも窺えるような気がします。

それからもう一点、質問者1さんのおっしゃった空間的・社会的な分析軸の導入、これは非常に社会学的なテーマで私もぜひその方向の分析ができればと思います。確かに藤津亮太さんの『アニメと戦争』は、成田先生の世代論的な枠組みを使っているので、時間軸が強く効いています。それに対し、空間的・社会的な分析軸を導入するというのは、例えば社会学でいえばブルデューの〈界〉の理論というのがあります。これはごく簡単にいえば、文化的な作品とか趣味とかに関する領域を、卓越化をめぐる象徴闘争の場として読み解くという理論的な枠組みです。

それで思い出すのは、例えば『ヤマト』の第一作の時に、その第一話でBGMに軍艦マーチを入れることに関して、西崎義展と松本零士のあいだにかなり大きな対立があったというエピソードです。これも藤津さんの本に出てきまして、あの本では一種の世代論的な解釈がされていましたけれども、もっと別の解釈もおそらくできるはずです。たとえば階層とか学歴とかの社会学的な変数を、そういうミリタリー的な要素への態度といいますか価値評価の違いに結び付けて論じることはおそらく可能だろうと思います。それも今後の宿題とさせていただければと考えております。

高橋（由）　私への質問は靖国神社についてのものだけだと思いますので、それについてお答えします。

死んだら靖国神社に祀られるという制度の中で戦争をしていたわけですから、戦友会の人たちが、死んだ戦友が靖国に祀られていると思うのは自然な成り行きです。ですから戦友会の中には靖国神社で慰霊祭を必ず行う会とかもあったりするわけです。

ご質問に関連して申し上げたいことはふたつあります。ひとつは、そういう制度としての靖国神社と、戦後における靖国神社国家護持運動は区別しなければいけないということです。靖国神社国家護持運動にコミットしていた勢力として戦友会があったかというと、それは少し違うという感じがします。そういうことを主張した全国戦友会連合会という連合組織がありましたが、組織率は低くて、靖国神社国家護持を強調する圧力団体としては十分機能しなかった。ですから靖国が、戦友会にとって、制度として共有されていたこと以上の意味があるかどうかという点については、私個人は否定的です。これが一点目です。

それから二点目ですが、戦友会では、靖国に祀られているという観念が共有されている一方で、同時にそれだけでは足りないという感じも共有されているということです。だから戦友会の人たちは、自分たちで集まって個別に弔うわけです。自分たちが集まってそこで慰霊祭をしたり、あるいは語りあいをしたりするというのは、ローカルなそういう場における慰霊が必要と思うから、靖国だけでは足りないと思うからやっているのではないかと私は思います。以上、二点申し上げました。

須藤　質問者5さんのご質問にお答えします。兵器表象の中の戦争ですよね。戦争と無関係なわけがないというご指摘だったと思うんですが。まず皆さまに『ガルパン』ではいわゆる戦争は描かれていないことを申し上げておきます。女子高生が戦車に乗って戦う部活動という設定です。

それで、私も考えたんですが、データとしての戦争、あるいは兵器のデータ、これを作品化している。そこにデータということでそこが非政治的な見せかけになるわけですけれども、ここに何か問題があるのじゃないかなと。私自身の研究は、そこにこだわりたいですね。

ミリタリー・カルチャー研究の中心に戦争観・平和観というのがあり、今回私は論争的に「全く関係のない」なんて言って広げようとしてみたんですね。ここの「観」という言葉を私が狭く捉えすぎているのかもしれないですけれども、何か倫理的なものがそもそもその戦争観・平和観に入っているんじゃないかと感じているのです。ただこの用語については、きちんと精査しないままに使ってしまって大変申し訳なかったです。

なので、全く関係のないということではなくて、いろいろな先生がたが、例えば吉田先生は無関心であることもやっぱり戦争観であるし、佐藤先生はモッセの「戦争の平凡化」ということも言ってくださったんですけれども、「観」ではない言葉にできないかなと。私のずっと言っている「非政治的な政治性」というのと結局同じことを指しているのではないかなというふうに今は感じております。

あと、フィクションの件も私が投げ掛けたと思うのでちょっとだけ話させていただくと、質問者1さんがフィクションならではの真実がある、フィクションだから書ける真実があるというのは、本当にそのとおりだなと思います。が、さっき質問者5さんもおっしゃったように、例えば『永遠の0』とか、これは自衛隊協力映画ですけれども、『男たちの大和』、『山本五十六』、戦争を題材にした自衛隊協力映画が何本かありますけれども、やはりその作品を見ますとフィクション、ノンフィクションの揺らぎ、しかも集団的記憶にやはり作用し得る表象というものがあります。これはやっぱりすごく論争的なのではないかなと思っています。

青木　報告者の先生方、コメントをくださった先生方、またフロアから活発な質問をくださった皆さま、どうもありがとうございます。最後に、司会の私からも、少し考えたことを述べさせていただければと思います。

まず、現在の日本では、ミリタリー・カルチャーや平和観・戦争観を話題にするときに、差し迫った暴力や死の緊迫感という要素が、たとえば永冨先生が挙げられたコンプトンのようには表面化してこないのだなと、あらためて認識しました。高橋由典先生のご報告にあったような戦友会が動いていた時代までは、かつての戦争と結び付いた、死や暴力の生々しい記憶が日本社会にうごめいていたのだと思います。ですが現在は、いうまでもなく戦争の体験者が少なくなってきていますし、永冨先生がご報告されたようなアフリカ系アメリカ人の日常がここにあるわけではない。死にいたるかもしれない暴力にさらされる危険が相対的には「日常化」していない日本の現実の中で、戦争や軍事にかかわる「文化」なり、戦争観・平和観なりを問題にするとはどういうことなのか、あらためて考えさせられます。

もうひとつは、「軍事」に関わる「文化」を「生活」の意味でも捉えながらミリタリー系のサブカルチャーや戦争観・平和観のあり方を見るとどうなるのか、ということです。たとえば、自衛隊員の人たちや、家族が自衛隊員である方、知り合いに自衛隊員やその家族がおられる方、米軍基地で働いている方、あるいは、自衛隊や在日米軍と職業上の取引があって日常的に接している人は、現在の日本社会にかなりいると思います。そういう人たちの戦争観・平和観、あるいは軍事的なサブカルチャーとの関わりを検討するような作業も、「ミリタリー・カルチャー」をキーワードにした研究の可能性を広げることにつながるかもしれない。そんなことを、『ミリタリー・カルチャー研究』の詳細な分析を読みながら、また今日の御報告と議論を拝聴しながら、考えておりました。

「ミリタリー・カルチャーの可能性を考える」という、非常に大風呂敷を広げた企画ではありましたが、文化、ミリタリー、フィクション、戦争「観」、平和「観」、あるいは死者など、どれも私たちが使う大きな概念ですが、それを使う研究者のあいだでも互いに共有している意味合いとずれのある部分も見えてきて、その点でも刺激的な議論を生み出していただけたと思います。戦争社会学研究会としては初めてのオンライン大会となりましたが、本日は、どうもありがとうございました。

注

(1) 永冨真梨「一九六〇年代の「第二西部劇」から眺望するグローバルな世界」(『アメリカ史研究』四四号、八六〜一〇三頁)。

付記

本特集は二〇二一年四月二五日に開催された第一二回戦争社会学研究会大会シンポジウムの文字起しをもとに、原稿化の了承が得られた部分を中心に再構成したものである。

基調講演

戦争研究における「文化」という着想をめぐって

――第二回戦争社会学研究会大会基調講演

高橋三郎（京都大学名誉教授）

野上　司会の野上です。本日はよろしくお願いいたします。

戦争社会学研究会という場について、もちろん私たちがいい加減ということも多分にあるのだとは思いますが、そのため逆に、さまざまな問題意識がここに集まって相互に刺激しあうことも可能になっているということがあるかと思います。つまり「戦争社会学とは何か」という問いです。この問いは、繰り返されることで私たちの研究を刺激し、問いを作り続けるジェネレーターにもなっている。あえてそうしてきたと、会の定義・限定についてサボってきたことの言い訳をすればそうした面はあると思います。ですが、それは戦争という現象の多面性、ほぼ社会そのものといっていいような多様な側面のためでしょう。それゆえ私たちは戦争についての探究を続けてゆけるということです。

そうしたなか、これまでの大会で講演を、そして今回の大会でも講演をお願いしているのは次のような理由からです。私たちがさまざまな側面から進めている戦争の探究に抜け落ちている視点がないか、これがいつも気になるわけです。多様な視点があって刺激しあっていると私たちは思っているのですけれども、それがただ内輪でにぎやかにやっているだけ、この研究おもしろいね、うんそうだねと言いあって馴れ合っているだけ、ということになってしまうことを私は恐れています。

これまでご講演をお願いしてきた先生は、戦争社会学研究会の会員でないことも多く、われわれにとって何らかの「他者」であったことが多いように思います。先生方のご講演に期待していたのは、「戦争社会学とは何か」という問いを繰り返し呼び起こしてもらうこと、あるいは私たちの間で共有されているが故に問われることがなくなってしまった前提をもう一度考え直す機会をもたらしてもらうということでした。

今回の大会の講演でもそのことをお願いしたく、ひとりの先生をお迎えしました。とはいえ、その意味は「戦争社会学とは何か」を突きつけてくる存在という意味での他者とは全く逆で、私たちにとってあまりに当たり前になってしまったが故に逆に誰も言及しなくなってしまったような先達という意味です。動物にとっての空気や魚にとっての水のように、あまりに重要だけれども重要過ぎるが故に当たり前になり、忘れられてしまう、そういうことが世の中にはあると思うのですけれども、そういう意味においての他者であり先達です。

それは「戦争研究における文化」という視点です。この視点によって、戦争を安全保障研究との関連、あるいは政治学との関連、そして平和との対比のみに限定することから解放して、戦争を社会現象として捉える機会をもたらし、本当に広大な研究の領域を開いてくれました。切り開かれた土地を私たちはにぎやかしているというわけです。当たり前のように私たちは「戦争研究における文化」という視点を持つことができるわけです。けれども最初はそう簡単にはいかなかったのではないかということは想像できます。

では、どのようにして「戦争研究における文化」という視点は可能になったのか。そしてそれはどのように展開していく可能性を持っているのか。これを伺うことで、私たちの研究や研究会が拠って立つところの問いをもう一度可視化することにしたいと思っています。

これが今回の講演をお願いした趣旨です。本来であれば講演いただく先生の経歴や研究の内容をご紹介するべきだとは思うのですが、それはむしろお話の中で展開してくださる部分でもあると思いますので省略させていただきます。失礼をお許しください。

それでは高橋三郎先生、よろしくお願いいたします。

はじめに

高橋　ご紹介いただきました高橋です。私もその一員でありますミリタリー・カルチャー研究会が二〇二〇年『ミリタリー・カルチャー研究』という本を出版いたしました。お読みくださった方がいらっしゃいましたらこの場をお借りしてお礼申し上げます。

この本で使っておりますミリタリー・カルチャーという概念につきましては、編者の吉田純先生が「戦争・軍事組織に関連する文化の総体」と明確に定義されておられますので付け加えることはありません。ただ、この本の「あとがき」で、ミリタリー・カルチャーという言葉を日本語の文献で最初に使ったのは高橋であり、それが一九八二年のことだというふうにご紹介くださっておられます。今日はそのことを踏まえまして、それと明日のシンポジウムの前座という意味もありまして、戦争研究の中で「文化」という視点がどう扱われてきたかというテーマでお話をさせていただければと思います。

ただ、話の内容は、「知っている人はよく知っている」というレベルのものですので、今日はそうしたテーマの研究に私自身がいつ出会い、どう感じてきたのかという個人的な話でお茶を濁させていただこうと思います。最近の学術書、特に若い方の業績では、「あとがき」が充実していて、そのテーマや恩師あるいは研究仲間との出会いについて詳しく書かれています。「あとがき」は、本文で展開されている議論がなぜ生まれてきたかを知るために欠かせないものであると思っています。今日のお話もそうした「あとがき」を意識しております。

今日の話は、どのような文献に出会ったかという話が中心になりますので、話の中でとりあげる主な文献のリストをもってレジュメに代えさせていただきます。これで少しは話の流れがお分かりいただけるかと思います。

最初に、今日の話に最も近い学術的な研究は何かといえば、石津朋之先生の『戦争学原論』だとあらかじめ申し上げておきます。文献①です。この本にみんな書いてあるじゃないかと言われたら、「そのとおりです」と申し上げるしかありません。皆さんもお読みになっていらっしゃると思いますけれども、戦後日本で出版された最も優れた戦争研究案内であると私は考えております。

第二次世界大戦以前と以後

本題に入ります。「文化」という観点から戦争研究を考えますと、第二次世界大戦以前とそれ以後の大きく二期に分けることができるかもしれません。大変乱暴な言い方は承知のうえで申し上げますと、第二次世界大戦以前はどちらかといえば、「戦争が文化にどういう影響をもたらすか」という議論が多く、第二次世界大戦後にはそれに加えて、「文化が戦争にどういう影響をもたらすか」というアプローチが強調されてきたように思われます。

一九世紀から二〇世紀初頭にかけまして多くの論者が戦争に言及いたしました。それらは主として社会や国家の発展・進化に戦争がどのような役割を果たしたかという視点によるものでありました。大部分の論者は戦争や闘争が社会や国家の成立に大きな役割を果たしたことを認めていて、将来戦争が消滅するのかどうかという点にだけ意見が分かれていたと思います。

シュタインメッツ

戦争社会学という言葉を定着させたドイツの社会学者ルドルフ・シュタインメッツは、その代表的なひとりです。その著書『戦争の哲学』（一九〇七年）は当時の西欧社会に非常に大きな影響を与えました。日本への影響をみますと、文献②は、『戦争の哲学』の忠実な紹介です。文献③、④は、シュタインメッツの戦争社会学の紹介、解説を含んでいます。④は、時流に乗ったナチ礼賛の本ですが、社会学事典の古典と言えるフィアカントの『社会学事典』（一九三一年）にシュタインメッツが書いた「戦争社会学」という項目が翻訳されているところがミソです。

シュタインメッツは戦争の原因となる精神的要素の文化的意義を強調しましたが、それを受けて、哲学者で心理学者でもあるウィリアム・ジェームズが「戦争の道徳的等価物」という論文を書きました。大胆、柔弱の軽蔑、私利の放棄、命令への服従といった軍人的な徳といわれるものは、平和な社会においても必要なものであり、それを戦争を通さずに得ようとすれば、戦争に代わる「道徳的等価物」が必要であるというふうに主張したわけです。大変有名な議論です。

私はシュタインメッツやジェームズを戦争魅力論の元祖だと思っていましたが、よく考えてみますと彼らが問題にしたのは軍隊や軍人の道徳的規範であったわけです。ですから、軍事組織の文化という意味でのミリタリー・カルチャーの重要性を指摘したともいえます。一九世紀以降、ヨーロッパにおきましては専門職業的な将校団によって軍人倫理であるとか、軍人的な徳であるとか、軍人精神といわれるようなものが形成されておりまして、それが一般社会に受け入れられていわゆる将校＝紳士という図式が定着していることをシュタインメッツは十分承知しておりました。その意味では、シュタインメッツはミリタリー・カルチャー研究の元祖と言ってもいいのかもしれません。

第一次世界大戦後の日本

第一次世界大戦中、そして戦後にかけましてヨーロッパにおいては戦争についての議論が盛んになります。そこでは戦争を肯定するために「戦争と文化」というテーマが多く取り上げられています。特にドイツにおきましては、戦争の哲学とか戦争の文化史といった論文やパンフレットが数多く刊行されました。戦争における精神力の重要性を強調したクラウゼヴィッツ以来の伝統かもしれません。日本でも一九三〇年代、特に満州事変以降、「戦争と文化」論議が花盛りとなります。社会学者の発言が多いことが大きな特徴です。

そうした文献を列挙させていただきました。文献⑤の高田保馬先生は私の世代にとっては社会学の神様でありましたけれども、高田先生は軍事についても大変詳しい方で、日本の徴兵制について英文で書かれた優れた研究があります。「戦争と文化」というこの長編論文では、「戦争は文化の発達を阻止するものだ」と結論づけられています。

高田先生は、戦争は文化にとってマイナスであるという議論をされていますが、それ以降の論者は、ほとんど戦争は文化にとってプラスだという立場をとります。高田先生も、一九四二年ごろになりますと、当初とはやや違ったニュアンスのことも言われております。時代を反映していることは明らかです。

文献⑥は、陸軍省新聞班の悪名高いパンフレットです。パンフレット第一行目の「戦いは創造の父、文化の母である」という文章は大変有名です。戦争直後でしたら、「戦争と文化」という言葉を聞いたら、日本人の多くが、「戦争は文化の母」という言葉を思い浮かべたろうと思います。

文献⑦は、第一次世界大戦中にドイツの社会学者が書いた論文を要約したものですが、ここでも戦争の文化的意義が強調されています。

文献⑧は、一九三九年に多くの知識人をあつめて「戦争文化研究所」を作り、雑誌『戦争文化』を発行した仲小路彰という方の膨大な著作の一冊です。大天才であるとか奇人であるといわれる方です。戦後ＧＨＱに抹殺され、西尾幹二先生のＧＨＱ焚書図書開封にも取り上げられた一冊です。

「戦争は新しき文化を創造する」という立場ですが、この本では戦争学大系の構想が語られています。あまり中身のあるものではありませんが、戦争社会学や戦争文化学など、戦争なんとか学といったものを総合して、「戦争学」を構想しています。

『戦争文化』は二九冊ほど刊行されたと思います。当時の雰囲気からしても、一九三〇年代から四〇年代にかけて戦争文化という言葉が日本に定着していたといっていいのではないでしょうか。

その次の清水幾太郎先生ですけれども、皆さんもご存じのように、戦後のある時期日本を代表する社会学者でした。文献⑨の論文では、「文化の進歩に対して戦争の肯定的意義を考えなければならない」と説いています。戦後、戦時中の言説や作品についての「戦争責任」追及の流れの中で、この論文も取り上げられることになりました。

文献⑩は、歴史学中心の論文集ですが、戦争が新しい文化を生むという当時の典型的な議論がなされています。

文献⑪の新居格という方は、当時の有名な評論家です。この本は時事論文を集めたものにすぎず、非常に短い本ですが、タイトルのせいでしょうか、戦後古本屋で何万円という価格が付いていてびっくりしたことがあります。

森戸辰男先生は、戦後広島大学の学長をされまして、いろいろな方面で活躍された方ですが、一九三九年に長編論文「戦争と文化」を発表されておられます。ここでは、戦争が文化を促進する場合の条件についての議論をされておられます。「こういう場合には戦争が文化を促進する」というふうにやや苦しい議論です（文献⑫）。

私は「戦争と文化」という言葉を聞きますと、戦争社会学の先行研究を調べている時に出会ったこれらの本をすぐ思い浮かべてしまいます。

アジア・太平洋戦争中の知識人の言論につきましては非常に多くの研究がありますが、最近では玉木寛輝先生のご研究があります（文献⑬）。この本で取り上げられている経済学者や哲学者は、政治と軍事の一致とか、総力戦論だとか時局に即した発言をしているのに、なぜ社会学者は同じ時期に「戦争と文化」というのにこだわったのか、多少興味があります。

これはやはりドイツの社会学者の影響だろうと思います。

先ほど申しましたように、第一次世界大戦中にドイツの社会学者は戦争の文化的意義を論じました。その影響は大きかったと思います。例えば、ハンス・フライヤーが、『国家論』（一九二五年）という本の中で「戦争はすべてのものの父である」と言ったことは日本の社会学者にも知られていました。

ご承知かと思いますが、一九四〇年代までの英米の戦争研究を俯瞰するのには、クインシー・ライト『戦争の研究』（一九四二年）が役に立ちますが、この本で見る限り、第一次世界大戦前後には、英米では、「戦争と文化」といった議論はあまりなかったようです。

いずれにせよ、日本では第二次世界大戦中に、「戦争と文化」という議論がかなりなされていたということを指摘しておきたいと思います。

第二次世界大戦後

さて、第二次世界大戦後です。以前、私はこの研究会で、二〇一二年でしたか、恥ずかしげもなく昔語りをさせていただきました。そのときの話の繰り返しになりますが、私は学部時代はひたすら「戦記もの」や日本軍隊論を読み、といいましても、その頃は飯塚浩二先生の『日本の軍隊』（一九五〇年）ぐらいしかなかったですが、それらをまとめて卒論にしました。大学院に入りましてから戦争社会学についての勉強を始めました。その中でミリタリー・ソシオロジーに出会い、戦争研究と軍隊研究を結び付けた広義のミリタリー・ソシオロジーが自分の研究方向だと考えるようになったわけです。

そうした考えを一九七四年に「戦争研究と軍隊研究」という論文にいたしました。この論文は、戦争社会学研究会が二〇一三年に刊行されました『戦争社会学の構想』の中に採録していただきました。そこで野上先生の大変ご丁寧なご解説をいただいております。お読みいただいているかもしれません。ただ当時は、防衛研修所の一部の先生方のご関心を引いたぐらいで、学界からは全く無視されました。

それはともかくといたしまして、この論文を書いた直後に私は二冊の本に出会います。一冊が文献⑭、もう一冊が⑮です。キーガン先生の『戦場の素顔』という本は、兵士の手記を使い、現場の兵士の視点という観点を強調しながら、アジャンクール、ワーテルロー、ソンムの三つの会戦を描いたものです。新しいスタイルの戦史として、評判になりました。もっとも、原書が一九七六年で、邦訳が出ましたのが、二〇一八年ですから、日本のミリタリー・カルチャー研究のあり方を象徴的に示しているように思います。

やはり兵士や軍隊に焦点をあてた研究が重要なのだと意を強くいたしました。そして、この本以上に、フッセル先生の『大戦と現代の記憶』という本がショックでした。現在では「戦争詩人」と総称されているイギリスの若い詩人たちの第一次世界大戦中の作品を分析したもので、この領域の研究の古典中の古典といわれるものです。英詩の伝統や、英語という言語そのものの分析を踏まえていますので、私の語学力では到底理解できたとはいえないものですが、文学作品を通して第一次世界大戦の本質に迫るという、そういう方法だけは非常によく分かりました。この本は、歴史学にも大きな影響を及ぼしたといわれています。

フッセル先生は、一九九六年にご自分の第二次世界大戦における戦闘体験を含めた自伝を書かれています。それを読んで、なぜそのフッセル先生が戦争を嫌悪してこの本を書いたかというのが非常によく分かりました。私がさきほど本の「あとがき」に関心があると申し上げましたが、この時の経験が大きいです。

これらの二冊は、第一次世界大戦の愚かさ、不毛性・無益性を強調したもので、「恐怖と悲哀」という第一次世界大戦のイメージ形成に大きな影響を及ぼしたといわれています。ご承知かと思いますが、第一次世界大戦研究というのは何期かに分けられ、それぞれ違った第一次世界大戦イメージが作られましたが、そのなかでも「恐怖と悲哀」イメージは、長く強く続いたものです。

私には、第一次世界大戦の解釈や評価とは関係なく、なによりも「戦記もの」が戦争研究の重要な素材になり得るのだと思えるきっかけになりました。そして、第一次世界大戦のから「戦記もの」が膨大な数になることや、すでに一九二〇年代それ以来、日本の「戦記もの」研究が盛んになされたことも知りまして、「戦記もの」への関心が高まりました。「戦記もの」だけではなく、外国の「戦記もの」研究へ関心は現在まで続いています。

そうした「戦記もの」への関心と一九七八年から始めました戦友会研究とがつながっていることは、あらためて申すまでもありません。戦友会研究につきましては、明日のシンポジウムで高橋由典先生がお取り上げになるみたいですから、今日は触れません。

ミリタリー・カルチャー

一九八〇年、大きな出会いがあります。文献⑯のウィルソン先生の論文の中で、「military cultureミリタリー・カルチャー」に出会ったからです。

最近読んだ論文の中に、ミリタリー・カルチャーという言葉自体は一九六〇年代から使われていると書かれていました。軍隊の社会学的研究は、ストゥファー先生がたの『アメリカの兵士』(一九四九年)という調査研究から始まるわけですから、軍隊文化という意味でのミリタリー・カルチャーという言葉が、その頃から使われていても不思議ではありません。ただ、私は気が付きませんでした。私は、むしろ一九九七年ころから増えだしたという印象を持っていたくらいです。とにかく私にとりましては決定的な影響を持ったのが、このウィルソン先生の論文でありました。

私は、戦争はなぜ起こるかという問いとは別に、戦争が現実に成立するためには何が必要とされるのか、そしてそれはどのようにして形成されるのかという問いを重視すべきであるというふうにずっと考えておりましたから、ミリタリー・カルチャーは「大衆社会における戦争の準備と遂行の少なくとも必要条件である」というウィルソン先生の指摘に、「これだ」と思ったわけです。

そして、それまで私が関心を持っておりました個別のテーマ、日本軍隊、戦記もの、戦友会、戦争犯罪、戦犯裁判、戦争の魅力、攻撃性研究、暴力、ナチス強制収容所、戦争と女性、などなどを、これはみんなミリタリー・カルチャーでくくれるのではないか、つまり、自分の関心全体をつつみこめる概念として使えるのではないかと思ったわけです。

私がこの言葉を最初に使いましたのは、一九八一年の第八回日本平和学会です。当時の会長が樋口謹一先生でしたが、なにか報告しろと言われまして、ミリタリー・カルチャーという言葉をつかって戦争の魅力論の話をさせていただきました。

懇親会の時に、「重機関銃を撃った時の感触が忘れられない」と、わざわざ言いに来てくださった有名な原子力学者がおられたことを覚えています。その後、学会報告を『平和研究』第八号(一九八二年)に載せていただきました。タイトルは「紛争の軍事的形態」でしたが、内容は、戦争魅力論とミリタリー・カルチャー論でした。論文に対してはほとんど反応がありませんでした。

もっとも、それから六年後の一九八八年、大月書店から『ベトナム戦争の記録』という、ベトナム戦争に関して日本で出版された本の中では非常によくできた論集に、「ミリタリー・カルチャー」というタイトルでベトナム戦争を題材にした映画などポピュラー・カルチャーについての文章を依頼されましたので、覚えていてくださった方も二、三人あったのかもしれません。

ただ、この本を書評された桑田悦先生から、ミリタリー・カルチャーというのは将校団のカルチャーを指すのだというご指摘を受けた覚えがあります。桑田先生は、旧将校で、当時は防衛研修所におられたと思います。「戦記もの」の意義を論議された先駆者のおひとりです。

同じ年の一九八八年、私は『「戦記もの」を読む』という本を出版していただきました。ミリタリー・カルチャーからの視点を強調したのですが、そのことを的確に読んでくださったのは、私の身近にいる人は別にいたしまして、吉田裕先生だったと思います。この本に触れてくださるときに必ず「ミリタリー・カルチャーの視点からの」という形容句を入れてくださいます。それで多少はミリタリー・カルチャーという言葉も市民権を持ったのかなというふうに思っています。

軍事史の新しい動き

私はミリタリー・ソシオロジーやミリタリー・カルチャーの研究動向はそれなりに追っておりましたが、軍事史そのものを研究対象にしていたわけではありませんでしたから、一九六〇年代からの新しい軍事史の動きはあまり知りませんでした。また、一九七〇年代から、社会科学、人文科学を横断してすすんだ文化研究の新しい流れ、**cultural turn** カルチュラル・ターンとか文化論的転回とか言われる動きについてもほとんど知識はありませんでした。私の印象では、日本でカルチュラル・ターンが話題になり、社会学者が取り上げるようになったのは、二〇〇〇年代になってからではないかなという気がいたします。

とにかく、私個人にとりましてこの軍事史の新しい流れというものを知った最初の文献が、シャイ先生の一九九三年の論文です（文献⑰）。この論文は、軍事史研究の新しい傾向に触れるとき、必ず挙げられるものですが、この論文でシャイ先生は、新しい傾向を「cultural approach」と呼んでいます。大変分かりやすい表現だと思います。

cultural approach の始まりは、初版が一九三七年に出版されたファークツの『軍国主義の歴史』と、一九七三年に書かれたウェイブリーの『アメリカ流の戦争方法』のふたつだと、シャイ先生は述べておられます。

『軍国主義の歴史』は、日本では一九七〇年代に翻訳されています。どのような戦争も軍事的方法と軍国主義的方法とによって戦われるが、軍国主義とは慣習、利害、威信、行動の集合であると説明されています。したがって、乱暴な言い方をすれば、戦争の仕方は時代により社会によって違うのだ、文化によって違うのだということになります。ファークツの軍国主義は、ミリタリー・カルチャーに極めて近い概念です。

『アメリカ流の戦争方法』というのは、ご存じのように、「way of war」、「ways of war」（「戦争方法」とか、「戦争様式」とか訳されます）という言葉がタイトルに含まれる論文や本のブームの先駆けになったものです。いろいろな議論があって、いまもって、アメリカ流の戦争方法というのは、「敵の殲滅」だったか、「空軍力の使用」だったか、迷ってしまいます。

「戦争方法」派の元祖は、どちらかといえば、ファークツよりも、一九三〇年代に活躍した有名なイギリスの軍事史研究家であるリデル＝ハートだという説が強いようにも思います。リデル＝ハートは、イギリスにはイギリスの戦争のやり方があると主張したことで有名です。

冷戦期の一九七〇年代、相手国の核戦略を理解するためには、相手方の指導者や国民の信念、態度、行動傾向などについての研究が必要だという議論がなされます。それが、「戦略文化」（strategic culture）という考え方を生みます。

ただ、一九九三年のシャイ先生の論文では、cultural approach の具体例としては、核戦略ではなくて、南北戦争、第一次世界大戦、そして第二次世界大戦における残虐行為の説明のためだと書かれていて、印象的でした。

日本における軍事史研究

一九八四年に戸部良一先生その他の方々による『失敗の本質』が出版されました。新しい軍事史研究だと衝撃を受けた覚えがあります。cultural approach といっていいのではないでしょうか。

ただ、日本の軍事史研究が大きく変わるのは、日本では一九九〇年代末から二〇〇〇年代の初めにかけてです。まず一九九〇年代の末から外国における軍事史研究の現況が次々に紹介されました。英米の軍事史につきましては大久保桂子先生、谷口眞子先生、ヨーロッパ軍事史につきましては阪口修平先生、鈴木直志先生、丸亀宏太先生をはじめとする「軍隊と社会研究会」の方々、それから日本軍事史につきましては吉田裕先生が、そしてミリタリー・ソシオロジー本流のほうの「軍隊と社会」研究につきましては河野仁先生といった方々が戦争の研究の新しい動向について雑誌で次々に紹介されました。本当に次々という感じで興奮したことを思いだします。

文献⑱『軍隊』は、「軍隊と社会研究会」の方々のお仕事ですけれども、この本には大変優れた文献解題が載せられています。ドイツ軍事史に限定されたものではなく、軍事に関心のある方には大変役に立つものです。いまお名前を挙げた、先生方の業績はすべてそこに掲載されています。

ここでは、それに載っていない吉田先生と河野先生のご論稿を挙げておきました（文献⑲、⑳）。

こういった先生方の論文を通しまして、アメリカ発の「新しい軍事史」では、社会、経済、政治、文化と戦争との相互関係を重視するようになったこと、そしてドイツにおける「広義の軍事史」は、軍隊の社会史的研究を重視するものであること、そしてミリタリー・ソシオロジーの本流での軍隊と社会研究の現状はどんなものか、また日本の近現代史研究ではどのようになっているかということを非常に幅広く教えていただきました。日本における戦争・軍隊研究が新しい時代に入りつつあることを実感したことでした。

二〇〇一年に、ミリタリー・ソシオロジーの本家本元への長期留学から帰られました河野先生が『〈玉砕〉の軍隊〈生還〉の軍隊』を刊行されました。これはミリタリー・ソシオロジーの本流と、cultural approachという新しい軍事史研究の方向とが合わさった日本で最初の本格的な研究だと私は今でも思っております（文献㉑）。

二〇一〇年代

二〇〇〇年代の初めからcultural approachが増えていきますが、内外ともに本格的に研究が増大するのは二〇一〇年代だと思います。

軍事史家として著名なブラック先生は、cultural turnを意識されて、本のタイトルに入れておられますが（文献㉒）、この中でブラック先生は、もともと軍事史には「文化」による説明と「技術」による説明があり、イラク、アフガン戦争の影響で今は文化による説明が強くなっていると解説されておられます。

技術か文化かという議論といえば、リン先生の文献㉓があります。著者は、戦闘は技術によって規定されてきたという説明を強く否定いたしまして、「観念、」（idea）、つまりは文化を強調する立場にあります。一九六〇年代の後半に流行しましたベトナム反戦フォークに『ユニバーサル・ソルジャーuniversal soldier』というのがありますが、これは、言われたとおりに機械的に戦う兵隊がいて戦争をなりたっているのだという歌ですが、リン先生は、ユニバーサル・ソルジャーを否定するために、この本を書いたと言っています。つまり、兵士はそれぞれ様々な文化を抱えて戦っているということで、この立場からすると、「ヨーロッパ流の戦争方法」などというものはないことになります。「way of war」派への批判ともなり、話題となりました。

私は、二〇一〇年代は、欧米におきましては、方法論の転換に、第一次世界大戦一〇〇周年に向けてなされた多くの個別研究が連動していたような気がします。「戦争の記憶」、「記念碑」、「哀悼」、「慰霊」、「戦争博物館」「戦争画」、「戦跡ツアー」などなど、新しい研究テーマのブームになりました。そしていつの間にか日本においてもそれがブームになります。私には、今なぜ日本でという気がして、素直に乗れなかったところがありました。

日本におけるこの時期の戦争研究について私の印象に残っておりますのは、「戦記もの」や「戦争文学」研究です。これは皆さんよくご存じだと思いますので、あらためて業績名は省略させていただきますが、次々に発表されて、一種のブームになりました。正直申しまして、びっくりでした。

この時期以降の日本における研究動向につきましては、この研究会の野上先生が何回かお書きになっておられますので、あらためて申し上げることもないかと思います。

日本における外国の軍事史研究についてみますと、ドイツ軍事史研究の業績が目立ちました。（文献㉔から㉗）ドイツやヨーロッパにおける軍事史だけではなく、軍事史研究全般につながる問題を提起されています。

英米の軍事史研究も次々翻訳されましたが、よく理解できない翻訳があって考えさせられました。

平和教育についても議論が盛んになりました。戦後の平和教育については、まだ議論がつくされていないような気がします。文学、哲学、あるいは人文科学系の研究者による戦争と文化の論集がかなり目立ったのも、二〇一〇年代です。ただ、一度限りの論者が多かったのも事実です。

とにかく、二〇一〇年代は戦後日本における戦争研究の非常に大きな節目だったと思います。

cultural approach

さて、これまでの話をまとめておきます。文献㉘は、cultural approach についての最新の論集ですので、リー先生の整理をお借りしたいと思います。リー先生は、軍事史というのは三つの流れがあると言われます。ひとつは昔ながらの狭義の軍事史、つまり兵器や戦闘や作戦や指揮官を中心にしたもの、昔から「太鼓とラッパ」といわれているものです。それとあとのふたつが一九六〇年代から盛んになった「戦争と社会」アプローチ、それと「戦争の方式」アプローチだと言われるわけです。

「戦争と社会」アプローチですが、戦争・軍隊研究の流れを考えれば、「軍隊と社会」アプローチが先にあって、それをも含めて「戦争と社会」アプローチと言われるようになったと思います。私は、「戦争・軍隊と社会」アプローチというふうに勝手に使っています。

どのような言葉を使おうと、「戦争と社会」アプローチと「戦争の方式」アプローチは、戦争や軍隊の説明要因として文化を重視していることには変わりありません。それを、cultural turn とか、文化的説明とか、戦争の文化的研究とか、広義の軍事史とか、いろいろな言い方をしているだけです。私は、cultural approach が分かりやすいと思って、使っているわけです。

文化

当然のことですが、cultural approach は、そこで取り上げる「文化」が問題になります。ある軍事史の本の冒頭部分に「文化とは」という章があって、びっくりしたことがあります。社会学入門の冒頭で「nature か、nurture か」を学んだものにとっては、「文化」は常識的な概念ですが、軍事史ではまじめに議論されているようです。

リー先生は、軍事史家のとりあげる「文化」は次の五つだと言われています。

一、societal culture（全体社会の文化、国民文化などと言われるもの）。二、strategic Culture（戦略文化）。三、organizational culture（組織文化）。四、military culture（軍隊文化）。五、soldiers culture（兵士の文化）。

リー先生によれば、軍事史家はこれらが厳密に定義できないものであること、重なりあうことも承知で使用しているようです。

戦争文化

以上のことから、私などが考えてきましたような「ミリタリー・カルチャー」は、軍事史家が使っている「軍隊文化」という意味での「military culture」をも含めた、広い意味で使っていることがお分かりいただけたと思います。

それでは、私どもが使っております「ミリタリー・カルチャー」に近い概念がないかといいますと、実は非常に近いものがあります。それが「戦争文化」という概念です。

すでに述べましたように、戦争文化という言葉は、日本では第二次世界大戦中から一般的であったわけですが、世界的に使われるようになったのは、一九九二年に国連が「culture of peace 平和の文化」を提唱して、様々な活動指針を示すようになってからだと言われています。culture of peace に対応したかたちで culture of war が一般化したというわけです。たしかに、当時、「戦争の文化から平和への文化」という言葉がよく聞かれたのは確かです。

学問的な使われ方としては、私が知っておりますのは、次の三つです。

ひとつは、石津先生の使い方です。これは、「戦争方法」＝「戦略文化」＝「戦争文化」とするものです。つまり、それぞれの社会、それぞれの群れがどういう戦争のやり方をするのかというところに注目して使う言葉と考えればいいのではないでしょうか。

ふたつめは、フランスにおける第一次世界大戦研究から生まれた「戦争文化」（culture de guerre）という言葉です。私は二〇〇二年にフランスの歴史家であるオードワン＝ルゾーとベッカーという方の『14-18』という本を読みました。第一次世界大戦でフランスも残虐行為をしたことがこの本で扱われていると、たしか暴力について書かれた本の注で見かけたのがきっかけです。読んでみて当たり前の話のような気がして、そのままになってしまいました。もっとも、この本では、「戦争文化」は、記述概念として、二、三か所に登場するだけです。

この本が、フランスにおける第一次世界大戦研究の新しい流れの中の重要な本だということを知りましたのは、それから一〇年も過ぎた二〇一〇年代のことです。そこに文献に挙げておきました松沼美穂先生、平野千果子先生、剣持久木先生、西山暁義先生、久保昭博先生といった方々のお書きになられたものによるものでした。文献㉙から㉝です。

その後、二〇一五年には、『軍事史学』の第一次世界大戦特集号で近年の研究動向も分かりましたし、オードワン=ルゾー先生が日本で講演されたので知りました。そして、二〇一八年には、鍋谷郁太郎先生、それから海老坂武先生が「戦争文化」そのものについてお書きになっておられます（文献㉞、㉟）。

肝心の「戦争文化」の説明ですが、私は、憎悪と熱狂の集団的な文化と解釈しています。フランスにおきましても、イギリスと同じように、純真な若者が強制やプロパガンダによって残虐な戦争に駆り出されて犠牲になったという捉え方が長い間強かったのですが、一九九〇年代にオードワン=ルゾー先生をはじめとする歴史家グループが、敵への憎悪によって特徴付けられる「戦争文化」によって戦争への同意が形成され、それが戦時下の困窮や恐怖に耐え抜くことを可能にしたと説明したわけです。強制とプロパガンダを否定するのが特徴になります。

「戦争を成り立たせているのはなにか」という基本的な問いは一緒ですが、フランスの歴史学者の「戦争文化」と私の使う「ミリタリー・カルチャー」とはやはり少し異なる点があります。一番大きな点は、オードワン=ルゾー先生たちが考える「戦争文化」は、「開戦と同時に出現するもの」、「戦争とともに生じるもの」とされていることです。それにたいして、私は、ミリタリー・カルチャーは、戦時平時を問わず存在しているところに重要な意味があると考えているわけです。「戦争文化」研究の専門家でいらっしゃる鍋谷先生も、その点を「戦争文化」の問題点のひとつとして挙げておられます。

「戦争文化」論の三つめとして、二〇〇八年に出版されましたクレフェルト先生の『戦争文化論』を取り上げなければいけないと思います。タイトルがタイトルですので私は出版した直後に手に入れて読み始めましたが、ご存じのように大部な本で、石津先生の翻訳に追い付かれてしまったことを記憶しています（文献㊱）。

読み始めて本当にびっくりしました。最初に、戦争の研究のためには、戦争の魅力という問題から出発しなければならないと語られていたからです。戦争の魅力論にこの時期に会おうなどと全然思っていませんでした。戦争の魅力というとき、appealを使う人が多いような気がしますが、クレフェルト先生はfascinationで、魅力そのものです。そして第一章が軍服論です。私も、かなり軍服の本を集めていましたので笑ってしまいました。

この本は、私が考えておりますようなミリタリー・カルチャー論に最も近いものだと思っています。

ただ、先ほど名前を出させていただきました海老坂先生は、はっきり「反面教師だ」と言われていますから、一般の評価では、戦争肯定論にとられるのでしょうか。

最後に

今日は、『ミリタリー・カルチャー研究』の出版にことよせて、「戦争と文化」という視点からの戦争研究について、これまで読んだり、考えてきたりしたことをお話させていただきました。最後の感想を述べさせていただきます。

なにを強く感じたかといえば、日本と外国の温度差です。乱暴な断定ですが、cultural approachは、日本の軍事研究者にとっては、わざわざ議論するまでもない、当たり前のことなのだと思います。

戦前・戦中は、軍事史研究を在野の研究者がやることは到底できなかったわけですし、戦後は、資料の消滅にくわえて、軍事研究そのものがタブー視され、戦争の悲惨さを語り伝える研究・教育が奨励されたわけですから、戦争や軍隊をかかわる研究は、自ずとcultural approachになっていたわけです。

それにたいして、外国の研究は「文化」を意識するのだなと何度も感じました。例えば、キーガン先生の有名な本に、『A History of Warfare』（一九九三年）という本があります。戦争と文化の関係性をいち早く指摘した研究と言われていますが、これが、ドイツでは『Kultur des Krieges　戦争の文化』と訳され、日本では『戦略の歴史』と訳されたのを見て、意識の違いを感じたことでした。

いずれにしましても、現在日本では、cultural approachを含まない人文科学、社会科学的な戦争・軍隊研究はほとんどないといっていいのではないかと思います。日本にも軍事研究に関係した学会、研究会が沢山ありますが、研究者の間の学際的な対立を感じないのもそのためかもしれません。

結論的に申し上げれば、戦争や軍隊についての学際的な研究を目指すという目的が同じなら、平和学だろうと、軍事史学だろうと、戦争社会学だろうと、ミリタリー・カルチャー研究だろうと、なにを名乗ろうと大した違いはないと思います。あとは個々の研究がおもしろいかどうかで判断すればいいのではないでしょうか。

ただ、私の所属する研究会が「ミリタリー・カルチャー」という言葉を使う以上、その歴史的背景をお話しておいてもいいかなと思った次第です。なにかのご参考になれば幸いです。

「ミリタリー・カルチャー」いうとらえ方の問題点や有効性については、明日のシンポジウムのテーマでもありますので、私はここまでにさせていただきます。ありがとうございました。

質疑応答

野上　ありがとうございました。まず先生に対してオンラインで皆さんの拍手をお願いしたいと思います。……ありがとうございます。

濃厚な講義を聴いているかのような、知的刺激の連続でした。いろいろな「戦争文化」概念のニュアンスからいろいろな探究の可能性を検討して下さって、なおかつ最後に私たちに向けるときにも、いろんなあり方があっていいじゃないかと言ってくださったということは本当に心強かったです。始めに述べたように、重要な概念や前提を曖昧にしたまま探究を進めているので、それを怒られるかと思いきや、三郎先生ご自身もその戦略を取っているということを知りました。先生の場合はもちろん子細に検討した上で、ということはあったのかとは思うのですが、私たちがあえて戦争社会学という言葉を広く使って、様々な意味で「文化」的なアプローチを取っていることを肯定的に捉えてくださったんじゃないかなというように思っています。

それでは、二〇分という時間ではありますけれども、皆さまから質問を受け付けたいと思います。内容についての質問や、あるいはコメントみたいなものでもいいですし、いろいろ聞くことのできる機会だと思いますのでぜひよろしくお願いいたします。システムの機能を使ってではあると思いますが、挙手をしていただけますか。ではどうぞ。

質問者1　ミリタリー・ソシオロジーから始まってミリタリー・カルチャーへ、そして戦争文化へと関心の向かう先が変わるなかで、アメリカの軍事社会学で盛んだったミリタリー・カルチャーの輸入とは違う方向に行ったというのは、アメリカで当時出ていたそれについて違和感を抱いていたということなのでしょうか。

高橋　私は全然変わっていないつもりです。ミリタリー・ソシオロジーの時の関心と全く変わっておりません。ただ、ミリタリー・ソシオロジーというもの難しさは分かります。なぜかというと、ミリタリー・ソシオロジーというのは、軍隊研究が入っていないとなりたたないですよね。しかし軍隊そのものの研究は日本ではほとんどできないですから。日本ではできないということは分かっていますけれども、ミリタリー・ソシオロジーはだめかとかいうと、それはないです。

ですから最初はミリタリー・ソシオロジーに関心があってミリタリー・ソシオロジーを勉強し、それからミリタリー・カルチャーという言葉にぶつかったので、それも全部ひっくるめてミリタリー・カルチャーの中に入れる、だって社会学というのも文化なわけですから、ミリタリー・ソシオロジーもミリタリー・カルチャーの中に入るわけでしょう。だからみんなもうミリタリー・カルチャーに入るぞと、私自身関心があったり勉強してきたものはみんなミリタリー・カルチャーでくくれるんだと、というので使ったわけでして、ミリタリー・ソシオロジーからミリタリー・カルチャーに変わった、とは全然違うのです。

質問者1　はい。やはりそうなるのも、独自にミリタリー・ソシオロジーというものをつくり上げていった、単なる輸入じゃなくて、というところだったと思います。

高橋　そうですね。あの時、戦争社会学もひっくるめたのは、ドイツのミリタリー・ソシオロジーは両方ひっくるめているわけです。ひっくるめた人が何人かいます。けれどもアメリカのミリタリー・ソシオロジーのほうは戦争社会学は入れないわけです。だからミリタリー・ソシオロジーとウォー・ソシオロジー、ソシオロジー・オブ・ウォーというものは別物でずっと来ているわけです。しかし、私は、軍隊の研究なくて戦争研究はあり得ないだろうと、そして軍隊研究をするためには、軍隊は戦争のためにあるわけだから戦争という状況を研究しなきゃならないであろうと、だからこれは一緒にしなきゃ本当の戦争研究にはならないだろうと考えたわけです。

それを呼ぶにどっちがいいかというときに、戦争社会学と呼ぶのかミリタリー・ソシオロジーと呼ぶのか、どっちがいいかといったときに、ミリタリーのほうが広いかなというふうに思ってそれを使っただけです。だから「戦争研究と軍隊研究」と論文の名前はそうしてあって、それを両方ひっくるめるものとしてミリタリー・ソシオロジーというふうにいっただけです。それでその後、ミリタリー・ソシオロジーの戦争研究も軍隊研究もみんなひっくるめてミリタリー・カルチャーの中に入るなというふうに思ったわけです。

質問者1　ありがとうございます。アメリカの軍事社会学と日本の戦争社会学の差異をあらためて感じました。

野上　重要なやりとりだと思うので私もちょっと質問させていただくと、軍事社会学が一番大きく進められているのはやはりアメリカで、一方日本で戦争社会学的研究や軍事社会学が弱いというのはアメリカが何度も戦争を繰り返しているからというのがあるのではないかと思うんです。軍隊というのが平時でもずっと存在し、戦争もまた歴史上繰り返されると。でも日本の場合は、戦争が過去のものとしてまずあって、それが故に戦争文化の研究と軍隊文化の研究が混ざって可能だったというふうに思うんです。それはアメリカと日本の事情の違いなのかなとか思ったんですけれども、三郎先生どうでしょうか。

高橋　そうでしょうね、やっぱり。戦争自体に全然疑いを持たない国と、戦争否定から出発した国ではやっぱり違うでしょう。

野上　そうですね。それが私たちの基盤であり、良くも悪くも研究の条件になっているんじゃないかということもよく分かるような感じがします。

私がもうひとつだけ調子に乗って質問してしまうと、先ほど最後に挙げてくださったクレフェルトの『戦争文化論』って最初のほうは確かに魅力のこととかが書いてあって、これは三郎先生のお仕事を知っていると良く分かるし、福間良明さんなどもそういうのを踏まえて研究をずっと続けていらっしゃるというのは分かるんですけれども、最後のほうで、もしかしたらこれは海老坂さんという人に批判された部分と関わるのかもしれないんですけれども、「戦争文化は大事」ということを言うんです。

つまりどういう意味での大事かというと、クレフェルトは、秩序ある暴力としての戦争がまだましだというふうな言い方をするんです。そうしないと無法者の暴力行為になって、傭兵だか盗賊だか分からないような戦争が繰り返されるという話を最後の最後にしています。つまり、戦争の文化がなくなったら平和が来るのかという大変逆説的な問い掛けをするんです。

それが最後に来ていることの意味というのはちょっと考えると、やっぱり最近の戦争というか近年の(日本の外にある)戦争というのが、何か従来の戦争文化、あるいは戦争の流儀みたいなものを失って無秩序になりつつあるということに対する問題提起なのかなというふうに思ったというのがあって、これは考えると近年の戦争というテーマが出てくるかなというふうに思いました。

高橋　大変いいご質問だと思います。私も最近考えていることがありまして、というのは、私も戦争魅力論から始まっているんですけれども、最近、その戦争魅力論に近いといいますか、あるいは石津先生なんかは「戦争機能論」と言われますけれども、戦争はプラスだという議論、それが最近ちょっと目立つようになってきている気がします。

私の全くの感じだけなんですけれども、最近の英米の本で、単独に「War」というタイトルが付いている本を手に入れると割合にそれが多いわけです。つまり長いタイトルじゃなくて『War』というだけの本というのがここ数年何冊か出ているんですけれども、それですと、クレフェルト先生が最後に言っているようなどっちを選ぶのかと、戦争の全くないほうを選ぶのか、それともまともな戦争のほうを選ぶのかという、そういう問い掛けの本というのが、最近、目立ってきているような気がするんです。

だからこれはやっぱり明らかに時代を反映しているんです。クレフェルト先生の本は二〇〇八年ですか、出たのが。ですからかなり前なんですけれども、私が気になっているのはここ数年でそういう本が割合に多いんです。だからまた魅力論というか戦争肯定論、それが始まりかけているのかなという気がするんです。やっぱりこれは今の戦争のあり方、「新しい戦争」のまたその次の段階の戦争でしょうけれども、その戦争のあり方の影響なんだろうと思います。

だからその辺はよく考えないといけないかなと、勉強しないといけないいかなと思っている、ちょうどそういうふうに思っていたところです。

質問者2　いわゆる今の「ミリオタ」といわれる人たちの位置付けについて質問します。

私の年若の友人に、旧日本軍の制服を着て、『軍人勅諭』を読んで、それを毎朝仕事に行く前に読む、という真面目なミリオタがいます。また、戦争や軍隊は人を鍛えるとてもいいチャンスなのだという考え方に共感する人たちもいる。こういう人たちについてどう考えたらよいでしょうか。

高橋　私が申し上げたのは、現実の若い人たちの話ではなくて、戦争研究というものの流れの中で何かやっぱり繰り返しがあるんだなというそういう話だったんです。だから、私が今取り上げているような人たちは戦争研究家なんです。ちゃんとしたまともな戦争研究家が、正面切って戦争のプラス面というのを問題にしたらどうかということを言いだしているという。だから同じ流れなのかですね。若い戦争愛好家が出てくるのと同じ流れというのか、その流れではないのか、ちょっと分からないです。何ともすぐにはお答えできないけれども。

野上　でも面白い視点ですよね。ミリタリー・カルチャー研究、あるいは戦争文化研究の大きな研究の流れと、あるいはポピュラー・カルチャーを享受するする当事者の中で起こっている軍事へのある種の肯定みたいなもの、研究のレベルと一般の趣味のレベルが連動するのかどうかみたいなお話だったと思います。

質問者3　二〇〇〇年代の終わりぐらいから「萌えミリ」と呼ばれるアニメが出てきています。『ストライクウィッチーズ』とか『ガルパン』とか『艦これ』とかです。戦争の記憶から切り離して、兵器表象だけを消費することについて、どのようにお考えになりますか。

高橋　その問題は私よりも明日、高橋由典先生にお聞きになったほうがいいかと思うんですけれども。つまり、戦争アニメとか戦記マンガの中での兵器の問題でしょう。

私はおっしゃっている作品はみんな知っていますが、今すぐにはなんとも言えないです。

明日それはそういうこと自体がテーマになるからそちらでお聞きになったほうがいいんじゃないでしょうか。今日はそういう具体的なミリタリー・カルチャーの話というのはみんなあえて避けてというか、大きく文化というテーマ、流れというだけで来たものですから。逃げるわけじゃないですけれども、ちょっと何と答えていいか分からないので。

野上　今のご質問に関しては預かっておいたらいいという感じ、この場でまた共有して明日出たらいいと思うんですけれども、多少介入すると、戦争文化研究、あるいは戦争史の研究、あるいは「戦争と社会」といった研究の中で、日本のように軍事的なものを純粋な娯楽として、萌えのような感じで純粋な娯楽として受け入れている、こうしたことをどのように理論化できるか、戦争文化研究の中に理論化できる可能性を持っているのかどうかという話かなと思うんです。

高橋　それはされたらいいのじゃないでしょうか。私が一番苦手なのは、これができるだろうか、何か学問になるだろうか、という議論です。それには全く私は関心がないので、やりたかったらやればいいんだという。それでそれの説得性がどれぐらいあるか、専門家を相手に説得できるかどうかということはありますが、説得できなくても自分がそれでいいなら、それでいいんじゃないですか。

先ほどの、武器・兵器の話ですが、ミリタリー・カルチャー研究にとって、当然これは非常に重要な問題です。マンガやアニメに出てくる話だけじゃなくて、例えば、日本近代の戦争を考えるうえで、日本人独特の武器・兵器観も重要な意味を持ってると思うんですが、日本の場合、軍事史研究が明治維新で切れちゃってますよね。それはおかしいですよね。

ですから、例えば兵器の文化研究をやるんだったら、やっぱり古代から日本人にとっては兵器というのは何だったのかというのをずっとやってきて、それでなぜ戦後の今はそういう兵器観が出てきちゃったのか、というふうに持っていけばいいんじゃないでしょうか。

質問者4　ドイツのポツダム大学に「軍事社会学」という講座ができた年に留学をしていました。そこで感じたのは、ドイツの場合、社会の中に軍事がどう埋め込まれているか、あるいはどう埋め込まれるべきなのかというところまで教育を通じてなされていることです。そもそもドイツの軍隊の原則は、いわゆる制服を着た市民であるということで、市民であるということが軍人の重要なポイントになっています。

それに対して、日本の市民社会において、社会の中に戦争や軍事がどう埋め込まれているか、どう埋め込まれていくべきか、どのようにお考えになりますか。

高橋　直接のご返事になるかどうかは分かりませんけれども、やはり日本の場合の何が欠けているかというと、やっぱり優れた軍事研究が一般に読まれるというそういう雰囲気がないことじゃないでしょうか。戦争社会学研究会は前に一〇〇冊の本を出されましたよね。本の選び方には、私はすこし注文がありますが、ああいうのがもっとあればいい、軍事につての啓蒙をもっとたくさんする必要があるんじゃないかと思っています。

それが非常に欠けているから、今度私どもの研究会で調査をしたんですけれども、例えば戦記ものでもいいし、あるいはマンガでもいいし、映画でもいいんですけれども、もっとすごいのがあるのにと思うのに、全然つまんないようなのしか知らないという人が圧倒的に多いわけです。だからもう全くリテラシーがない。軍事リテラシーがないのが、日本の平和主義や平和教育の特徴じゃないかと思っているんです。

だから、話の中で余計なことを言っちゃいましたけれども、翻訳なんかでも軍事史はドイツ軍事史学会に対しては私も非常に評価しているというか尊敬しているので全然問題ないんですけれども、英米の軍事史の訳って、あまり感心できないですよね。あれがやっぱり日本のまずいところじゃないかなというふうに思っているんです。だからもっと軍事リテラシーを、正しい形の軍事リテラシーが促進できるような教育なり、あるいは研究なり、何かあればいいだろうと思います。

野上　今の論点、市民社会に対して、啓蒙の一環として軍事とか戦争への探究がどう役に立つコンテンツになるのか、あるいはそれを方法として平和につなげていくことができるのかという話は、おそらくですけれども、また明日も話題になると思います。それにつながってくる問いが今ひとつ出てきたのかなというふうに思います。

私も先ほど最後に「少し注文がある」と言っていただいた『戦争社会学ブックガイド』（創元社）を二〇一〇年代の前半ぐらいに出して、あれはまだ今から考えるとあまり勉強していない時の本で、本棚にあったものをバーッと並べて福間さんの持っていた本と結構重なっていたのでそれでブックガイドを作っちゃったんですけれども、でもその後、確かにドイツ軍事社会史の人たちの広がりとか、石津朋之さんが中心となって訳してこられた研究書とか、あるいはそのふたつが結び付いていたところで出されている研究とかも知ってすごく青ざめたのを今もよく覚えています。そうした研究とは、またそれはどこかでつながったらいいんじゃないかなというふうに思います。

今回のご講演に対するコメント、なんていう生意気なことをするつもりではないんですけれども、少しだけ。私が受け止めたのは、「文化」という言葉のある種の懐の深さみたいなところがわれわれの研究を可能にしてくれている部分というのがあって、軍隊の中を研究する場合にも、あるいは「軍隊と社会」を考えるにしろ、あるいは社会に埋め込まれた軍隊を考えるにしろ、「文化」という言葉が探究に付き合ってくれている。ただ、三郎先生がすごく丁寧に今日教えてくれたように、そこで「文化」という言葉にはどんな含意があって何を明らかにしようとしているのかということだけは忘れてはいけないんじゃないかなということを今日は受け止められた感じがします。

明日はシンポジウムで、今日のお話がまさに概論として研究史の整理をしていただいたことで、さまざまな論点というのですか、具体的な素材に基づいた軍事文化、軍隊文化、あるいは戦争文化といったものを考えていくシンポジウムになっていくと思います。それが必ず今日の話とつながって、昨日はこんな話をしたけれども、という話に明日はなっていくんじゃないかなというふうに思います。

三郎先生にはいろんな負担を掛けてしまって、これだけの時間にこれだけの内容を話していただくのはすごい労力を掛けさせてしまったのではないかなというふうに思うとお礼のしようがありません。われわれに勉強の機会を与えてくださって本当にありがとうございました。少し消化に時間がかかる部分もあるかと思うんですけれども、引き続き教えていただければというふうに思っています。三郎先生、何かありますか、最後に。

高橋 ありがとうございました。この機会にいろいろ勉強をさせていただきました。ネットでＫＡＫＥＮ（科研）を調べましたら、先生方はちゃんとやっていらっしゃるんですよね。いろいろなテーマで、「ミリタリー・カルチャー研究」だと言える多くの研究が進められていることを知り、活字中毒者の期待が大きく膨らむことになりました。勉強の機会を与えていただきましたことを、あらためて心から感謝いたします。ありがとうございました。

野上 それでは、参加者の皆さんもこの「反応」という機能で先生に謝意を示していただきたいと思います。ありがとうございます。それでは基調講演のほうをこれで終わりにさせていただきたいと思います。

参考文献

① 石津朋之『戦争学原論』（筑摩書房、二〇一三年）。
② 原口竹次郎『戦争乎平和乎』（同文館、一九一六年）。
③ 岡村重夫『戦争社会学研究』（中川書房、一九四三年）。
④ 野一色利衛訳著『戦争と政治』（富強日本協会、一九四二年）。
⑤ 高田保馬「戦争と文化」（『経済論争』八巻、一号・二号、一九一九年）。
⑥ 陸軍省新聞班『国体の本義と其強化の提唱』（一九三四年）。
⑦ イエルザレム／小面孝作訳『戦争と文化』（三笠書房、一九三八年）。
⑧ 仲小路彰『世界戦争論』（日本問題研究所、一九三八年）。
⑨ 清水幾太郎「戦争と文化」（『民族と戦争』日本青年外交協会、一九三九年）。
⑩ 歴史教育研究会編『戦争と文化』（四海書房、一九三八年）。
⑪ 新居格『戦争と文化』（育成社、一九四一年）。
⑫ 森戸辰男『戦争と文化』（中央公論社、一九四一年）。
⑬ 玉木寛輝『昭和期政軍関係の模索と総力戦構想』（慶應義塾大学出版会、二〇二〇年）。
⑭ Keegan, J.,The Face of War, Estate of John Keegan,1976.（高橋均訳『戦場の素顔』中央公論新社、二〇一八年）。
⑮ Fussell, P., The Great War and Modern Memory, Oxford Univ. Pr., 1975.
⑯ Wilson, S., "For a Socio-Historical Approach to the Study of Western Military Culture", *Armed Forces and Society*, vol.6,no.4, 1980.
⑰ Shy, J., "The Cultural Approach to the History of War", *The Journal*

of Military History, 57,1993.

⑱ 阪口修平・丸亀宏太編『軍隊』（ミネルヴァ書房、二〇〇九年）。

⑲ 吉田裕『近代歴史学と軍事史研究』（校倉書房、二〇一二年）。

⑳ 河野仁「〈軍隊と社会〉研究の現在」（『国際安全保障』三五—三、二〇〇七年一二月）。

㉑ 河野仁『〈玉砕〉の軍隊〈生還〉の軍隊』（講談社、二〇〇一年）。

㉒ Black, J., War and the Cultural Turn, Polity Press, 2012.

㉓ Lynn, J. A., Battle: A History of Combat and Culture, 2003.

㉔ ラルフ・プレーウエ／阪口修平監訳／丸畠宏太・鈴木直志訳『一九世紀ドイツの軍隊・国家・社会』（創元社、二〇一〇年）。

㉕ 三宅正樹・石津朋之・新谷卓・中島浩貴『ドイツ史と軍隊』（彩流社、二〇一一年）。

㉖ 鈴木直志『広義の軍事史と近世ドイツ』（彩流社、二〇一四年）。

㉗ トーマス・キューネ、ベンヤミン・ツィーネ編／中島浩貴他訳『軍事史とは何か』（原書房、二〇一七年）。

㉘ Lee, W. E., (ed) Warfare and Culture in World History, 2nd ed., 2020.

㉙ 松沼美穂「兵士たちはなぜ耐えたのか」（『歴史評論』七二八、二〇一〇年）。

㉚ 平野千果子「フランスにおける第一次世界大戦研究の現在」（『思想』一〇六一、二〇一二年）。

㉛ 剣持久木・西山暁義「訳者解説」（ジャン＝ジャック・ベッケール『仏独共同通史　第一次世界大戦　下』岩波書店、二〇一二年）。

㉜ 久保昭博『表象の傷——第一次世界大戦からみるフランス文学史』（人文書院、二〇一一年）。

㉝ 軍事史学会編『第一次世界大戦とその影響』（錦正社、二〇一五年）。

㉞ 鍋谷郁太郎「第一次世界大戦と〈戦争文化〉論の射程」（『桜文論叢』九六、二〇一八年）。

㉟ 海老坂武『戦争文化と愛国心』（みすず書房、二〇一八年）。

㊱ Martin van Creveld, The Culture of War, Random House, 2008.（石津朋之訳『戦争文化論』（上）（下）原書房、二〇一〇年）。

特集2

戦争体験継承の媒介者たち――ポスト体験時代の継承を考える

特集序文

〈戦争体験継承〉の未来を探る
——特集にあたって

根本雅也（松山大学）

一、特集のねらい

戦争体験を継承すること（以下〈戦争体験継承〉）の重要性が言及されるようになってから、すでに半世紀以上が過ぎた[1]。戦争体験をアジア太平洋戦争という〈あの戦争〉に限定し、その継承を体験者（世代）と非体験者（世代）の相互作用として捉えるならば、その構図は大きな地殻変動を迎えている。継承の送り手であった体験者の高齢化は一層進展し、体験を直接伝える人びとがますます減少しつつある。語り伝える体験者たちが不在となる時代——ポスト体験時代——において〈戦争体験継承〉とは何を指し、どのような意味を持つのか。どのように継承することができるのか。そこでは何が求められるのか。本特集のねらいは、現在そして過去における継承や、そこに関わる人びとの営為に目を向けることで、〈戦争体験継承〉の未来を探ることにある[2]。

これからの継承のあり方を検討するために、本特集が着目するのは〈媒介者[3]〉の存在である。ここでの媒介者とは、戦争体験の体験者と非体験者の間をつなぐ役割を持つ人びとを指す。彼らは、体験者や史資料を通じて戦争体験について理解を深め、それを伝える存在であり、体験者なき時代においては送り手としての役割を担うことが期待される。

このような役割から媒介者を考えるならば、媒介者たちが多層であり、その実践が多様であることに気づくだろう。それは戦争体験や継承の多義性にも関係する。たとえば「戦争体験」には、アジア太平洋戦争に限っても、兵士の戦場・行軍の経験、特攻、銃後の生活、原爆や空襲の被災体験、市民が巻き込まれた沖縄戦など、様々な「体験」がある。またそれぞれの「体験」も個人史的体験もあれば、時代状況や被害の全貌といった社会史的事実（同時代史的「体験」）もあるだろう。さらに、ひとつの「戦争体験」のフィールドに絞っても、継承にはミュージアムの展示、展示や碑の解説・ガイド、証言を語り継ぐ伝承や朗読、記録・出版物の編集・作成、平和教育、アート、映像制作、ワークショップ、そして学術研究といった様々なかたちがある。

　媒介者という言葉は、〈戦争体験継承〉を語る文脈においてほとんど用いられることはない。この用語は、体験の有無というよりも、体験者と非体験者をつなぐ役割・機能に力点をおく。体験者・非体験者のどちらも媒介者となりうることから[4]、体験者と非体験者という二項対立の図式を過度に強調することを避け、継承というテーマを論じることができる。また、非体験者の媒介者の検討は、非体験者が担い手とならざるをえないポスト体験時代の継承を探る上で重要な試金石となろう。

　本特集に寄せられた論稿は、媒介者というカテゴリーや媒介者になるまでのプロセス、彼らの働きや役割、手段・方法、そして態度など、媒介者について多角的に検討する。誰が媒介者なのか。誰が、誰に対して何を継承するのか。どのように継承した／しようとするのか。どのように継承するべきなのか。それに取り組む上でどのような態度が求められるのか。媒介者の存在に着目することで、本特集の執筆者たちは、〈戦争体験継承〉に付随する従来の考え方や方法を捉え直そうとする。それは継承の未来を探る試みでもあろう。

二、本特集の構成と内容

　本特集の執筆者は、〈戦争体験継承〉の媒介者として活動に取り組む実践者やそれに関心を持つ研究者である[5]。狭義のアカデミズムに縛られることなく、自身の考えや意見を自由に展開してもらうため、通常の「論文」に加え、やや短めの「評論・エッセイ」という表現形式を用意した。

　執筆者の背景やフィールド、時代、対象、そして論じ方は多様であるにもかかわらず、彼・彼女らが提起する論点は互いに反響する。そこで、共通するトピックに目を向けながら、各論稿の内容を簡単に紹介しておくことにしたい。

東京大空襲の記憶について調査を行ってきた木村豊の論稿は、自身の研究史を時代状況に照らして紐解きながら、媒介者という視座を用いることの意義を論じる。木村によれば、継承は他者と他者をつなぐ営みでもある。そのため、媒介者というカテゴリーには、空襲で亡くなった死者たちの存在を伝える生存者や、空襲の記憶を調査する研究者＝木村自身も含まれることになる。木村の論稿は、「媒介者とは誰か」という問いの検討を通じて、「継承」を直接掲げる活動や施策だけにとどまらない〈戦争体験継承〉の可能性を示唆している。

原爆が投下された長崎における継承活動を調査してきた深谷直弘もまた、媒介者の多層性を指摘する。深谷は、幼児期に原爆に遭った被爆者がどのようにして継承活動に従事するようになったのかを、彼女の生活史を通じて説明する。彼女の事例から浮かび上がるのは、体験の直接的な記憶に乏しい体験者は、自らの体験のみならず、他の被爆者の経験を学び、伝える媒介者でもあるということだ。また、深谷は、この女性が継承活動において用いる紙芝居に着目する。強弱のある絵を用いて、ストーリーを展開する紙芝居は、様々なものを鮮明に映し出す写真とは異なる。それはメリハリを持って、非体験者にわかりやすく体験を伝えるとともに、観客の主体的な関与を促す。深谷は、紙芝居というメディアがこれからの継承においても有用であることを指摘する。

旧大刀洗平和記念館と無言館に焦点を当てた清水亮の論稿は、収集家＝コレクターとしての媒介者について論じる。コレクターがみせるモノへの「愛」は、戦争体験に関わるモノの収集・保存（・修復）につながる一方で、必ずしもそれは「反戦平和」という文脈での継承を意図してはいない。だが、こうした戦争にまつわるモノは、社会・時代状況の変化のなかで、周囲によって〈戦争体験継承〉としての価値を見出される。その結果、もともとの趣味人＝コレクターは「消え行く媒介者」となる。清水はこうした「消え行く媒介者」たちが有する、楽しむという態度に目を向ける。保苅実に学びながら、清水は「歴史は楽しくなくちゃ」に「真摯に」向き合うことを提唱する。

大川史織は、これまで、マーシャル諸島で命を落とした日本兵が残した日記に光を当て、それをめぐる歴史実践を映像と書籍で表現してきた。本特集において、大川は、この日記がどのようにして海を越え、遺族のもとに届けられたのか、この日記を届けた戦友――原田豊秋――を探す旅について記述する。大川は日記が様々な人びとの手にわたって受け継がれ、映画や書籍となったことと同様に、この戦友を探し出すという行為もまたひとつの歴史実践と捉える。その歴史実践に現れるのは、「教える――教えられる」ではない継承のかたちであった。そのことを踏まえ、大川は、ポスト体験時代の特徴として、それぞれに動機や目的が異なる人びとが集まって継承を織りなしていくことを挙げる。

日本の戦争体験をアジア太平洋戦争に限定せずに考えてみることも重要な作業であろう。第五福竜丸展示館の学芸員である市田真理は、ビキニ事件で被ばくした大石又七に繰り返し話を聞き、議論し、晩年には、講演活動の付き添いもしてきた。市田は、継承に関連してよく用いられる「バトン」や「リレー」という言葉に疑いの目を向ける。たとえ、大石から自分が「バトン」を受け取ったのだとしても、それが唯一の「バトン」でも、自身が最後の走者でもあるわけではないからだ。実際、市田は、大石が媒介者となるまでに多くの人びとの「介在」があったこと、また大石の訴えが多くの人びとに応答の責任を呼び起こし続けていることを描き出す。市田は、大石が想いを発信し、人びとがつながってきた場所である第五福竜丸展示館を「発信基地」と捉える。それは、人が学び、対話する場としてのミュージアムがひとつの媒介者であることを意味する。

立命館大学国際平和ミュージアムで学芸員を務める兼清順子の論稿は、同館でかつて行われた、広島の原爆に関する特別展を事例に継承のあり方を論じる。ミュージアムにおいて、通常、私たちは展示を通して情報を入手し、学ぶ。そこには、展示を通じた「教える――教えられる」という関係がある。そうではなく、展示に参加したひとりひとりが「なぜ戦争体験を継承するのか」を自ら考えるにはどうすればよいのか。この視点から、兼清はコミュニケーションとしての展示を目指し、その仕掛けを検討する。「問いかければ応えてくれた体験者がいない」からこそ、「どれだけ戦争体験について自分で考えたか」が重要となり、そのような場をつくることも媒介者の役割であることが示唆される。

本誌『戦争社会学研究』の版元である、みずき書林・岡田林太郎は〈戦争体験継承〉に関わる書籍を世に送り出してきた。岡田は編集者として様々な作者=媒介者と接し、出版社として自らも媒介者となってきた人物である。岡田の論稿は、媒介者という視点を超えて、未来の継承のかたちを探る。継承にまつわる作品を編む中で、市田と同様に、「バトン」「リレー」というメタファーを再検討する必要性を感じた岡田は、本稿において、ポスト体験時代における継承に適するモデル——環礁モデル——を検討する。トラウマに関するモデル・環状島を参考にしたこのモデルは、体験者を内海に見立て、非体験者を内海に臨む島々に上陸する人びとと捉える。それぞれの目的を持って島々に上陸する非体験者に対して、岡田が望むのは、こうした多様な人びととの交流・対話であり、それを可能とする公共圏の確立である。

三、提起される問題、残される課題

本特集の論者たちは、それぞれの視点から、これまでの〈戦争体験継承〉の考え方や実践の再検討を促している。それらは、従来の取り組みを見直すためにも、また新たな実践を展開するためにも、重要なヒントとなろう。そこで、各稿から導き出される論点のいくつかを提示しておくことにしたい。

まず、〈戦争体験継承〉の方法である。継承は、平和教育でしばしばみられるような（かつ、ときに批判されるような）、単に体験者から非体験者へ一方向的に「教える——教えられる」という関係性にとどまるものではない。本特集の論稿では、双方向的な手法や、議論・対話を行う場の創出の重要性が言及される（深谷・兼清・岡田など）。ただし、双方向や対話といっても、演者のいる紙芝居（深谷）とモノの展示（兼清）のように、その程度や取り入れ方はそれぞれに異なる。何のために双方向性を指向するのか、なぜ対話を行うのかを整理していくことが今後求められるように思う。

次に、〈戦争体験継承〉をめぐる態度である。継承には真剣な態度が求められることが多い。しかし、それは必ずしも〈楽しさ〉と対立するわけではない。戦争にまつわる痛みや苦しさが存在する一方、人の生に触れることや自身がこれまでに知らなかった何かを知ることの根底には〈楽しさ〉が存在しうる（清水・大川）。他方、継承には「責任」や「応答」もつきまとう（市田）。体験者たちの呼びかけに対する責任やそれに応答する姿勢を持ちつつも、どのように〈楽しさ〉を組み込んでいくことができるのか。そうするべきか否かも含め、これからの継承の課題となろう。

本特集を通じて浮かび上がるのは、〈戦争体験継承〉を多角的に理解する必要性である。継承は、体験者と非体験者という世代間や個人間の相互行為としてしばしば捉えられる。だが、本特集の論考に触れる中で、そうした捉え方とは少し異なる理解が生まれる。本特集は「誰が媒介者なのか」を探り、媒介者が（当初の想定以上に）幅広いものであることを描き出す。たとえば、体験者であっても、媒介者としての要素をもつ（木村・深谷）。また、史資料の保存や収集という点においては、自身は継承を直接的な目的としない人びとが結果的に媒介者となる可能性がある（清水・大川）。さらに、ある人物が媒介者になるまでの過程には、多くの人びとが介在する（市田）。このような媒介者の多様性・多層性・輻輳性は、継承を一対一（個人間であれ世代間であれ）の相互行為として捉えるだけでなく、パッチワークの織物をつくるように、様々な人びとがそれぞれの仕方で参与する集合的な行為あるいは現象として捉える視点を提供する（岡田・大川）。これからの継承を考える上で、継承をどのような行為・現象として捉えるのかも検討されるべきであろう。

最後に、本特集の論稿からは明示的とはいえないが、〈戦争体験継承〉の未来を探る上で課題のひとつになりうることについて触れておきたい。本特集は、非体験者の媒介者に主たる焦点を当てている。そのこともあって、体験者の視点や態度に焦点を合わせた論考は多くない。しかし、ポスト体験時代だからこそ、戦争体験や体験者の視点を掘り下げていく必要もあるのではないだろうか。体験者は何を訴えてきたのか。何を伝えようとしてきたのか。「語り尽くされた」と思われるかもしれない、体験者の〈立場〉[6]を検討していくことは重要な課題であり続けるように思われる。本特集の一部の論稿は、研究者も媒介者であることを指摘する。だとすれば、研究者として、あるいは調査者として、戦争体験とは何か、そこから何を伝えるべきなのかを精査することもまた求められるのではないだろうか。

いずれにしても、本特集が〈戦争体験継承〉の未来に関心を持つ読者にとって有意義なものとなることを切に願う。

注

（1）筆者がフィールドとする広島市では「被爆体験の継承」という考え方が一九六〇年代後半ごろに注目され、関連する取り組みが相次いでなされるようになった。

（2）本特集は戦争社会学研究会編集委員会による企画であり、編集委員である筆者ならびに清水亮が担当した。この企画の背景には、蘭信三・小倉康嗣・今野日出晴編『なぜ戦争体験を継承するのか――ポスト体験時代の歴史実践』(みずき書林、二〇二一年)の出版と関連シンポジウムの開催(同年七月一一日)がある。特にシンポジウムでは、継承の送り手と受け手の存在やそれをつなぐ仕組み・仕掛けが議論の俎上に載った。その議論に触発されて、筆者は〈媒介者〉に着目する特集を企画した。

(3) 以下、煩雑さを避けるために、〈媒介者〉についてはは山括弧を外すことにする。

(4) 本特集における木村および深谷の論稿を参照のこと。

(5) 本特集の執筆者は、大川史織と岡田林太郎を除き、企画の契機となった『なぜ戦争体験を継承するのか』(前掲書)に寄稿している。大川に執筆を依頼したのは、同書の姉妹本ともいえる、『なぜ戦争をえがくのか――戦争を知らない表現者たちの歴史実践』(みずき書林、二〇二一年)を大川が上梓したことがある(なお、この本をもとに、戦争社会学研究会二〇二一年度第一回例会「戦争を『あらわす』ということ」が企画・実施された)。また、本書の版元である岡田に執筆を依頼したのは、右二冊の編集を通じて、岡田が継承の媒介者たちと接し、継承について自ら思索を深めてきたことに加え、出版社という媒介者の役割を自ら担ってきたことがあった。

(6) 〈立場〉については、たとえば石田忠「原爆被害者の〈立場〉」『原爆体験の思想化――反原爆論集Ⅰ』(未来社、一九八六年)を参照のこと。

評論・エッセイ

戦争体験／記憶の継承における他者との向き合い方

――東京大空襲に関する調査の経験から

木村　豊
（大正大学）

はじめに

近年、戦争の体験を「継承」する活動が戦争を経験していない世代の人びとによって進められており、本特集はそうした人びとを「戦争体験継承の媒介者」と称している。それに対して筆者はこれまで、主として戦争の体験を有する人びとに対してインタビュー調査を行い、インタビューのなかで語られたことを（「体験」というよりも）「記憶」という言葉を用いて考えてきた。そこで、「戦争体験継承の媒介者」について考えるにあたって、本論（エッセイ）ではまず筆者の調査経験をふり返るところからはじめたい。

筆者が戦争の問題に関心を持ったのは、二〇〇五年であった。戦後六〇年の節目にあたるこの年は、「戦争体験」や「戦争の記憶」を「継承」するといったテーマのもと、戦争体験者が戦争を経験していない世代の人びとに向けて自らの体験を語るイベントが全国各地で盛んに行われていた。当時学部生であった筆者は、戦争をテーマとしたあるイベントに参加した際に体験者から空襲の体験を聞いたことがきっかけとなり、空襲の問題に関心を持つようになり、空襲について調べるとともに体験者から空襲の体験を聞く活動をはじめた。その頃は戦争の問題に関心を持ったときに体験者に直接話を聞こうとするのはごく自然なことであったように思われる。

それから筆者は二〇〇七年に大学院に入学して以来、東京大空襲に関する研究を進めてきたが、その中心的な活動は体験者へのインタビュー調査であった。ただ、調査とは言うもののインタビューは、「戦争体験」や「戦争の記憶」を「継承」するイベントと同様、空襲の体験者が戦争を経験していない世代の筆者に向けて自らの体験を語るという形式によるものであった。そのため、筆者が行ってきたインタビュー調査は、(今からふり返ると)それ自体が空襲の体験や記憶を「継承」することを志向するものとなっていた。しかしながら筆者はこれまで、そのような戦争体験者に対するインタビュー調査の特性については、十分に論じてこなかった。

その一方で、筆者が体験者に対して行ってきたインタビュー調査のなかでは、空襲時の体験だけでなく、空襲の死者のこと(空襲で亡くなった家族の空襲時の様子や空襲で亡くなった家族を供養するために行ってきたことなど)が語られていた。そのため筆者はこれまで、体験者へのインタビュー調査と合わせて、空襲の死者を慰霊・追悼するためのモニュメントやそこで行われている行事の観察調査を行ってきた。そして、そうした空襲の死者に関わる調査が進むにつれて、筆者の研究のなかでは空襲を記述・分析する際に「体験」よりも「記憶」という言葉のほうがより都合のよいものとなっていった。

このようにして筆者は、戦後六〇年以降の「戦争体験」や「戦争の記憶」をめぐる社会的な状況に規定されるようにして東京大空襲に関する研究を進めてきた。それに対して、本特集で提起された「戦争体験継承の媒介者」という視座は、この二〇年ほどのあいだに大きく変化してきた「戦争体験」や「戦争の記憶」をめぐる社会的な状況を捉え直そうとするものであると同時に、従来の「戦争体験」や「戦争の記憶」をめぐる議論を相対化しようとするものとなっている。そこで本論では、戦後五〇年以降の「戦争体験」や「戦争の記憶」をめぐる社会的な状況とそのなかで用いられてきた「体験」と「記憶」という過去の戦争を記述・分析するための枠組みを簡単に整理したうえで、筆者のこれまでの研究活動を省みながら、「戦争体験継承の媒介者」という視座を用いることによってどのような戦争についての記述・分析が可能なのかについて考えてみたい。

一、「戦争体験」と「戦争の記憶」――語られる過去の戦争

戦後日本社会においては、時間の経過とともに戦争が人びとにとって遠い過去のものとなることへの危機感が高まり、「戦争体験」や「戦争の記憶」が大きく語られるようになってきた。特に戦後五〇年を境に、戦争はそれまで主に用いられてきた「体験」という言葉に加えて、「記憶」という言葉を用いても語られるようになった。そこでここでは、東京大空襲を中心に、「戦争体験」や「戦争の記憶」が社会のなかでどのように語られてきたのかについて、ごく簡単に整理しておきたい。

戦後日本社会のなかで、戦争はまず「体験」という言葉と強く結びつきながら語られてきた。例えば、一九七三年に「東京空襲を記録する会」によって刊行された『東京大空襲・戦災誌（第一巻）都民の空襲体験記録集』のなかでは、「あの空襲・戦災体験を、決して「忘れまい」とする人びとが、一人、二人、と筆を執りはじめていた。……重い筆を執って、長い歳月も、ついに消し去ることができなかった「あの時」を書き綴り、書き残しておこうとした……（編集）委員会は、第一に、体験者自身による〝記録運動〟という側面を、とりわけ重視した」と記されており[1]、そこでは「体験」という言葉を用いることで、体験者が空襲時に体験したことを記録して残すことが重視されている。

戦後五〇年を過ぎると、戦争は「体験」だけでなく「記憶」という言葉とも強く結びつきながら語られるようになった。例えば、二〇〇二年に「東京空襲を記録する会」と財団法人政治経済研究所によって設立された東京大空襲・戦災資料センターのウェブサイトでは、「東京の空襲の歴史・体験を、大きな枠組みも意識しながら、できるだけ正確にしっかり伝えていく。それを通じて、戦争や空襲の記憶の風化をふせぎ、過去の戦争を美化・正当化するような動きには反対し、戦争・空襲のない平和な社会をつくり、まもっていく。それがセンターのめざすところです」と記されており[2]、そこでは「体験」と「記憶」というふたつの言葉を用いることで、空襲の「体験」を伝えて空襲の「記憶」を「風化」させないことが重視されている。

このようにして戦後五〇年以降、戦争が「体験」と「記憶」という言葉のあいだで語られる際にこのふたつの言葉は、明確に定義されて使い分けられてきたわけではなく、多義的

に用いられてきた。つまり、「〇〇体験の記憶」のように「体験」と同じ意味を持つものとして（体験したことを想起することとして）「記憶」が位置づけられることもあれば、「〇〇犠牲者の記憶」のように「体験」とは異なる意味を持つものとして（ときには体験を想定しないものとして）「記憶」が位置づけられることもある。そのため、戦後日本社会のなかで、戦争が「体験」や「記憶」という言葉と結びつけられてきたのに合わせて、語られる戦争の内容が徐々に拡大し、戦争に関わるさまざまな事柄が語られるようになってきた。

二、「体験」と「記憶」――過去の戦争を記述・分析する枠組み

戦後五〇年以降、社会のなかで「戦争体験」や「戦争の記憶」が語られるのに合わせて、社会学のなかでも「戦争体験」や「戦争の記憶」が論じられるようになり、戦争について社会学的に記述・分析するあり方を大きく規定してきた。筆者の研究もそのような流れのなかで成立してきたと言える。そこでここでは、筆者の東京大空襲に関する調査の経験を軸としながら、社会学のなかで「体験」や「記憶」という言葉を用いることによって戦争がどのように論じられてきたのかについて、ごく簡単に整理しておきたい。

社会学では、戦後五〇年以降、「体験」よりも「記憶」という言葉を用いて戦争を記述・分析する研究が進められてきた。そうした「戦争の記憶」研究を支えてきたのは集合的記憶論であった。特に筆者が大学院に入学した頃は、社会学のテキストで集合的記憶論が紹介されるとともに、社会学会で「記憶」や「戦争」をテーマとした部会が組まれ、集合的記憶論を用いながら「戦争の記憶」が盛んに論じられていた。

記憶の集合的・社会的な側面に注目する集合的記憶論は、戦争の記憶を想起する主体を体験者に限定せず[(3)]、想起される戦争の記憶の内容も戦争時の体験に限定せず、さらには人びとが戦争の記憶を想起するための手がかりとなるものを記述・分析の対象に含むため、「戦争の記憶」研究のなかでは戦争に関わるさまざまな事柄を記述・分析する枠組みとして用いられてきた。そのため、集合的記憶論を参照することで筆者は、空襲の体験者が空襲の死者を慰霊・追悼するためのモニュメントを訪れたりそこで行われている行事に参加したりすることを通して空襲で亡くなった家族の記憶を想起しているといったことを記述・分析してきた。

その一方で、社会学では戦後五〇年以降も「体験」という言葉を用いて戦争を記述・分析する研究が進められてきた。そうした「戦争体験」研究を支えてきたのは、言説分析（歴史社会学）やライフストーリー研究であった。特に筆者が大学院に入学した頃は、言説分析やライフストーリー・インタビューの手法を用いた調査研究が多くの大学院生や若手研究者によって行われており、そのなかで「戦争体験」が盛んに論じられていた。

言説分析にもとづく「戦争体験」研究は戦争体験者が自らの体験を書くときに働く力学（の変遷）に注目する。(4) また、ライフストーリー・インタビューにもとづく「戦争体験」研究は戦争を経験していない世代の調査者との対話のなかで戦争体験者が自らの体験を語るときに働く力学に注目する。(5) そのような言説分析やライフストーリー研究は集合的記憶論に比べ、戦争体験者が自らの体験を書く／語ること自体により重きを置くものとなっている。特にライフストーリー・インタビューにもとづく「戦争体験」研究は、（筆者が論じてこなかった）戦争体験者に対するインタビュー調査の特性を詳細に描き出してきた。(6)

このようにして、戦後五〇年以降社会学では、「記憶」に重きを置いた「戦争の記憶」研究と「体験」に重きを置いた「戦争体験」研究がそれぞれ異なる立場から戦争を記述・分析してきたが、それらのなかでは「戦争体験」や「戦争の記憶」の「継承」問題をどのように考えることができるのかをめぐってそれぞれ異なる限界を抱えてきた。

つまり、集合的記憶論にもとづく「戦争の記憶」研究は、先に見てきたように戦争の記憶を想起する主体を戦争の体験者に限定しないため、戦争を経験していない世代の人びとが想起する戦争の記憶を記述・分析の対象に含むものとなっている。それは一見すると、「戦争の記憶」の「継承」問題を考えるために有効であるように見えるが、戦争体験者と戦争を経験していない世代の人びとを同列に扱うことによってそのあいだの「断絶」、つまり当事者でないと分からないと捉えられているようなことを非当事者が受けとめる難しさを十分に検討することができないという側面がある。(7)

それに対して、言説分析やライフストーリー・インタビューにもとづく「戦争体験」研究は、戦争体験者が自らの体験を書く／語るときに働く力学に注目するため、それは一見すると、戦争体験者と戦争を経験していない世代の人びととのあいだの「断絶」を含めて「戦争体験」の「継承」問題を考えるために有効であるように見える。ただそれは、戦争体験者の当事者性を強調するため、非当事者である戦争を経験していない世代の人びとが「戦争体験」に関与する可能性を見出しにくいという側面がある。そして、それらの限界は今後戦争体験者が減少するなかでより顕在化していくと考えられるだろう。

三、「媒介者」という視座——異なる他者のあいだに立つ人びと

本特集で提起された「戦争体験継承の媒介者」という視座（ここまでの記述をふまえれば「戦争記憶継承の媒介者」という視座とも言える）は、単に体験者に代わって戦争の体験（記憶）を「継承」する活動を進める戦争を経験していない世代の人びとを称する言葉なのではない。それは、ここまで見てきたような「戦争体験」や「戦争の記憶」が語られる社会を捉え直すとともにそのなかで論じられてきた「戦争体験」や「戦争の記憶」をめぐる議論を相対化しようとするものでもある。そこで本論では最後に、この「戦争体験（記憶）継承の媒介者」という視座を用いることによって戦争に関わるどのような事柄をどのように捉え、それをどのように記述・分析することができるのかについて考えてみたい。

ここまで見てきたことをふまえて定義し直すならば、「戦争体験（記憶）継承の媒介者」とは、異なる他者のあいだに立って「戦争体験」や「戦争の記憶」を媒介しようとする人びとであり、それは「戦争体験」や「戦争の記憶」の「継承」をめぐってふたつの方向の他者に向かう人びとであると言える。つまり、従来の「戦争体験」研究や「戦争の記憶」研究では、他者に対して自らの戦争時の体験を語る人びとや戦争で亡くなった他者を想起する人びとなど、常に一方向の他者に向かう人びとが論じられてきた。それに対して、「媒介者」という言葉は、例えば戦争体験者から聞いた戦争時の体験をほかの戦争を経験していない世代の人へと伝える人びとのように、ふたつの方向の他者に向かう人びとを捉えようとするものとなっている。

そのような「戦争体験（記憶）継承の媒介者」という観点からまず考えられるのは、戦争の体験者自身も「媒介者」という側面を有しているということである。つまり、戦争体験者が戦争を経験していない世代の人びとに向けて戦争を語るとき、本人の体験のみが語られるのではなく、しばしば他者

の戦争時の体験や戦争による他者の死などが語られており、そこでは戦争体験者によって他者の「戦争体験」や「戦争の記憶」が媒介されていると言える。その際に重要なのは、戦争体験者によって進められている「戦争体験（記憶）」を「継承」する活動のなかでは、そうした他者の「戦争体験」や「戦争の記憶」を媒介する行為が、副次的なものとしてではなく、中心的なものとして位置づけられていることも少なくないということである。

例えば、東京大空襲の体験者で空襲死者の氏名を記録する活動を進めてきたHさん[8]は、空襲の体験／記憶を継承するイベントや筆者とのインタビューのなかで、（自らの空襲体験よりも）ほかの体験者の空襲体験や空襲で亡くなった人びとのことを積極的に語っている。Hさんは、空襲の体験／記憶を継承する活動のなかで他者の空襲体験や空襲で亡くなった他者の記憶を語ることを重視しており、そこでは自分が体験していないことをどのように受けとめてどのように他者に伝えるのかという難しさが内包されているように思われる。そのため、「戦争体験（記憶）」を「継承」する活動のなかで戦争体験者は、常に自分自身のなかに戦争の体験があるというような立場から戦争を語ってきたのではなく、ときには「媒介者」のひとりとして、他者の「戦争体験」や「戦争の記憶」を受けとめて他者に伝える難しさを抱えながら戦争を語ってきたと考えられる。

もうひとつは、「戦争体験」研究や「戦争の記憶」研究を行っている研究者自身（それはつまり、筆者自身）も「媒介者」という側面を有しているということである。とりわけ、戦争体験者に対してインタビュー調査を行っている研究者は、著書や論文などのなかで何らかのかたちで体験者から聞いたことを書き記しており、そこでは研究者によって他者の「戦争体験」や「戦争の記憶」が媒介されていると言える。その際に重要なのは、他者の「戦争体験」や「戦争の記憶」を媒介するという行為は、単に他者から受け取ったものをそのまま別の他者へと渡すことではなく、異なる他者のあいだに立って「戦争体験」や「戦争の記憶」に対して主体的・能動的に関与することを意味しており、そこでは「媒介者」による何らかの「継承」観――「継承」に対する捉え方・考え方――が反映されているということである。

例えば、筆者は東京大空襲・戦災資料センターで進められている空襲体験者の証言映像を制作するプロジェクト[9]に聞き手として参加し、東京大空襲の体験者で町内の空襲死者を供養するための地蔵尊を管理しているTさんとインタビューを行っているが、そのインタビューは映像作品化されるとともに、筆者はそのインタビューの記録を利用して論文を書いている。それらの映像作品や論文は空襲の体験者が空襲の死者とどのように向き合っているのかに注目したものであるが、(今からふり返ると)空襲の死者に重きを置く筆者の「継承」観を反映したものともなっている。そのため、「戦争体験(記憶)」を「継承」する活動に対して研究者は、一定の距離を置いて客観的な立場で向き合うことは容易ではなく、「戦争体験」や「戦争の記憶」に対して主体的・能動的に関与する「媒介者」のひとりとして向き合うことが求められることになると考えられる。

以上のように、戦争体験者/研究者を「媒介者」として捉え直すことによって、まず従来の戦争体験者と戦争を経験していない世代の人びととの関係を相対化することができる。そしてそのうえで、「戦争体験(記憶)」を「継承」する活動を進める戦争を経験していない世代の人びとを「媒介者」として捉え、「戦争体験」研究や「戦争の記憶」研究とは異なる立場から彼ら/彼女らの活動を記述・分析することができる。つまり「戦争体験(記憶)継承の媒介者」という視座は、「戦争体験(記憶)」に関わる人びとの他者との向き合い方に注目することによって、他者の「戦争体験」や「戦争の記憶」を受けとめて他者に伝える難しさと、異なる他者のあいだで「戦争体験」や「戦争の記憶」に対して主体的・能動的に関与していく可能性を内包するようにして、戦争を経験していない世代の人びとによる「戦争体験(記憶)」を「継承」する活動を記述・分析するものとなると考えられる。

本論では詳しく取り上げることはできないが、近年東京大空襲の体験/記憶を継承する活動も戦争を経験していない世代の人びとによって進められている。例えば、東京大空襲・戦災資料センターでは、館長が空襲体験者から戦争を経験していない世代へと代わるとともに、戦争を経験していない世代のボランティアによって展示ガイドが行われるようになっており[12]、筆者は現在、そうした東京大空襲の体験/記憶を継承する活動を進める戦争を経験していない世代の人びとに対してインタビュー調査を行っている[13]。そのため今後は、筆者自身も「戦争体験(記憶)継承の媒介者」のひとりとして、「戦争体験(記憶)継承の媒介者」によって語られる「戦争体験」や「戦争の記憶」をどのような他者にどのように媒介することができるのかが、研究活動を進めていくうえでの大きな課題となるだろう。そのようにして「戦争体験（記憶）継承の媒介者」という視座は、戦争体験者がいなくなろうとしている社会のなかで戦争について記述・分析する研究者の姿勢を問い直すものとなっていると言える。

注

（1）東京空襲を記録する会「刊行にあたって」『東京大空襲・戦災誌（第一巻）都民の空襲体験記録集』（講談社、一九七五年［一九七三年］、六頁）。

（2）東京大空襲・戦災資料センター「センターがめざすもの」（https://tokyo-sensai.net/about/concept/）より。

（3）浜日出夫は、社会学における記憶研究の特徴として「非当事者の記憶」を扱うことをあげている（浜日出夫「記憶の社会学・序説（特集記憶の社会学）」『哲学』第一一七集、二〇〇七年、一〇頁）。

（4）例えば、野上元『戦争体験の社会学――「兵士」という文体』（弘文堂、二〇〇六年）など。

（5）例えば、高山真『〝被爆者〟になる――変容する〝わたし〟のライフストーリー・インタビュー』（せりか書房、二〇一六年）など。

（6）例えば、八木良広は、「わからないでしょう、あなた方には」という被爆者の語りを通して、調査者が被爆者と対峙する難しさについて記述・分析している（八木良広「体験者と非体験者の間の境界線――原爆被害者研究を事例に（特集記憶の社会学）」『哲学』第一一七集、二〇〇七年、三七～六七頁）。

（7）言説分析（歴史社会学）の立場から戦争体験を記述・分析してきた野上元は、集合的記憶論にもとづく「戦争の記憶」研究が「当事者性」を「曖昧」にしていると指摘している（野上元「〈研究動向〉テーマ別研究動向（戦争・記憶・メディア）――課題設定の時代被拘束性を越えられるか？」『社会学評論』第六二巻二号、二〇一一年、二三六～二四六頁）。

（8）Hさんについては、木村豊「東京大空襲で生き残った者の記憶実践」（『サバイバーの社会学――喪のある景色を読み解く』ミネルヴァ書房、二〇二一年）において取り上げている。

（9）このプロジェクトについて詳しくは、山本唯人「学知の生まれる場所――東京大空襲・戦災資料センターの試みから（〈特集二〉オーラル・ヒストリー・フォーラム「学知と現実のはざま」）」『日本オーラル・ヒストリー研究』（第八号、二〇一二年、七一～七八頁）に記されている。

（10）映像作品「片隅の祈り――八百霊地蔵を守る」（東京大空襲証言映像プロジェクト、二〇一一年、東京大空襲・戦災資料センター所蔵）。

（11）木村豊「東京大空襲の死者と遺族――〈個別化〉／〈一般化〉の志向性のあいだで」（『三田社会学』第一六号、二〇一一年、七三～八九頁）。

（12）木村豊「東京大空襲・戦災資料センター、戦争と平和の資料館ピースあいち 体験者でもわからないものとして空襲を捉え直す」（『なぜ戦争体験を継承するのか――ポスト体験時代の歴史実践』みずき書林、二〇二一年)。

(13) 本研究は、JSPS科研費(JP20K13693)の助成を受けており、本論はその研究枠組みを再検討したものである。

論文

幼児期に被爆を体験した人の継承実践

——生活史上の出来事の蓄積と紙芝居というメディアの特徴

深谷直弘
（福島大学）

一、被爆地長崎での継承実践

一九四五年八月六日と九日、広島と長崎に原子爆弾が投下され、ふたつの街は焼け野原となり多くの人が命を落とした。原爆被害を受けて生き残った人びとは後遺症に苦しみながらも、生活保障の必要性と国家補償を求める被爆者運動を行ってきた。それに加えて被爆者は「二度とこのようことは起こしてはならない」という思いから原爆被害の惨状を証言する活動を現在まで続けている。広島市・長崎市を含む自治体や学校などは、被爆者を招き原爆の事実を知らない世代に向けて体験を証言してもらう取り組みを行ってきた。

しかし原爆投下から七五年以上が過ぎた現在、当時の状況を鮮明に記憶しているとされる生存者の減少と高齢化を背景に、被爆体験を聞く機会が減り、直接、被爆者から証言を聞くことのできない時代が迫ってきている。そうしたなかで目立つのは、原爆を体験していない世代が行う継承実践(1)である。こうした新たな継承の担い手の実践は、高齢の被爆者やその関係者から期待されている。

被爆地長崎では、非体験者である若い世代の継承実践として「高校生平和大使」（一九九八年）と「高校生一万人署名活動」（二〇〇一年）が始動し、地元マスコミに定期的に取り上げられ、現在も継続している。そのうち「高校生平和大使」

は二〇一三年に国が創設した「ユース非核特使」の第一号に選ばれ、さらに二〇一八年から二〇二一年まで続けてノーベル平和賞の正式候補にもなっている。(2) 二〇一三年には長崎大学の核兵器廃絶研究センターが長崎県・長崎市と連携し「ナガサキ・ユース代表団」という大学組織も誕生している。ここでは毎年メンバーが選ばれ、「核軍縮・不拡散問題に関する国際会議への参加とその事前事後の活動」を行っている。(3)

また二〇一四年度には被爆者の被爆体験を受け継ぎ、それを語り伝えていく「語り継ぐ家族の被爆体験」(家族証言)事業が始まり、長崎市は被爆者の子や孫らが体験を語り継ぐ活動を支援している。この事業は応募者が約半年かけ、講話資料の作成や録音録画による被爆体験の聞き取り、発声の研修などを受けるものである。(4) この取り組みは二〇一七年度から「語り継ぐ被爆体験(家族・交流証言)」事業となり、「家族」だけではなく「同居や団体活動などにより被爆者との密接な交流経験を有する者」や「被爆者との関わりはないが、体験を継承する意志の強い者」が「交流証言者」として新たに追加された。現在では家族証言者が一五人、交流証言者が三一人登録されている。(5)

もちろん長崎市は被爆七〇年前後を契機として、継承に向けての取り組みを始めたわけではない。二〇〇四年から、長崎市と民間の半官半民団体である長崎平和推進協会が、平和案内人ボランティア・ガイドを始め、長崎原爆に関係する場所を観光客や学生らに案内している。(6) 平和案内人の取り組みは二〇〇八年の長崎平和宣言において、高校生一万人署名活動と一緒に次世代の継承実践として言及されるまでになっている。被爆地長崎において、こうした取り組みは原爆体験を継承する重要なもののひとつとして認められている。原爆を語り継ぐ活動は新たな担い手が参与することで、継承実践も以前とは異なる段階に入ってきている。

しかし被爆地長崎を含めて体験していない世代(特に若い世代)が継承の担い手(=媒介者)としてクローズアップされていくなかで気になるのは、継承の担い手が「体験」を持たない人たちとして一括りにされてしまい、その内実や当事者性の度合いが想定されていないことである。ひとくちに継承の担い手といっても、「広島・長崎出身者」か「東京都出身者」か、広島・長崎出身者でも被爆二世、三世なのか、親戚に被爆者がいるのか、東京都出身者であっても平和活動の経験があるかなどによって、そこに至る過程や実践の仕方は異なる。さらに胎児被爆や乳幼児期に被爆した人たちも、体験を持っていない、あるいは体験があったとしても鮮明には覚えていない点では、被爆体験を証言として語ることのできる被爆者とは異なる「媒介者」としての一面を持つ。こうした点を踏まえれば、継承の担い手たる媒介者を単に体験者と非体験者という視点からみるのではなく、当事者性の濃淡から議論を行い、各担い手の実践を記述していくことが求められる。

本論ではこうした視点のもと、幼児期に被爆を体験した三田村静子さんの生活史と継承実践を取り上げ、自身の被爆体験を語りつつも、同時に他者の被爆体験を受け継ぎ、それを伝えていく実践がどのような特徴を持つのか、さらにそれが現在の〈原爆〉の継承の場においてどのような役割を果たしているのかについて考察する。

二〇一三年に東京の被爆者団体東友会は、幼児期に被爆の体験を持つ人たちに向けて学習会を開くなどして、彼・彼女らを対象にした支援を行っている。(7) しかしこうした人たちが現在、語り部や平和ガイドなどの現場で活躍していることについて、その独自性や意味についてはほとんど議論されてこなかった。(8) 彼・彼女らは、被爆体験を持ちつつも体験が相対的に乏しいなかで、どのようにして他者に〈原爆〉(9) を伝えるのかということを試行錯誤しながら活動を行っている。

二、三田村さんの生活史(10)

三田村静子さんは一九四一年生まれ——八〇歳(二〇二二年一月時点)の女性である。三歳のとき爆心地から五キロ離れた福田村(現在の長崎市福田本町)の自宅で被爆した。当時、母は弟を連れて叔父の家に行き、長姉は友人の家に行っていたため、残っていた三田村さんと長兄、次姉、三姉の四人が自宅の縁側で昼食をとっていた(父親は軍隊勤務で不在)(11)。

被爆体験

三田村さんは被爆当時幼く、また爆心地からも離れていたため、覚えていることは次のことだけだという。

自宅で姉二人と兄と一緒に縁側で昼食を食べていて被爆した。普段は米がなかなか手に入らず芋やカボチャばかりだったが、この日はなぜか白米があり「ものすごいごちそうだった」。夢中で食べていたところに光がパッとして、白い灰のような粉がご飯に降りかかったのを覚え

ている。(12)

パッとした光の直後の強い衝撃により、台所にいた三田村さんの兄が割れたガラスの破片で頭から出血したため、一緒にいた姉たちが兄の止血を行っていた。それでも三田村さんは縁側で久しぶりの白米を食べ続けていた。そのため、姉に「何ぐずぐずしよっとね」と言われ、負ぶされて自宅から逃げたという。その後、兄・姉たちと一緒に防空壕に避難し、そこで母と弟たちと再会した。そのため、三田村さんは「焼け野原も黒焦げの遺体も見ていない(13)」。

当時の様子について九日の夕方、防空壕の外に出ると「顔はススだらけで髪の毛を振り乱し、衣類はところどころが焼けており、身体のあちこちから血を流し、ふらふら歩いてくる多くの人々」を目にしたと姉たちは語っていた。自宅の被害は、屋根の瓦や窓ガラスが割れる程度ですみ、近所も大きな被害はなかった。しかし、数日後三田村さんは下痢と発熱の症状が出始め、回復するまでに二～三カ月を要した(14)。

原爆を意識せずに暮らす――就職と結婚、生協の活動に参加

小学生までは病弱でよく通院し、看護師にお世話になっていた。こうした経験が後に看護師になるきっかけであったかもしれないと三田村さんは体験記に書いている。三田村さんの両親は「『長崎は二つに分かれて、被爆者は差別される』と語り、原爆の話をしなかった」。そうしたこともあり被爆者であることを意識することなく育つ。その後、看護師となり、結婚、ふたりの子どもを授かる。結婚後は食品添加物・防腐剤の問題に関心を持ち、現在の生活協同組合ララコープの組合員となり「安全な食品の普及を目指して勉強会や検査、商品PRに力を注い」でいく。その活動の一環として、一九八二年頃から平和運動にも参加していくものの、〈原爆〉のことについては深く考えることはなく、ただ「せんばいけんね」と思い反核と平和希求の行進をするのみであった。そして、被爆者であることを仲間に話すことはなく、周りも被爆者だとは思っていなかった(15)。

三田村さんやきょうだい、娘ががんに

一九七〇年ごろ被爆時一緒にいた姉ふたりが三〇代でがんになる。姉のうちひとりは三九歳で亡くなり、姉たちの子どものうちふたり（姪）は三〇代のとき、がんで亡くなった。三田村さん自身も一九八〇年三九歳のときに大腸がんを発症、

二〇〇〇年の五九歳のときには子宮体がんを患う。さらに二〇一〇年にはがん直前の大腸ポリープを除去している。そして三田村さんの娘は二〇一〇年にがんの影響で、三九歳で亡くなった。被爆時に自宅の縁側に居たきょうだいとその子どももがんを発症している[16]。

三田村さんが最初にがんを発症した当時、がんは「即『死』を意味」した。そのため「手術前に一時帰宅した際は、これで子供たちとの暮らしも最後になる」と彼女は感じたという。無事に手術が成功したため、「九死に一生を得」ることができたが、そのとき「母は初めて、原爆のことを語」った。そしてその年に「被爆者健康手帳」を取得することになった[17]。

こうしたことから、三田村さんは自分やきょうだい、子どもたちが、がんになるのは被爆(放射線)の影響ではないかと考えるようになる[18]。現在も三田村さんは放射線の不安を抱きながら暮らしている。そのため三田村さんは、講話や平和ガイドで修学旅行生らに「体の細胞が壊され、未だに苦しんでいる。それが放射線、核の恐ろしさだ」と伝えている[19]。

平和活動――ララフレンド・ボランティア観光ガイド・平和案内人

三田村さんが平和活動に関わっていくきっかけは、一九九五年に生協活動の中で特攻隊をテーマとした劇団の上演に実行委員として関わったさい、知覧特攻平和会館を見学したことである[20]。そこで亡くなった特攻隊員の写真を見て、三田村さんは「若い命があのように、本当消え去って行くあの姿みたら。本当どうして」と思ったという。それは若い特攻隊員が三田村さんの息子の年齢に近かったことも影響していた。そしてこの若者たちの戦争による理不尽な死は「原爆も一緒だから」と思い、これをきっかけに三田村さんは平和や原爆のことについて熱心に勉強を始め、その後、生協内に組合員数名で「ララフレンド平和クラブ」をつくり、平和祈念像や原爆落下中心碑の前などで原爆のことを話したり、被爆遺構や碑めぐりを行うボランティア活動を始めることになった[21]。

この頃、三田村さんは子育てが一段落し、自分自身を振り返る時期にあった。ほぼ同時期に「ボランティア観光ガイド[22]」(後の「さるくガイド」)に応募し、長崎の文化・歴史も深く学んでいた。自分とは何者かという語り直しの中で、「長崎出身者」として地域とのつながりを強く意識していたところに、知覧特攻平和会館を訪れた経験と病の経験が呼応して、三田村さんは「自分ができることは何か」について強く考えていくことになる。そして長崎出身者の自分ができることとして、原爆・平和を発信することに意味を見出したのである。

二〇〇五年にはこうした経験を活かして彼女は平和案内人の第一期生となる。二〇〇七年には被爆者や平和案内人らでつくる自主グループである「紙しばい会」を結成して、被爆体験をもとにした紙芝居を作成し、それを通じた継承実践も行っている。(23)

この時点において三田村さんは「被爆者」(被爆者手帳を持っているという意味)であることを広く公表はしておらず、「ガイド仲間たちにも年齢を言わず、『三田村さんは被爆者じゃないもんね』と言われれば『うん』とごまかしていた」。(24)しかし三田村さんは二〇〇八年の「ピースボート」への参加をきっかけとして、被爆者であることを公にすることにした。(25)これは子どもが結婚し、三田村さん自身の中で過去のことが語りやすい状況になっていたためであった。

被爆体験講話を行う語り部へ

平和ガイドを継続し、被爆者であることを公にしたものの、三田村さんは自身の被爆体験を積極的には語ってこなかった。しかし二〇一四年四月に被爆体験の証言を行う語り部になるため、平和推進協会の継承部会に入会した。そして二〇一五年からはこれまでの平和活動を続けながら、被爆体験講話も行うことになった。継承部会に入会したのは、二〇一〇年の娘の死と二〇一一年の東京電力福島第一原子力発電所事故(以下、原発事故)がきっかけである。

＊＊＊：被爆講話という形でやっているんですよね。どういった経緯で継承部会に入ることになったのでしょうか。

三田村：えーとね。あれもみたと思うけど。今でこそ、放射線の怖さを伝えんといけんのでないかなと思ってね。福島の原発とかそんなことがあったから。私は年が三歳八カ月だったから、黒焦げの状態は知らないけど、やっぱり放射線の怖さはやっぱり伝えんといけんのじゃないかなということで、〔継承部会に〕入っていろいろと自分の病気とか、子どもを亡くして、その子どもに対してのやっぱり、放射線じゃないかなと思

> うような感じだったもんで。そんなことも訴えたかった。それきっかけだった。子どもを亡くした。(26)

三田村さんは何度もがんで苦しみ今も再発の不安を抱えている。さらに娘をがんで亡くした。原爆による放射線の影響を強く意識せざるを得ないなかで、原発事故が起きた。放射線への不安が日本社会で高まるなか、やはり子どもたちに核による放射線の怖さを伝えないといけないと思い継承部会に入ることにしたのである。(27)これは、三田村さんは娘に「原爆にあってたということ」を早い段階で教えていれば、「手遅れにならんで、命がこう亡くならんでよかったんじゃなかろうかと」いう思いが強くあるためである。しかし、こうしたことを伝えることができなかったのは被爆者への差別を恐れてであった。(28)そのため当初は自身のことを話したくはなかったものの、彼女は被爆者として経験を語り伝えていく決心をしたのである。

もちろん三田村さんが入会することができたのは、被爆体験を語ることのできる被爆者が減り、推進協会が体験講話を行うための人数を確保するために、幼児期に被爆の体験を持つ世代に門戸を広げていることも関係している。彼女はさらに多くの講話を行うために、二〇一八年からは長崎原爆被災者協議会の「被爆体験を語り継ぐ会」会員にもなり、そこでも語り部として体験講話を行っている。(29)

三田村さんは、原爆の影響を強く意識させる生活史上の出来事の蓄積と長年の平和活動の経験から「被爆者」として「被爆体験」を語ることになったのである。現在、三田村さんは語り部だけではなく、生協の活動や平和案内人、さるくガイドも掛け持ちしながら継承実践を行い、二〇二一年一〇・一一月では講話を三五回ほどこなしている。(30)

三、講話・ガイド・紙芝居による継承実践

講話・ガイド

三田村さんの被爆体験講話の内容は、自身や家族の病の経験を含めた生活史にもとづき、被爆後の放射線による影響を重視したものである。これについて三田村さんは、被爆者は被爆時だけではなく「その後の生活の体験だって、その後が苦しかったんですよね」、「その後で苦しんでるというのも大事と思うんです、被爆の話で」と話す。もちろん放射線の怖

さだけを伝えていくのではなく、講話やガイドでは自身の被爆体験や他の被爆者（爆心地から距離の近い被爆者の体験など）の体験を紙芝居などを用いて説明することも多い。それは「一〇人いたら一〇人の被爆者の話は違」い、「それぞれに顔があるごとく、それぞれに証言が違う」ものの、どの被爆者の体験も「大事だ」からである。(31)

こうした形で語っていくことができるのは、さるくガイドや平和案内人、生協の活動などを通じて「〈原爆〉の基礎」を学び、それをもとに実践してきた平和ガイドの経験が活きている。こうした知識と経験をもとに三田村さんは体験を語ったり、他者の被爆体験を説明しながら、原爆と戦争との関係を歴史の流れのなかで語ることができているのである。(32)

わかりやすく、理解しやすいように話すのが役目

三田村さんが講話や平和ガイドで心がけているのは、子どもたちにわかりやすく伝えることであると、繰り返し語る。原爆が地上五〇〇メートルの上空でさく裂した、「熱線なんかも何千度、何千度」と言っても理解できないので、彼女は子どもたちが実感でき具体的にイメージすることのできる説明を心がけている。またそれに加えて、原爆で「ここで何人ぐらい亡くなって、なんですよって言うたってパッとこないから」、「亡くなった人の気持ち」やその時の状況も含めて伝えるようにしている。(33)「子ども自身が原爆のことなんか全然、わからない」ため「こうわかりやすく、わかりやすくって、思って話す」ようにしているという。(34)

しかしこうした心がけで活動を行っていても、ときに子どもたちに上手く伝わらず、興味関心を持たすことができないまま、その場が過ぎることもある。そうした場合は、その子どもが成長したときにそのことを思い出して、その後、長崎を尋ね〈原爆〉のことを考えてくれることがあるかもしれないと思い活動を行っているという。子どもたちに何か印象を残すことができればいいと三田村さんは考えている。(35)それが活動を継続していく支えのひとつになっているのである。

そして三田村さんは平和ガイドをこなしていくなかで、原爆のことを説明するだけではなく、戦時中の暮らしなどの時代状況や当時の社会の価値観も含めて説明することの必要性を感じている。三田村さんが、戦時中の子どもたちは傘もなく、裸足で歩いている様子について話したところ、それを聞いた子どもが「コンビニで買ったら」と応えたという。今の子どもたちに「昔のことをいうてもピンとこないと思うけ

ど、それをわかりやすく、理解しやすいように話すのが私たちの役目」だと三田村さんは述べている。[36]

その実践のひとつとして、彼女は食を通じて当時の状況を想像してもらい、原爆や戦争をより身近なものとして考えもらう会を二〇一九年に三回ほど行った。これは三田村さんが長年、食の問題に取り組んできたことと「原爆とか戦争とか困ったことは食だった」ことから生まれた実践であった。[37]

被爆後七〇年を過ぎた日本社会において、現在の若い世代にとって原爆は遠い昔の過去・歴史であり、実感を抱くことができにくいものとなっている。実際、若い世代に原爆の実相を伝えていくことの難しさを象徴する出来事も起きている。たとえば長崎市内では、二〇一四年五月に被爆遺構を案内している最中、案内役の被爆者に修学旅行で訪れた男子中学生五人が「死に損ないのくそじじい」などの暴言を吐いた事件があった。[38] この事件の背景には、これまで成立していた体験の語り継ぎ場面を確保することが難しくなっていることがある。被爆体験を含めた語り手（被爆者）が生き、培ってきた価値観や感覚などを、受け手が共感できない、あるいは受け入れづらいものとなっているのである。

またガイドや講話を通して、三田村さんは一方的に説明するのではなく、「キャッチボールするような感じ」で語るように心がけている。そのため体験講話でも、三田村さんは被爆体験を話した後の余った時間を質問・交流の時間に充てたり、ときには話す内容を二通り用意して、相手の様子をみて使い分けたりしている。[39] そして何かしらの反応があることが励みとなって、活動が継続できている。そしてこうした継承実践を行っていく上で、三田村さんにとって大事なものが紙芝居である。

紙芝居を用いた継承実践

三田村さんは、被爆の実相を伝えるための表現手段として紙芝居を用いて活動を行ってきた。遺構巡り（被爆遺構のガイド）では彼女はコースをまわった後に一回一五分程度の紙芝居を見せたりしている。被爆体験講話でも、三田村さんの体験に加えて他の被爆者の体験をもとにした紙芝居を使うこともある。紙芝居で伝えるという手法は当初、「周囲からは『幼稚』『昔のようだ』と冷ややかな視線も送られた」。しかし「子どもたちからの受けは」良かったため、「絶対に紙芝居というのは目に訴える力」があるという信念を持ち続けて、現在も自作の紙芝居を用いた活動を行っている。[40]

使用する紙芝居は、被爆者の被爆体験をもとにして三田村さんが作成したものである。紙芝居のストーリーは、三田村さんが被爆者に話を聞いたり、亡くなった方の場合は家族に話を聞いたり、体験記を読んだりするなどして一年以上をかけて制作される。紙芝居で使用する絵は三田村さんが絵のイメージを伝えて、知り合いの人に描いてもらったものである(41)。制作過程では「脚色はせず、できる限り、本人の言葉のままを伝えることを心掛け」ている。そこでは「被爆の状況だけではなく、その後の人生」についても踏まえた上で作成し(42)、語り手に内容を確認してもらい、許可を得て完成となる(43)。活動を始めたころは「〔三田村さん〕自身が語り部活動をすることは難しい」が、紙芝居が継承するための方法のひとつではないかと新聞記者の取材で説明していた(44)。

他者の被爆体験を繰り返し聞き、そこで作成した内容を相手に確認、納得してもらいながら、紙芝居を彼女は制作していく。こうした過程とそれを用いた実践は彼女が「語りの媒介者」となり、被爆者の被爆体験を受け継いでいく営みとなっている。実際に紙芝居の題材となった被爆者は「……今後はこの話を三田村さんが受け継いでくれます」というメッセージを彼女に伝えている(45)。もちろん、被爆体験の紙芝居の制作を可能にしていたのは、三田村さんが被爆者であり「つらいこと、話したくないこと」への深い理解もあった。

小倉康嗣は非体験者が被爆者に被爆体験や人生を繰り返し聞き、どのような表現が適切なのかを格闘する中で、主体的に被爆体験を引き受け「一人ひとりの人生を背負った人間のつらさや苦しみ」を表現する過程のことを「能動的受動性」と名付け継承のプロセスを示しているが(46)、三田村さんもこの過程をたどっている。三田村さんの場合は紙芝居制作による被爆者との相互コミュニケーションのなかで、他の被爆体験と自分の体験との位置関係を把握し、自身の被爆体験とは何か、その意義について理解が深まっていく面があった(47)。

紙芝居というメディア

そして三田村さんが語りだけではなく絵を含めた紙芝居にこだわるのは、一方的に語ることよりも、絵を見せた方が伝えやすく「子どもの方のやっぱり目線も違う」からだという(48)。しかしなぜ、ドキュメンタリーや映像、写真ではなく紙芝居なのか。それについて筆者が聞いたところ、三田村さんは次のように答えている。

今はメディアの世界で、いろいろインターネットやこんなとでこう、見てるけどこれはこれに、味があって。あのこんな機械の方は見慣れてるし、こんな方がものすごく魅力を感じないかなと思ったのが。私の考えなんです。今はもう若い人たちなんかが、本当、パソコンばいろんなもんで見てますよね。いろんな情報を。でもまた違う角度でつくったらまたこう新鮮な気持ちでみるんじゃないかなという。(49)

多くの若者は写真や映像といったメディアに慣れているのに対して、絵であれば若者は「新鮮な気分・気持ち」で見ることができるということが語られている。写真や映像で写された〈原爆〉は、戦後日本社会においてあらゆるメディアを通じて消費されてきたため、若者にとっては想像可能な見慣れた光景となってしまっていることが念頭に置かれていた。三田村さんが継承法として紙芝居に意義を見出しているのは、写真や映像記録では次世代の人たちに〈原爆〉という出来事の本質が伝わりづらくなっているという認識からきている。

では紙芝居とは写真や映像とは異なり、どのような特徴を有するメディアなのか。まず紙芝居の絵は、あるシーンの印象をもとに描かれ、ときとしてその部分が強調されるため、ある出来事の場面がより近く、かつ生き生きと描かれている。さらに絵は写真や映像記録では残されていない部分を表現することもできる。紙芝居は絵を用いて個人の「体験」を効果的に語り伝えるメディアなのである。

そして紙芝居の中で語られるストーリーは、発話者がその場にいるオーディエンスに語りかける形となるため、オーディエンスとのやりとりや反応を見ながら語ることを可能にする。また紙芝居は一枚ずつめくるため、連続する細かな描写ができない。そのためその都度、「間」(時間)ができる。それは受け手が次のシーンを想像する「間」(時間)となり、主体的に物語に関わっていくことを可能にする。つまり、話し手と聞き手が、共時的な時間構造の中でそのストーリーを共有していくことを促す仕掛けになっているのである。

それに対して写真や映像は「俯瞰するまなざし」を持つため、(50)精確にそのシーンを記録することはできるが、私たちがそれを見るときとは違い、その視線はその被写体を遠い別の所から見ている感覚を持たせてしまう(あるいは、のぞき見る感覚を持たせる)。見る者と見られる者の境界を明確に区分するため、それらは遠い観点から対象の動きを捉えた形となる。

また写真・映像に映し出されている被写体は、人間であれば年を重ねることはない。写真・映像のなかは無時間である。写真・映像は「かつての現在」が「いまここ」に現出している状態であり、見る者が共時的に写真・映像とつながりを保っているのではなく、むしろ隔たりを感じさせるものとなっている。つまり、写真・映像は見る者にとって対象との距離が遠く、現在から時間的に隔たりのあるメディアなのである。(51)

紙芝居は、映像や写真と較べると、見る者に対象との距離や時間的な距離が近く、オーディエンスが過去の出来事を現代の出来事と密接なつながりの中で理解することを可能にする。受け手に語る内容への共感を呼びやすい。そのため被爆体験の継承だけではなく、東日本大震災の体験の伝承活動でも活用されている。

三田村さんは被爆時の体験を詳細に語ることはできない。そのため、ガイドや講話において自分の体験だけでは立ちゆかない場面が出てくることもある。また写真や映像といった記録だけでは伝えきれない部分も出てくる。紙芝居はその両面を補強するためのツールとして、使用されているのである。強い当事者性は持たないが、非当事者ではない三田村さんにとって、紙芝居は継承実践において重要な位置を占めている。

四、継承実践の特徴と意義

三田村さんは三歳のときに被爆したため、鮮明に覚えている体験はあまりない。そうしたこともあり、三田村さんは被爆者であることを意識せずに育つ。

〈原爆〉とは距離を置き暮らしてきた中で、生協活動のひとつとして訪れた「知覧特攻平和会館」での経験を契機として、一九九五年からボランティアの平和活動を開始していく。三田村さんはちょうどその頃、「ボランティア観光ガイド」で長崎の歴史文化を学び長崎出身者として自己理解を深めていた時期でもあった。長崎出身者として「できることとして」、「知覧」(戦争・特攻隊)での経験を経由して原爆・平和と結びつき、原爆・平和を伝える活動を始めるようになったのである。そして二〇〇六年からは平和案内人にもなる。

ただしこの時点では、被爆者であることを公にはしていない。その後、ピースボートに乗る過程で被爆者であることを公表することになる。そして自身の病気(がん)や二〇一〇年の娘の死、二〇一一年の原発事故を契機として、自身の被爆体験を伝えていくことを決め、語り部としても活動を行っていくことになった。三田村さんの生活史において、原爆の影響を強く意識させる出来事が繰り返し起き、その事実の蓄積と長年の活動経験が「被爆者」として「被爆体験」を語ることとなったのである。[52]

そして平和ガイドと体験講話は三田村さんの生活史にもとづき、被爆時の体験に加え、その後の生活を営むなかでの放射線の怖さや不安を伝えることを強調するものとなっている。これは、娘に被爆の事実とそれによる放射線の影響について伝えていれば、早くに亡くなることはなかったのではないか、そしてこうしたことを繰り返さないためにという思い・願いからきている。三田村さんにとって、被爆体験を継承していくことは、原爆被爆したときの出来事だけを伝えることだけではなく、被爆者が原爆と向き合い生きてきた生き様、人生を理解し、それを伝えていくことなのである。[53]

好井裕明によれば、被爆体験において継承していくものは「被爆者の『生』と『リアル』」であるという。この「生とリアル」とは「被爆をした人が、具体的な苦悩や不条理を体験するなかで、まさにひとりの人間として『生きている』という事実を、被爆者の語りから私たち（継承する側）が感じ取れる何か」である。好井はその「『生』とでもいえる何か」『生』がもつ『リアル』とは何か」を理解し解釈していくことが継承において重要であると述べている。[54] そして被爆者個人の「生」と「リアル」といった生き様を語り継いでいくことは「常に人間〔の生あるいは存在〕を否定する力としてのみ働く」原爆に抗い、被爆者の人間としての尊厳を守ることにつながるのである。[55]

三田村さんはガイドや講話を行う際、相手にわかりやすく伝えるということと、双方向のコミュニケーションを行うように心がけている。こうしたことが筆者のインタビューでも繰り返し語られているのは、受け取る側の世代が、〈原爆〉を遠い異国の出来事[56]のように感じるようになっているからでもある。戦争や戦時中の状況を想像することができず、実感を抱かないなかでどのように伝えて行くのか、それに対処していくために三田村さんは紙芝居を用いた継承実践を行っている。紙芝居は「演じ手と観客が一体化しやすい双方向性、対面性の構造をもつメディア[57]」である。またシーンごとに「間」があるため受け手は次のシーンを想像しながら見ることができる。それにより紙芝居は、遠い過去、歴史としての出来事ではなく、身近な過去として、現在とのつながりの中で「個人の体験」を伝えることができるのである。受け手がよりアクチュアルな出来事として〈原爆〉を理解することを促すものとして紙芝居が用いられている。それは写真や映像といった記録だけでは伝えきれない部分を補強するメディアとなっている。また三田村さんが放射線の影響を重視するのは、比較的近い二〇一一年の原発事故と結びつけることで、相手に遠い過去の出来事ではなく、より身近な出来事として理解してもらうための工夫でもある。

三田村さんは、ガイドや講話において「被爆証言」だけではなく、紙芝居などを積極的に活用し伝え方の工夫をしていくことで、若い世代に〈原爆〉を伝えていた。常に他者を意識したなかでの語り継ぎが模索されていた。これは、自分の体験による証言が他の被爆者と較べれば、強い正当性を持ち得ず、当事者ではあるものの、当事者ではない部分があるなかで培われた継承実践である。そしてその実践は個人の生活史に根ざした形で行われていた。

三田村さんの事例が物語っているのは、これまでの体験者／非体験者といった区分だけでは捉えきれない層にいる人たちの継承実践があるということである。三田村さんは被爆の体験をもつ世代ではあるが、被爆時は幼児期であり、爆心地から遠かったこともあり、被爆による外傷があるわけではない。彼女の被爆体験は、爆心地近くで被爆している体験者と比較すれば、その体験は乏しい。しかしその体験の乏しい幼児期に被爆した人が、年長の被爆者の体験や活動を受け継ぎ、それを伝える活動に携わりながら、その過程で原爆とは何かについて考えを深めていき、自身の被爆体験も同時に語り伝えている。被爆の実相を伝える継承の現場では、様々な当事者性を持った人たちが、それぞれの生活史上の出来事の蓄積と活動の積み重ねのなかで、継承実践に関わっているのである。

そして三田村さんのような立場の実践は「体験者」と「非体験者」の間にあって、これらをつなぎ、この活動は若い世代の継承実践において参考になっているようにみえる。たとえば紙芝居による語り伝えは、体験を持たない継承の担い手たちの活動でもよく用いられている。[58] さらに三田村さんらの立ち位置による実践経験は、原爆体験の継承以外にも役に立つ。原発事故から一一年が過ぎ、震災・原発事故の体験の伝承活動が始まっているなかで、当時のことを経験しているものの、いわゆる象徴的で大変な出来事を経験していない人たちが、語り部として体験を伝えることの難しさや悩みを語る場面が見られる。(59) こうした課題に対しても三田村さんらの経験は、彼・彼女たちが活動を継続していく上で参考になるはずである。

注

(1)「実践」という言葉は、個人または集団が「過去の社会経験の中で身につけてきた行為図式」をもとに社会的文脈に応じて行う活動という意味で用いている。Lahire, Bernard L'Homme Pluriel: Les ressorts de l'action (Paris: Nathan, 1998) ＝鈴木智之訳『複数的人間』(法政大学出版局、二〇一三年、二四七頁)。

(2) ふたつの活動については、拙著『原爆の記憶を継承する実践』(新曜社、二〇一八年)第七章、最近では田賀農謙龍『高校生平和大使に至る道——被爆二世 平野伸人の半生』(長崎新聞社、二〇二一年)、「高校生平和大使にノーベル賞を」刊行委員会編(代表・平野伸人)『高校生平和大使にノーベル賞を——平和賞にノミネートされた理由』(長崎新聞社、二〇一八年)に詳しい。

(3) 核兵器廃絶長崎連絡協議会「ナガサキ・ユース代表団」https://www.pcu-nc.jp/nagasaki-youth/ (最終閲覧二〇二二年二月九日)。

(4)『読売新聞』(二〇一五年三月一五日付)。

(5) ピース・ウィング長崎「家族・交流証言講話について」https://www.peace-wing-n.or.jp/storytelling.html#contents01 (最終閲覧二〇二二年二月九日)。また、長崎市が行う「語り継ぐ被爆体験(家族・交流証言)推進事業」と広島市が行う「被爆体験伝承者養成プログラム」については、外池智「戦争体験「語り」の継承とアーカイブ(三)〜(八)」(『秋田大学教育文化学部研究紀要 教育科学』、七一〜七六、二〇一六〜二〇二一年)に詳しい。東日本大震災の経験・教訓を伝承していくためのプログラム構築に向けて、広島の「被爆体験伝承者養成プログラム」について調査を行い、そこでの課題を整理したものにSato, Shosuke and Masahiro Iwasaki "Learning from the Training for the Successors and Storytellers the Legacy of Atomic Bombing in Hiroshima City: Lessons for Disaster Storytellers" (*Journal of Disaster Research:* Vol.16 No.2, 2021) がある。

(6) 長崎平和推進協会の活動は、松永幸子「被爆地による平和教育の取り組み——(公財)長崎平和推進協会の活動を中心」(『埼玉学園大学紀要(人間学部篇)』第二二号、二〇二一年)に詳しい。平和案内人の活動実践を対象とした研究に、冨永佐登美「非体験者による被爆をめぐる語りの課題と可能性——平和案内人の実践を手がかりに」(『文化環境研究』第六号、二〇一二年)がある。

(7) 八木良広「ライフストーリー研究としての語り継ぐこと——『被爆体験の継承』をめぐって」(『ライフストーリー研究に何ができるか』新曜社、二〇一五年)。

(8) 乳幼児期に被爆を体験した人たちを取り上げ、彼・彼女らによる自分史を書く営みを中心に考察したものに愛葉由依「乳幼児期被爆者による原爆体験の構築——「愛知自分史の会」の事例から」(『戦争社会学研究』第5巻、二〇二一年)がある。

(9) 本論では原爆に関係する出来事や表象、実践の総体を〈原爆〉と表現している。

(10) 第二・三節の記述は、拙著『原爆の記憶を継承する実践』（新曜社、二〇一八年）の第六章第四節の内容と、執筆後に行った三田村さんへのインタビュー調査に基づく。そのため第六章第四節の記述内容と重なる部分もある。

(11) 『ピーストーク きみたちにつたえたいX くり返すまい ナガサキの体験 第二巻』（公益財団法人ナガサキ平和推進協会、二〇一五年）。

(12) 三田村さんが作成した自分史より。

(13) 『ピーストーク きみたちにつたえたいX くり返すまい ナガサキの体験 第二巻』（公益財団法人ナガサキ平和推進協会、二〇一五年、九〇～九一頁）。三田村さんが作成した自分史より。

(14) 『ピーストーク きみたちにつたえたいX くり返すまい ナガサキの体験 第二巻』（公益財団法人ナガサキ平和推進協会、二〇一五年、九〇～九一頁）。

(15) 同右。三田村さんが作成した自分史より。

(16) 「ナガサキ ノート」『朝日新聞』長崎版（二〇一四年六月一四日付）。

(17) 同右。「被爆・戦後七五年　静子の紙芝居　思いを託されて」『長崎新聞』（二〇二〇年八月二日付）。

(18) 「被爆・戦後七五年　静子の紙芝居　思いを託されて」『長崎新聞』（二〇二〇年八月一日付）。

(19) 三田村さんが作成した自分史より。

(20) 『長崎新聞』（二〇〇一年八月四日付）。

(21) 二〇一二年一二月一日長崎市内で、三田村さんからの聞き取り。三田村さんが作成した自分史より。

(22) 現在は「さるくガイド」に名称を変更している。さるくガイドは、長崎の歴史・文化の魅力を観光客などに伝えることを目的としている。

(23) 『長崎新聞』（二〇一〇年八月五日付）。

(24) 三田村さんが作成した自分史より。

(25) 「ピースボート」には非核大使として、二〇一五年にもう一度乗っている。

(26) 二〇一六年九月一六日長崎市内で、三田村さんからの聞き取り。なお「＊＊＊」は筆者の発話。〔　〕は筆者による補足。以下、同様。

(27) 継承部会への入会の際、まず証言内容を書いて推進協議会に提出し、それをもとにした面接では動機などが聞かれる。次に証言する講話を推進協会継承部会の人たちが確認し、それが終わると語り部としてデビューすることができる。二〇一九年一二月一七日長崎市内で、三田村さんからの聞き取り。

(28) 二〇一九年一二月一七日長崎市内で、三田村さんからの聞き取り。

(29) 二〇一六年九月一六日・二〇一九年一二月一七日長崎市内で、三田村さんからの聞き取り。

(30) 『長崎新聞』（二〇二二年一月一九日付）。

(31) 二〇一六年九月一六日・二〇一七年八月二三日・二〇一九年一二月一七日長崎市内で、三田村さんからの聞き取り。

(32) 二〇一七年八月二三日長崎市内で、三田村さんからの聞き取り。

(33) 二〇一二年一二月一日長崎市内で、三田村さんからの聞き取り。

(34) 二〇一九年一二月一七日長崎市内で、三田村さんからの聞き取り。
(35) 三田村さんが作成した自分史より。こう思うに至ったのは、三田村さんが「地域のボランティアとして案内している長崎市立城山小学校の被爆校舎（平和記念館）にある時、男性の大学生が訪れ、『修学旅行で長崎に来た時には、説明をよく聴いていなかったけれど、今になって興味があってきた』と話してくれた」出来事があったためである。
(36) 二〇一七年八月二三日長崎市内で、三田村さんからの聞き取り。
(37) 二〇一九年一二月一七日長崎市内で、三田村さんからの聞き取り。
(38) 『朝日新聞』（二〇一四年六月八日付）・『朝日新聞』長崎版（二〇一四年八月二一日付）。
(39) 二〇一二年一二月一日・二〇一九年一二月一七日長崎市内で、三田村さんからの聞き取り。
(40) 「被爆・戦後七五年　静子の紙芝居　思いを託されて」『長崎新聞』（二〇二〇年八月三日）。二〇一七年八月二三日長崎市内で、三田村さんからの聞き取り。三田村さんは二〇一七年のインタビューでは「ばかにされたわけじゃないけど。紙芝居ばねー言われ」たとも語っている。
(41) 二〇一二年一二月一日長崎市内で、三田村さんからの聞き取り。
(42) 「被爆・戦後七五年　静子の紙芝居　思いを託されて」『長崎新聞』（二〇二〇年八月三日）。
(43) 二〇一九年一二月一七日長崎市内で、三田村さんからの聞き取り。
(44) 『長崎新聞』（二〇一〇年八月五日）
(45) 「ナガサキ ノート」『朝日新聞』長崎版（二〇一四年六月一八日付）。
(46) 小倉康嗣「継承とはなにか——広島市立基町高校「原爆の絵」の取り組みから」（『なぜ戦争体験を継承するのか』みずき書林、二〇二一年、八四頁）。
(47) これは被爆者として広がり、深まっていく過程でもある。高山真『〈被爆者〉になる——変容する〈わたし〉のライフストーリー・インタビュー』（せりか書房、二〇一六年）、「サバイバーズ・ギルトを再考する」（『サバイバーの社会学』ミネルヴァ書房、二〇二一年）。
(48) 二〇一二年一二月一日長崎市内で、三田村さんからの聞き取り。
(49) 二〇一二年一二月一日長崎市内で、三田村さんからの聞き取り。
(50) 今井信雄「災害の記憶——写真・保存・時間」（『3・11以前の社会学』生活書院、二〇一四年、二二五頁）。
(51) 深谷直弘「東日本大震災の記憶を残す活動と震災遺物保存の意味——福島県を事例として」（『東日本大震災と〈自立・支援〉の生活記録』立花出版、二〇二〇年）。この論稿では、震災資料における写真とモノの特徴について論じている。
(52) 被爆者が様々な実践やそこでの人間関係を通じて、自身の体験を捉え返し「被爆者」になっていくという議論は、たとえば直野章子が学術的な視点から詳しく検討している。直野章子『原爆体験と戦後日本』（岩波書店、二〇一五年、六五、二二〇頁）。

（53）石田忠は、継承していくべきものについて「〈原爆〉は私に何をしたか、いまもなしつつあるか、私はそのためにいかに苦しんだか」と「私はどう考え、どう生きてきたか、〈原爆〉と戦争をどう考えているか」であると述べている。さらに石田は〈原爆体験〉を原爆被爆時の体験に限定するのではなく、被爆者が原爆と生きてきた人生も含めたものであると定義し、「〈原爆〉というものが人間にとって一体何であるのか、その人間的意味」を考えることが必要であると述べている。石田忠『原爆体験の思想化』（未來社、一九八六年、二五頁）。

（54）好井裕明「被爆問題の新たな啓発の可能性をめぐって――ポスト戦後70年、「被爆の記憶」をいかに継承しうるのか」（『戦争社会学』明石書店、二〇一五年、二三一～二三二頁）。

（55）石田忠『原爆被害者援護法――反原爆論集II』（未來社、一九八六年、五九頁）。濱谷正晴「長崎被爆者の七〇年によせる」（『ノーモアヒバクシャ――被爆七〇年私たちのメッセージ「継承・警鐘」』（一財）長崎原爆被災者協議会、二〇一五年）。

（56）Lowenthal, David, *The Past Is A Foreign Country: Revisited*, New York: Cambridge University Press, 2015.

（57）山本武利『紙芝居――街角のメディア』（吉川弘文館、二〇〇〇年、一五九頁）。

（58）外池智「戦争体験「語り」の継承とアーカイブ（三）～（八）」（『秋田大学教育文化学部研究紀要 教育科学』第七一～七六号、二〇一六～二〇二一年）。三田村さんらの実践は、若い世代が活動を行うための社会基盤の整備に役立っている面もあるのかもしれない。このことに関しては今後の研究課題としたい。

（59）二〇一九年二月二七日、福島県相馬市内で、東日本大震災の被災者（男性、六〇代）からの聞き取り。NHK福島放送局「福島から長崎へ 被爆地で考える継承」（『はまなかあいづTODAY』二〇二一年一二月一四日放送）では、一九歳の女性が震災の経験を伝承していくことの難しさが語られている。

論文

歴史実践の越境性

――消え行く媒介者としての趣味人コレクターの倫理

清水　亮
（日本学術振興会）

はじめに――継承／趣味／研究の境界をモノから考える

本論は、私設博物館・美術館を設立したコレクターの事例研究から、戦争体験の継承と呼ばれる営みの境界とその越境について考察することを通して、「歴史実践」論の認識・視野を拡張することを目的とする。

そもそも「戦争体験を継承する」とは何であり、どのような実践がそれに含まれるのか。定義は難しいにもかかわらず、日常語としては頻繁に使われている。おそらく元来の戦争体験継承の典型的なイメージは、非体験者が、体験者の話を対面で聴く場面だろう。とはいえ戦争体験者の希少化に伴い、かつて書かれた体験記を読むこと、証言映像を視聴すること、体験者の家族や、非体験者の語り部の話を聞くことなど、媒介（media）や媒介者（mediator）を通した実践も、れっきとした継承とみなされてくる。博物館展示や遺跡のように、モノを媒介とした継承もクローズアップされて久しい(1)。今や、間接的な様式を含めて、非常に広範な実践様式が戦争体験の継承とみなされる。

では、それでもなお、戦争体験の継承とはみなされないものは何か、考えてみよう。たとえば博物館が受け入れきれず、ネットの中古品市場に出回っている旧日本兵の軍服を買って着て、サバイバル・ゲームに興じることは戦争体験の継承とはみなされず、しばしば怒りを買う。今野日出晴は、そのような若者たちに、「旧日本軍の「軍服」という歴史性とそこに宿る「戦争体験」を剥ぎ取り、あくまでも趣味の一つとして、むきだしのモノ（商品）として、自らの欲望のなかで、消費し尽くすという態度」をみてとる。その説明を整理すると、第一の問題点は、博物館に保存されるべきモノを、若者曰く「（服として）普通に使って、使いつぶす」ように、「商品」として「消費し尽くす」点にある。そして第二に、戦争を知ることや伝えるという関心を第一義に置かない、私的な「趣味」「欲望」に動機づけられた「娯楽文化」が問題視されている。(2)

しかしながら、「趣味」や「欲望」に動機づけられた私有においても、必ずしも「消費」する利用形態ではなく、大切に「保存」される可能性はある。現実にあらゆる戦争資料を博物館が保存することは不可能であろう。何の価値も認められず私有さえされない場合は、廃棄という最も悲惨な結末に至ってしまう。

つまり、コンサンプション（消費）という第一の問題点にあてはまらないが、第二の問題点にはあてはまる、コレクション（蒐集）という、継承と趣味の境界に位置する実践がある。もちろん中途半端な私的所有は、資料の散逸の助長といわれかねないが、コレクションといわれるほどの一定の体系的蒐集に達すれば、むしろ散逸を防いでいるといえる。たとえば、すごろくコレクターの蒐集品をもとに、昭和館の特別企画展「双六でたどる戦中・戦後」が開かれた事例では、趣味が戦争体験継承や学術研究の一翼を担ったともいえる。(3)あるいは、筆者の幼馴染は、会社員のかたわらヤフオクや古書市、骨董市で蒐集していた旧軍史料のなかで特に価値の高い一群を、歴史学者に有償譲渡して、論文や資料集が公刊されるに至った。(4)

そもそも、研究者も資料のコレクターとしての一面をもつ。研究のために収集した資料の全てを、論文に用いて公開し、博物館・文書館等に寄贈することは現実的ではなく、資料の私的な抱え込みは不可避に生じるだろう。このように主体の動機・意識よりも、モノの所有をめぐる動きからみると、継承／趣味／研究と呼ばれる諸実践の境界線は曖昧である。

さらにラディカルに、境界などないのだと否定することもできる。保苅実は、歴史学者の研究の領域においてのみ正統な「歴史」の生産が特権的に認められることを批判し、研究活動を通してアボリジニの長老の歴史語りを自ら継承するのみならず、『陰陽師』や『ジパング』を読んだり、『機動戦士ガンダム』の〝宇宙世紀〟の整合性を議論したり」といった趣味としか言いようがない実践まで、「歴史実践」というカテゴリーで包括した。(5) 歴史と向き合う人間の日常的営みは、趣味／継承／研究の境界を自在にまたいで成り立っている。

とはいえ、本論は半歩戻って、歴史実践という包括的な地平のうえに、当事者たちにも認識されているという意味で社会的に引かれている「趣味」や「継承」のカテゴリーの境界に注目して、保苅が遺した研究を継承したい。

具体的な研究課題としては、(旧) 大刀洗平和記念館と、戦没画学生慰霊美術館無言館という私設博物館をそれぞれ設立したコレクター二名の事例から、趣味から継承へと越境していく主体の運動を分析する。一九三一年、一九四一年生まれという、体験者／非体験者の境界的な世代にあたる点や、両者とも高度成長期に事業を成功させ蓄財した点が特徴だ。また、二館とも当初は私設博物館として作られたが、公共化していくプロセスをたどっている。無言館は財団法人化され、立命館大学国際平和ミュージアムに分館「いのちの画室（アトリエ）」も作られている。旧大刀洗平和記念館の収蔵品は町に寄贈され、筑前町立大刀洗平和記念館がつくられるにいたっている。

巨視的に歴史を振り返れば、近代的なミュージアムの起源は、「驚異の部屋」などの貴族や富豪らが集め、見せたい相手に限定して公開した私的なコレクションであった。(6) 前近代的主体（後述する「消え行く媒介者」）が蒐集したモノが、国民国家に譲渡されて、国民に公開されるとき、近代的ミュージアムが誕生する。私設博物館は「個人コレクションにすぎない」(7) といわれることもあるが、所有権ではなく、無差別な公開を基準とすればミュージアムといえる。以上を踏まえ、本論が記述するのは、私的なコレクションと公共的なミュージアムとの境界に位置する私設博物館を舞台にして、あたかも「瓢箪から駒」のように、個人の趣味が、戦争体験の継承と呼びうるものに帰結していくプロセスである。

一、或る男の愛と熱中の戦後日本――旧大刀洗平和記念館・音楽館

二〇〇九年に開館した筑前町立大刀洗平和記念館（福岡県）は、修学旅行の拠点ともなり、零戦や九七式戦闘機といった目玉展示と、空襲展示が組み合わさり、年間来館者の多い博

図1　音楽館大展示場

物館である。[8] ただ、道路を挟んで向かいに位置する、太刀洗レトロステーションを素通りしてはもったいない。この建物こそ館長渕上宗重氏が私財を投じて設立した旧大刀洗平和記念館である。現在は昭和期の古い機械や民具が所狭しと陳列されているものの、九七式戦闘機をはじめ戦争関連資料はかつてここに収蔵展示されていた。建物に使われている旧太刀洗駅舎も、出征兵士の見送りの場であったという意味では戦争遺跡である。

モノを愛する、歴史をメンテナンスする

さらに好奇心旺盛ならば、車で山奥の「音楽館（おんらくかん）」まで行くと、同じく渕上氏が興味の向くままに集めた〝レトロ機械〟のコレクションに出会える。音楽館には、二十世紀初頭のエジソン社やビクター社の大型蓄音機、自動ピアノ、映写機、カメラ、テレビやラジオなどのSONY製品のコレクション、YS11のシミュレーター、旧日本軍の無線機、デルビル磁石式壁掛電話機からガラケーまでの各種電話機、零戦の計器盤、大型ステレオ、ヘリコプターや自衛隊練習機などなど、所狭しと古い機械製品が展示されている（図1）。[9] かつてここに、現在は町立大刀洗平和記念館にある零戦なども展

図2　ジープ館

示されていた。延床面積一五〇〇坪、収蔵品一万点、展示品二〇〇〇点という大規模なミュージアムだ。(10)

別館のジープ館には、第二次世界大戦から朝鮮戦争やベトナム戦争、湾岸戦争までに使われた、各種の米軍のジープが整然と並んでいる（図2）。運転可能なまでに修理されたものもあるという。展示紹介だけで紙幅がつきそうなので論点を絞ろう。

第一に注目すべきは、これらの展示品は、渕上が蒐集したのみならず、自ら修理をしていることである。ジープのなかには沖縄で十字に切断されてスクラップになっていたものをつなぎ合わせたものもあり、自衛隊の練習機（図1）は、スクラップでぺしゃんこになっていたものを修理したという。日本軍の無線機も修理して、稼働可能なものもあるそうだ。

第二に、手作りの展示であり、機械の性能や来歴に関する説明板はあるが、歴史展示としてのストーリーはほとんどないことだ。案内する渕上も、政治的主張や歴史観はもちろん、（求めなければ）機械に関するうんちくを語ることもない。彼は教えるという態度をとらない。見せる、いや一緒に見る時間が静かに流れ、時に渕上が動かしてみせる音響機器から音楽がこだまする。モノ自体に価値があり、モノを見せることに喜びがあるのであって、モノは戦争や歴史を伝える手段・容器ではない。戦争に直接関係するものも、しないものも所狭しと並ぶなかに、自らの身体を放り込んで浸る。それは近代的な博物館の秩序よりも、珍しい雑多な品々を陳列した「驚異の部屋」に近い空間だろう。

保苅実は、アボリジニの歴史家「ジミー爺さん」の歴史実践の様式について、オーラルな語りを中心に考察しつつも、「言葉だけではなく、身体やモノや場所を駆使して行われる」にも注意を促している。アボリジニの人々にとって歴史は、主体が捜し求めるものではなく「歴史というのはそこらじゅうにあ」って「僕らに語りかけてくる」ものである。「歴史に浸る生き方、歴史に取り囲まれて暮らす生き方」において、「歴史はそこに常にあって、それを一緒に大切にしている」。ゆえに、歴史は主体が「制作する」ものではなく、主体が「メンテナンスする」ものである。[11] フチガミ爺さんもまた、自らのコレクションに囲まれながら、修理し、展示し、動かしてみせるという、アボリジニとは別の様式で、歴史をメンテナンスしている。

それでは、このような歴史実践を動機づけているものは何か。渕上コレクションの心理的起動力は、消費社会における完成された商品への欲望ではない。むしろ壊れたもの、古い不要とされたものを引き取り、修復（restore）していく能動的な働きかけである。渕上はしばしば「かわいがるところにものは寄ってくる」、「モノはかわいがってやらんとやってこない」[12] と、モノを人と同様に主体として語る。見出され所有された無機質なモノたちは、きちんと面倒をみなければならない有機的な生き物あるいは子どものように認識されている。たしかにモノは放置すれば、機能しなくなり朽ちていくが、人間が手をかけて「かわいがってやる」と、スクラップ同然の古い機械も稼働できるように息を吹き返し、戦闘機は飛べないまでも往時の姿形を整えることはできる。

新聞のインタビューでは、「機械には作った人の魂がこもっていて、捨ててあると「助けて」と言われている気がします」[13] とも語っている。音楽館が一〇センチ浸水し近隣集落から三名の死者が出たという豪雨の日も、渕上は、展示品のオーディオが心配で、音楽館に単身とどまり、ヘリコプターで救助されたという。[14]

ここまで突き詰めると、モノへの「欲望」というより、修復しケアしようとする、モノへの「愛」と言ってよいだろう。

その情念は、モノを蒐集・保存・公開しようとする近代社会のイデオロギーたる「博物館学的欲望」にも、近代社会が抑圧してきた、モノの魅力に主体が感情的に突き動かされる「フェティシズム」にもおさまらない、倫理的な性質を帯びている。[15]

ミュージアム建設にいたるシリアスレジャー歴

ただ、愛という動機だけでは、巨額の私財を投じる必要のあるコレクションとミュージアムはつくれない。それを可能にしたものを個人史から探っていこう。

一九三一年に現在音楽館が建つ黒川集落に生まれた渕上は、地元の工業学校建築科二年生で終戦を迎える。「小学生のころ、町には電気屋も時計屋もラジオ屋も戦争でなかった。自分でモーターや時計を修理するうちにどんどん機械すきにな」[16]ったというように戦時下の物資の欠乏が、修理という実践につながっている。歯の治療のために一週間ほど泊まった甘木市内の旅館に、大刀洗陸軍飛行場関連の旧日本軍のパイロットも宿泊していて、韓国からもってきた林檎をくれたり、「飛行機乗りになれ、俺の名前を出せば航空隊にいれてやる」と誘われたりした[17]（結局行かなかった）。

一九五二年に、テレビ放送が始まるという情報をきっかけに、東京のテレビの技術専門学校に入学する。先に修理を学んでおけば、数年後に九州にテレビが普及する際に商売になるという目算だったそうだ。音響系の機械が修理できるのは、この経験による。草創期のソニーでバイトをして、（海軍出身者を含む）技術者と出会ったりもしたという。しかし、一九五三年六月の西日本水害を機に、実家の渕上建設を手伝ってほしいといわれ、一九五四年に専門学校を卒業してから実家に帰る。

実家の建設業に従事しつつ、音響機器に限らない機械の修理を独学で習得していった。壊れた建設省の練習用のブルドーザーを修理して建設現場で使うなど、廃物や古い機械の修理活用は、新規購入よりも大幅なコストカットになったという。役所から受注する公共事業では、人力を前提として予算を組まれることもあり、機械の活用によって利幅が大きくなったともいう。こうして、道路の建設・拡張や、橋・ダムの工事を中心に、多額の借金を抱え経営が悪化していた会社を一九六〇年代に入る頃には立て直し、一ドル三六〇円時代にヨーロッパを長期旅行する程度の富裕な生活を手にする。

ジープとの出会いについても、占領下で米兵がジープを乗り回すのをみて興味持ったことに加え、一九五一年にスクラップになっていたジープを手に入れ、五年がかりで修理して四輪駆動で走行可能にし、トラックに改造して建設現場で使えるようにしたと語る。やがて趣味で集めて修理し運転するようになり、一九八一年ごろにはすでに、二十数台も所有していたようだ。[18]また、家族で沖縄旅行をした際に、家族を先に帰らせて自身は沖縄のコレクターから、本土にはないジープを三台買い付けにいったこともある。[19]

つまり、展示されているジープや機械製品は、物資欠乏の戦時下から米軍占領期の記憶を背景としつつも、高度経済成長期に家業の建設業の躍進を支えた機械化の記憶も重なっている。そもそも建築業による蓄財が可能にしたコレクションであった。

やがて、（すでに米軍ジープのコレクターだったはずの）渕上が、一九七八年に趣味の写真撮影の際に、雨に降られて偶然にトイレ休憩のつもりで立ち寄ったのが、当時レストハウスの二階にあった知覧特攻遺品館である。生き残り特攻隊員の館長板津忠正から、自責の念を聴き、知覧も大刀洗陸軍飛行学校の分教場であったことから、大刀洗にも記念館をつくりたいと思い立つ。そして私財を投じて戦争資料を集め、一九八七年（くしくも知覧特攻平和会館開館と同年）に旧大刀洗平和記念館を開館する……これが新聞記事などにも書かれるストーリーである。

しかし、板津との出会いから旧大刀洗平和記念館開館まで九年の間がある。一九三九年にできた旧国鉄太刀洗駅舎の保存・再利用の必要性を直接的契機としていたことも見逃せない。国鉄民営化を背景に一九八六年に甘木鉄道が開業しているが、古い駅舎は取り壊される予定だったという。

お役所は、〔駅舎を〕もう解体仕事しとるばいと言わっしゃるわけです。「解体することは簡単ばってんが、その要らん品物を生かそうと思うけん貸してくれ」と〔お願いした〕。「何をするない？」ちゅうから、「戦争資料館をする」と。ほんなら、「修繕代やら何やらかんやら出せんけど、あんたが使う分には金はいらんけど、修繕を自分でしなさい」ちゅうことで、そういうことで借りて何十年になるわけ。[20]

「戦争資料館」は、駅舎というモノの危機を契機に、一気に実現している。見切り発車だったのか、開館してしばらくは来館者はほとんどおらず、渕上も資料集めのほうに熱心だったという。資料収集に関しても、戦争体験者が亡くなった際に遺品を譲られることもあるが、マニアがコレクションしているものを没後などに譲ってもらったものも多いという。当初は飛行機展示もない、駅舎そのものの質素なたたずまいだった（図3）。

ほどなく一九九一年頃、元大刀洗陸軍関係者の元自衛官の助力で、自衛隊からの貸与によりジェット練習機T33が屋外に展示される。そして、一九九七年夏に、前年博多湾から引揚られた、世界に唯一現存の九七式戦闘機という大型展示品が、駅舎の拡張工事を経て館内に展示される。所有名義は太刀洗町、三輪町、甘木市の三者だが、自治体は修理費用を出さず、専門業者（製造元の旧中島飛行機・富士重工）に依頼すると高額のため、会社従業員や地域住民の協力を得て、自費で修復したという。当時の写真や映像をみると、引揚当時はまさにスクラップ同然であった（図4）。

音楽館の開館は、二〇〇五年四月である。会社経営も息子に譲り、黒川集落の旧梨選果場を買い取り、それまで会社の倉庫に入れていた自身のコレクションを展示する場とした。また、同年三月に太刀洗町と三輪町が合併して筑前町が誕生するが、その合併特例債を財源に筑前町立大刀洗平和記念館の建設計画が進むなかで、展示予定の零戦を預かり、四年間展示する役目も担った。NHK番組「熱中時間」で「レトロ機械熱中人」として取り上げられた際には、展示室の奥の

平和への、願い
大刀洗平和記念館について
いつまでも平和を… その想いを万世に語り継ぐために
大刀洗航空隊は、西日本における陸軍航空発祥の地であり、
満州・上海・支那事変から大東亜戦争までのあいだ、
ここで数多くの航空関係部隊が編成され、
それらは大陸や南方全域で活躍しました。
また、大東亜戦争末期には特攻基地、
或いはその中継基地として
全世界に「大刀洗」の名を轟かせました。
しかしその陰には、この大刀洗駅頭で肉親に別れを告げて
勇躍出征しながら、無言の帰還をされた方々も多くいました。
そこで、今の平和はこれら数多くの
尊い犠牲の上にあることを思い
その鎮魂と平和を守り続ける為に
五十年の風雪に耐えて歴史を語り続ける
この大刀洗駅に「平和記念館」を設立致しました。
この記念館に展示するにふさわしい品や、資料、情報等を
お持ちの方は何卒、
ご協力、ご支援のほど、お願い申しあげます。

図3　開館当初の旧大刀洗平和記念館のパンフレット

図4　修復作業中の九七式戦闘機

倉庫にも数々の品物があることも紹介され、機械修理にいそしむ渕上の、油で真っ黒な手が映されている。[21]

以上の記述から、渕上のコレクションとミュージアムは、趣味は趣味でも、極めて真剣な（serious）趣味、学術的にいえば「シリアスレジャー」の産物でもあったといえる。[22] シリアスレジャーは、比較的短期で、専門的訓練を要しない、誰でも楽しめる「ほどほどの趣味」（＝「カジュアルレジャー」）とは異なる。シリアスな趣味人たちは、遊びどころではない時間や努力、金銭をつぎ込み、「専門的な知識やスキル、経験と表現を中心にしたレジャーキャリア」を歩む。彼らの人生にとって、趣味は仕事以上に重みをもつが、生計手段にはしていない点でプロフェッショナルとも区別される。渕上は、公立博物館であれば、学芸員が仕事として担うような、資料を集め、展示をつくり、資料を修繕する作業を、私財を投じて自ら行っている。特に趣味として熱中してきた機械の修復には、一定の熟練した専門技能・知識が必要であり、誰もができることではない。

本論の文脈において、シリアスレジャーという概念は、継承や研究は「シリアス」で、趣味は「カジュアル」という暗黙の二項対立を相対化してくれる。ただ、シリアスレジャーはあくまで私的な趣味であって、その産物に公共的な価値が認められる保証はない。渕上は、実に様々なモノを集めてきたものの、最終的に社会から最も価値を認められたコレクションは戦争関連だった。二〇〇九年に開館した筑前町立大刀洗平和記念館は、渕上が自ら収集し保存し修繕した戦争資料約二〇〇〇点を惜しみなく寄贈し、身を引くことによって成立した。

渕上は、町立大刀洗平和記念館に大勢の来館者が来ていることについて「［自分で言うこともなんぼって、〔旧大刀洗平和記念館を〕作って良かったかなと思ってね。〔中略〕〔あの世に行く前の〕置き土産で置いとってちょうだい」[23]と満足気である。渕上も九〇歳を迎え、太刀洗レトロステーションの運営は娘婿に譲るそうだ。二〇一六年筆者訪問時には、朝から壊れたテレビの修理をしていた渕上館長は、二〇二一年訪問時には、近頃は目も悪くなって「修理も、もうしようごとない」と寂しげに呟いた。

二、「蒐集道楽」と「反戦平和」の狭間で――

無言館

さらに無言館（長野県上田市）という事例を通して議論を深めよう。無言館は、建築面積一二〇坪ほど、十字架の形をしたコンクリート打ち放しの平屋建築だ。戦時中に美術学校に在籍し、卒業後または学業半ばで兵役につき戦没した三十余名の遺作・遺品約三〇〇点が展示されている。展示品は機械ではなく芸術作品であり、著作が皆無の渕上に対して、館長の窪島誠一郎は数十点の著書を出版し講演回数も多い。建設費約一億円の半分は全国からの寄付金でまかなわれたが、残り半分は窪島個人が銀行融資により調達しており、そもそも収蔵品も窪島が全国の遺族を訪ねて集めたものである。[24]まさに戦争体験の継承に尽力してきたようにみえるが、後述するように窪島自身は、そのような位置づけを拒否している。それは何を意味しているのだろうか。

コレクターの倫理と平和主義の精神

一九四一年生まれの窪島は、高度成長期に飲み屋で財を成して、のちに画商となり、絵の蒐集に熱をあげる「趣味人コレクター」となる。[25]無言館の開館は一九九七年だが、一九七九年に夭折画家のコレクションをおさめた信濃デッサン館を開館させている。借金をつくり家族と別居を強いられても蒐集をやめなかった夭折画家のコレクションは、決して「片手間の趣味」ではなく、「私の生命」であり、「生命ある限り、全力をふりしぼって金を稼ぎ、このコレクションを守ってゆこうと思う」と蓄財の動機ともなる。[26]これもシリアスレジャーであろう。

戦没画学生の絵（戦争画ではなく人物画や風景画である）も、当初は「［夭折画家美術館」屋のはしくれ」として収集・保存・修復し、信濃デッサン館の一隅に飾る程度の構想で、独

立した美術館を建てるつもりはなかったのである。(27)

それでも窪島は、一九九五年二月に信濃デッサン館へ講師として招いたことをきっかけに、東京美術学校（現東京藝大）出身で出征するも生き残った画家の野見山暁治と出会ってから、早くも二か月後にふたりで遺族訪問を始め、野見山が個展で多忙になった後も単独で続けた。(28) 実は当初野見山は、「金と時間がかかるから、個人ではやれないよ」、「ずいぶん神経を使うよ」、「しつこく『やめた方がいい』と言」って「かなり脅しました」というほど反対していた。蒐集開始後も、当初は野見山の同期生の同窓会は、窪島と野見山の好意を「売名行為」扱いして協力を拒否している。(29) その理由はともかくとして、生き残りたちよりも、戦場体験をもたない部外者の窪島のほうが熱意を持って動いたのである。(30)

戦没学徒の遺作蒐集の原動力となったのは、単なる美術コレクション欲でも、戦争体験の継承の使命でもなく、いわばモノの喪失を惜しむ独自な倫理、いわば「エートス」(31) だった。そもそも熱狂的に画道を追求したがゆえに貧困や病苦で死んだ夭折画家の実力に対して、兵役により死を強いられた画学生たちの絵は、「作品」としての美術的価値は低い。(32) また、窪島は、高度成長期を満喫した「戦後成功者」が「本当の意味で野見山氏たち帰還画家の『戦後』を理解し、彼らの『戦死した仲間』達への思いを共有することなど可能なのであろうか。それはあくまでも、一人の画家（野見山）の戦後のありように心うたれた一見物人の感想にとどめておくべきものなのではないだろうか」と、戦争体験の継承には懐疑的であった。しかし遺作は、戦後五〇年を経て遺族が私有するまでは「保存状態も限界にきてい」た。「一美術館経営者」として、「現実に「物」としての「絵」がこの世から消え去りつつある」以上は、「一つでも無事に〝救出〟すべき職務上の任務がある」というコレクターの倫理が、彼を蒐集へと駆り立てた。(33) これもまた、モノへの愛と呼んでよいだろう。

さらに窪島は、戦時中生まれで敗戦直後の貧困を体験した「自分の出自や戦後体験」は、何千万も借金して美術館を建てる「動機や理由とするには少々ムリがある」と記す。絵の喪失の危機が「心奥に眠っていた「絵」への執着をよびおこした」のであり、つまるところ「「反戦思想」とか「厭戦思想」とかいったものではなく、数十年前の時のかなたに、今も色褪せずに横たわっている画学生たちの絵の輝きに惹きこまれただけだ」。(34) ゆえに絵画は歴史を知るための資料とは位置づけられない。館内に掲げられた、窪島が無言館開館の日に詠んだ詩「あなたを知らない」にはこうある。

遠い見知らぬ異国で死んだ画学生よ
私はあなたを知らない
知っているのはあなたが遺したたった一枚の絵だ
その絵に刻まれたかけがえのないあなたの生命の時間だけだ

もちろん窪島が画学生について「知らない」などということはなく、遺族などから経歴や個人史を詳細に聞き取っているのだが、まず絵というモノそのものに向き合うことを来館者に促す。そのうえで、戦場における兵士としての死の瞬間ではなく、出征前に家族や恋人や故郷の絵を描いていた画家の「生命の時間」を想像させようとする。窪島が継承したかったのは、彼の言葉を借りれば「戦争という記憶」よりもまず「絵のもつ記憶」だったのだ(35)。

鉄の檻のなかの趣味人

無言館は、戦争体験の継承という観点からみれば、私設博物館としては例外的といっていいほどの大きな成功を収める。開館後は想定以上の年間七～九万人の来館者数を集め(36)、マスコミによる全国報道によって、寄付金は急増し、信用の増大により銀行からの借り入れがスムーズになり、遺作や遺品の寄託が増加していった。

しかし、そこには、意図せざる結果として生じた、ある種の疎外もあった。マスコミは窪島を「「反戦平和」の騎手」であるかのように持ち上げ、取材攻勢を受けた野見山は「インタビュー慣れしちゃってねえ、自分でもおどろくほどスラスラと〔戦争体験や戦死した仲間たちへの鎮魂を語る〕言葉がでてくるようになっちゃった」と苦笑する。窪島は、ほとんどのマスコミが、戦争の悲惨さという定型的なストーリーのもとに、「「反戦平和をスローガンにした戦争記念美術館」として無言館を捉える姿勢に「ちょっぴり不満」を抱き、「あくまでも「無言館」の主役は「戦争」ではなく、かれらの「作品」なのであり、たんに戦争の文献や記録、戦場の遺留品や兵士の軍装品をあつめただけの各地の資料館とは意味が違うのだ」と記す(37)。窪島が抱いていたのは、美術館での作品そのものとの出会いが、事前に期待していた通りの既知のイメージや物語を現地に行って確認して消費するだけの「疑似イベント(38)」になってしまう違和感・懸念であろう。

そもそも、無言館の収蔵品と、前身の信濃デッサン館の収蔵品とは、コレクター窪島にとって無視できない違いがある。夭折画家遺作のコレクションは、「身ゼニをきってあつめた」、つまり商品として購入した「私のもの」である。これに対して、遺族から寄贈・寄託された無言館の作品は、「私のものではない」ため、「私が作品に寄せる愛情や執着に差異が生じる」。ゆえに、無言館は、「「蒐集道楽」を自認する私としては、何か今一つ物足りない」という。[39] つまり通常の個人コレクションが、欲求の赴くままに買い集められ自由に売却できるのに対して、公共的なミュージアムは次世代への継承の倫理的義務を負う。二〇〇八年に一般財団法人化した無言館はもはや窪島の私有ではなくなる。

寄贈・寄託された遺作たちは、純粋な趣味のコレクションではなく、だからといって私財に頼らず寄付金だけで維持できるわけでもない中途半端な位置にある。趣味人窪島は今や、「どこでボタンを掛けちがえたか」とぼやきつつ、無言館の約六〇〇点の絵の修繕に追われる。[40] ヴェーバーの語る近代の物語によれば、勤労と蓄財に励む「天職人たらんと欲した」プロテスタントたちのエートスが生み出した資本主義は、ひるがえって万人が「天職人たらざるをえない」状態を強いる「鉄の檻」となる悲劇的結末に至る。[41] 無言館は、〝戦争体験の継承〟を担わざるをえない「鉄の檻」となって、「趣味人コレクター」を閉じ込めてしまったのかもしれない。

さらに大病を患った窪島は、二〇一八年三月に、当初の蒐集趣味の原点であったが来館者が少ない信濃デッサン館を、「無言館の運営を安定させたい」として閉館し、コレクションの多くを長野県信濃美術館に売却・寄贈する。[42] しかし、このいたって合理的にみえる選択を、窪島は、「自分であつめた絵を喪うことが、こんなにも哀しく淋しいものか」と嘆き続ける。[43] ついに淋しさに耐えかねた窪島は、「好きな絵に囲まれて死ぬのなら幸せ」との思いから、二〇二〇年六月に旧信濃デッサン館をKAITA EPITAPH残照館と改称して、手元に残した夭折画家コレクションを展示し、館長自ら受付に座った。「〔受付に座って〕何よりも私の気分を解放したのは〔中略〕「無言館」のことを忘れられることである」、「絵を描いた若者たちの「無念」や「宿命」にふれずに絵を語ることが、こんなにも楽しいものか」と不謹慎なまでの無邪気さで喜びをあらわに記す。人生の黄昏時に、「「平和運動」のリーダー」でも「戦争資料館か平和祈念館の代表」でもなく、「本来の絵狂いの自分にもど」り、「とことん絵好きなコレク

ター」たらんと欲している。(44)

三、消え行く媒介者としての趣味人

もし「なぜ戦争体験を継承するのか？」という問いに対して「継承したいから」、「好きだから」と答えたら、あっけにとられるか、眉をひそめられかねないように思われる。(45)もちろん例外はあるだろうが、おおむね戦争体験の継承の動機について語る際に最も理解されやすく、適切とみなされる「動機の語彙」(46)は、「継承すべきだから」という類の倫理的・規範的なものだろう。

しかし、本事例において、戦争体験を継承しなければならないという外在的・拘束的な義務は、動力源としては弱い。むしろ博物館設立者たちは、モノへの欲求ないし蒐集・修理活動の楽しみをシリアスに追求していくなかで、モノを愛する倫理を内発的に育んでいった。渕上のいうように、巨額の私財を投じる活動は「好きでないとやらない。それで、計算をすると採算が合わないからやらないんです」(47)。これこそが、「個々人の生活態度に方向と基礎を与えるような心理的起動力」(48)だった。私的な趣味への熱中を突き詰めていった果てに生まれた、モノへの愛というエートスを媒介にして、「戦争体験の継承」と呼びうるものが、意図せざる結果として成立したのである。

しかし、趣味人の私的欲求やモノへの熱中は、戦争体験の継承の物語にとっては不都合な事実である。窪島のみならず、渕上に関しても、多くの新聞報道や、町立大刀洗平和記念館に掲げられた紹介文は、長年にわたる資料を収集・保存を「功績」などと讃える。その一方で、彼の趣味人としての姿は記述のフレームの外におかれ不可視化されがちである。

私的なコレクションから公共的なミュージアムというシステムをつくりだす不可欠な契機となった趣味人たちは、ジジェクのいう「消え行く媒介者（vanishing mediator）」にあたる。(49)それはシステムの生成において不可欠の役割を果たしながらも、システムが完成すると、役割をもたない「余計なもの」、さらにひどい場合は「奇人変人あるいは過剰」とみなされる主体である。ジジェクのいう「消え行く」は、単なる存在の消滅ではなく、「居心地が悪い」事実であるために「抑圧」されることを意味する。すなわち、「システムを基礎づけながら」も「システムが自己——再生産の水準にいったん達するや否認され」、「システムが自己の一貫性とまとまり

とを維持すべきものである時にはいつでも消えざるをえず、眼に見えないものにならざるをえない」主体である。(50)

それでも、渕上は、自らの半生について「道楽人生ちうことや」、「まあ道楽もしてきたし」と飄々とした返答を繰り返し(51)、窪島は著書で違和感を公表し続ける。そして何より、大刀洗レトロステーションや音楽館、残照館といった独特のミュージアムが、今はまだかろうじて、消え行く媒介者の足跡を可視化している。渕上や窪島にとって、モノは戦争体験の継承のための道具ではない。モノへの欲求やモノを愛する倫理がジャンルを越境するために、彼らのミュージアムは、純粋な戦争・平和博物館にならず、「余計なもの」が独特の魅力を放っている。

ともすると、彼らは「奇人変人」にみえるかもしれない。しかし、わたしたちが、モノを用いて継承と呼ばれる実践をするとき、モノを集めて研究と呼ばれる実践をするとき、趣味人たちと全く無縁の存在と言い切れるだろうか。私設博物館の例に限らず、趣味を（やがて消失する）媒介とした戦争体験継承の営みへの参入プロセスや、必ずしも戦争体験継承を主な目的・動機としなくとも、結果的には戦争体験継承を担っている事例は様々に見出せるだろう。(52)

おわりに――「歴史は楽しくなくちゃ」に「真摯に」向き合う

以上を踏まえると、日常的に「歴史する（doing history）」とき主体の動機は、複合的――直截に言えば不純――になると示唆する、保苅の歴史実践論の例示は見過ごせない。たしかに保苅は、歴史修正主義との差別化が求められるなかで、モーリス＝スズキのいう「真摯さ」「誠実さ」の倫理を強調し(53)、書評や引用においても、この部分がよく参照される。しかし、一方で、「恋人と温泉旅行に行きがてら、近くの名所旧跡を訪問」したり、「プレステの『信長の野望』で遊んだり」といった、遊びを主目的とする歴史実践を数多く例示する保苅もいる。(54)実は、最も「ラディカル」なのは、後者の趣味的な歴史実践を喜んで許容する保苅であり、一見ふざけているようにみえる保苅にも「真摯に」向き合う読みではないか。

実際、保刈は、これらの例示を踏まえて「歴史実践」を、「本来の目的や、もののついでや、方便や、偶然や、義務なんかが複雑に絡みあって行われている日常的実践のなかで、身体的、精神的、霊的、場所的、物的、道具的に過去とかかわる＝結びつく行為」と定義している。[55] この定義は、（例示を見る限り）一時点の、実践における動機や様式の複合性を強調するが、これに実践主体の時間的奥行をもたせてみよう。「方便」が「目的」になったり、「もののついで」がいつのまにか「義務」になったり、「物的」な関わりが「精神的」なものを生み出したりする動態的なプロセスも視野に入ってくる。歴史実践という概念は、何でも幅広い実践を包括できる便利なカテゴリーとして使うだけではもったいない。本論が「消え行く媒介者」たちに見たように、主体が長い人生のなかで、目的・動機や実践様式の境界を越境していく動態[56]に注目して、歴史実践の〝奥行〟を解読していくこともできる。これを、歴史実践研究のライフヒストリー的な展開可能性として提案したい。

それは、抑圧された「余計なもの」へ光を当てることにもつながる。末期がんの病床で保苅は、「不謹慎」を恐れず、消え行く媒介者を呼び戻す。

> 歴史は楽しくなくちゃいけない。〔中略〕なにか不謹慎なことのようでもあるが、そう単純な話でもない。すべての歴史が面白おかしいわけじゃない。いや、ほとんどの歴史はむしろその深刻さに特徴があるといってもいい。しかし、そこには、歴史であることそれ自体の楽しさがある。僕は、読者が、本書を真摯に、しかし同時に楽しみながら読んでくれることを望んでいる。[57]

もちろん植民地や戦争の「歴史」それ自体が本質的に「楽しい」はずはない。ゆえに「楽しさ」が宿るとすれば、媒介・媒介者とともに、「歴史する」ことそれ自体のプロセスであるに違いない。声を介する場合は、語る人間や物語の魅力であり、モノを介する場合は、本やコレクションやディスプレイの魅力である。コンテンツが何であれ、モノや映像など様々な媒介の集積に囲まれ、語り部など媒介者との出会いの場ともなるミュージアムは、自らの身体をもって歴史に「浸る」（dipping）[58]ことそれ自体の楽しさを帯びる。

それは単純な消費や娯楽の楽しさではない。博物館の魅力を、単純にテーマパーク的なエンターテイメント性に還元してしまう議論は[59]、消費主義に飲み込まれてしまう恐れがある。その一方で、パブリック・ヒストリーにおいても、消費主義に陥らないよう注意しつつ、娯楽と教育のバランスは求められている。[60] 娯楽というと語弊があるが、歴史実践の楽しさには、編集者岡田林太郎が「知識や想像が深まっていく充実」や「人生の何かに触れ得たという楽しみ」(61)と言葉にするような、教育とも無縁ではない深みがある。渕上と窪島のエネルギーも、欲求と倫理がせめぎ合い、真摯さと楽しさが触発し合う緊張関係から生まれていた。媒介の「楽しさ」を、始めから抑圧することも、消費して終わることもなく、学び知る充実や反省的な深みへと、いかに越境させていくか。歴史実践が開いた、自由で危険な地平において可能性を探っていきたい。

注

(1) 金子淳「戦争資料のリアリティ――モノを媒介とした戦争体験の継承をめぐって」(倉沢愛子ほか編『日常生活の中の総力戦』岩波書店、二〇〇六年)。早くからモノに触れる体験を重視した私設博物館として、兵士・庶民の戦争資料館(福岡県小竹町)やヌチドゥタカラの家(沖縄県伊江島)がある。

(2) 今野日出晴「「戦争体験」、トラウマ、そして、平和博物館の亡霊」(蘭信三・小倉康嗣・今野日出晴編『なぜ戦争体験を継承するのか』みずき書林、二〇二一年、四〇二~四頁)。

(3) 昭和館図録『双六でたどる戦中・戦後』(二〇一六年)。

(4) Y.S.君へのLINEを介した聞き取りによる。松野誠也「戦後74年新史料発掘　新資料が語る日本軍毒ガス戦――迫撃第五大隊『戦闘詳報』に見る実態」(『世界』九二三号、二〇一九年)、『迫撃第五大隊毒ガス戦関係資料』(不二出版、二〇一九年)。

(5) 保苅実『ラディカル・オーラル・ヒストリー――オーストラリア先住民アボリジニの歴史実践』(御茶の水書房、二〇〇四年、二〇・四九頁)。

(6) 村田麻里子『思想としてのミュージアム――ものと空間のメディア論』(人文書院、二〇一四年)。

(7) ポミアン、クシシトフ『コレクション――趣味と好奇心の歴史人類学』(吉田城・吉田典子訳、平凡社、一九九二年、六九頁)。

(8) 詳細は、清水亮「地域からみる、観光が拡げる――知覧特攻平和会館、大刀洗平和記念館、人吉海軍航空基地資料館」(前掲、蘭信三・小倉康嗣・今野日出晴編『なぜ戦争体験を継承するのか』)。

(9) 以下の記述は、二〇一六年一〇月七日に渕上氏に案内していただいた際の筆者撮影写真とフィールドノーツによる。なお本論の調査はJSPS特別研究員奨励費(16J07783, 20J00313)により行われた。

(10) 「アナログファンの桃源郷、音楽館を訪ねる」(『季刊アナログ』二八巻、音元出版、二〇一〇年、一〇〇頁)。

(11) 保苅前掲、五八頁・一九頁。

(12) 二〇一六年一〇月七日、二〇一九年九月九日フィールドノーツより。かつて「コレクターの先輩」から言われた言葉だという。

(13) 「マイホビー　蓄音機から重機まで」西日本新聞夕刊(二

〇〇五年七月一九日)。
(14) 二〇一九年九月九日調査時のフィールドノーツより。
(15) 荻野昌弘「文化遺産への社会学的アプローチ」(荻野昌弘編『文化遺産の社会学――ルーヴル美術館から原爆ドームまで』新曜社、二〇〇二年)。田中雅一「フェティシズム研究の課題と展望」(田中雅一編『フェティシズム研究1 フェティシズム論の系譜と展望』京都大学学術出版会、二〇〇九年)。
(16) 前掲「マイホビー 蓄音機から重機まで」。
(17) 二〇一六年一〇月六日インタビューより。以下、特に断りがなければ、これを典拠とする。
(18) ジープ館の展示品上に掲示されている雑誌取材記事(書誌情報不明)より。
(19) 二〇〇九年一〇月二四日一八時NHK BS2「熱中時間~忙中〝趣味〟あり~「レトロ機械熱中人とふん虫熱中人」」、および二〇二一年一二月一五日に同番組録画を見せていただいた後に渕上氏への聞き取りより。旅行時期は不明。
(20) 二〇二一年一二月一五日インタビュー。
(21) 前掲「熱中時間~忙中〝趣味〟あり~「レトロ機械熱中人とふん虫熱中人」」より。
(22) 以下は、杉山昂平「本書の基本的な視点」(宮入恭平・杉山昂平編『「趣味に生きる」の文化論――シリアスレジャーから考える』ナカニシヤ出版、二〇二一年)v~viiii頁。
(23) 二〇二一年一二月一五日インタビューより。これ以下も同じ。
(24) 窪島誠一郎『無言館ノオト――戦没画学生へのレクイエム』(集英社、二〇〇一年、三頁)。
(25) 同右、一四頁。窪島のコレクター歴については『蒐集道楽――わが絵蒐めの道』(アーツアンドクラフツ、二〇一四年)が詳しい。
(26) 窪島誠一郎『絵画放浪』(小沢書店、一九九六年、六〇~六二頁)。
(27) 前掲『無言館ノオト』四六頁。渕上と異なり、絵の修復は専門家に外注している。二〇一九年当時は月間五~一〇点修復しており、展示中の絵はすべて修復済みである。描かれた当時と同様に復元するのが基本だが、例外は『飛行兵立像』で、「あの傷みがいい、傷んでいるからステキ」(二〇一九年三月二二日無言館における講演のフィールドノーツより)。
(28) 同右、二五・四八・七六頁。
(29) 野見山暁治・窪島誠一郎『無言館はなぜつくられたのか』(かもがわ出版、二〇一〇年、一〇二~一〇三・一二八~一二九頁)。
(30) 渕上も、来館した戦争体験者からしばしば「戦争に行った者はこんなものは造らんもんさね」と言われたという(二〇一六年一〇月六日インタビュー)。
(31) ヴェーバー、マックス『プロテスタンティズムの倫理と資本主義の精神』(大塚久雄約訳、岩波書店、一九八九年、四三~四五頁)。
(32) 前掲『無言館ノオト』一五九~一六三頁。実際、無言館をみた美術関係者から「絵は絵として評価しなきゃダメだよ」と批判された(一三頁)。
(33) 同右、四四~四五頁(いずれも傍点原文)。
(34) 前掲『無言館はなぜつくられたのか』二一六~二一七頁。

無言館内に掲げられた窪島の詩「乾かぬ絵具」も同様の趣旨であろう。

（35）窪島誠一郎『「無言館」の青春』（講談社、二〇〇六年、一九五頁）。無言館では毎年、「成人式」が行われる点も興味深い。

（36）前掲『無言館ノオト』二二一頁。

（37）同右、一八一・一八四頁（傍点原文）。ゆえに、遺族からの絵画作品そのもの以外の遺品の寄贈には、断るべきか苦慮している（二一三頁）。ちなみに窪島は「九条美術の会」発起人でもあり、政治信条としては「反戦平和」の立場に立つ。

（38）ブーアスティン、ダニエル『幻影の時代――マスコミが製造する事実』（後藤和彦・星野郁美訳、東京創元社、一九六四年）。

（39）前掲『蒐集道楽』一八三〜一八四頁。

（40）同右、一八五頁。

（41）前掲ヴェーバー、三六四〜三六六頁。

（42）朝日新聞「信濃デッサン館」が閉館へ「無言館」運営に集中　15日まで別館で収蔵品展」（二〇一八年三月二日朝刊）。無言館の来館者も二〇〇五年の約一一万八〇〇〇人をピークに減少し、四万人台を推移していた。

（43）窪島誠一郎『続「無言館」の庭から』（かもがわ出版、二〇二一年、一九一頁）。前掲二〇一九年講演でも、喪失感を吐露し、「無言館生みの親のデッサン館をぜひ見てほしかった」と語っていた。

（44）同右、一九二〜一九三・一九六〜一九八頁。EPITAPHは墓碑銘を意味する。

（45）「なぜ戦争をえがくのか？」という問いの場合はどうなのだろう（大川史織編『なぜ戦争をえがくのか――戦争を知らない表現者たちの歴史実践』みずき書林、二〇二一年）。

（46）ミルズ、ライト「状況化された行為と動機の語彙」（田中義久訳『権力・政治・民衆』みすず書房、一九七一年）所収。

（47）前掲二〇二一年インタビュー。

（48）ヴェーバー前掲、一四一頁。

（49）批評家フレドリック・ジェイムソンが、「プロテスタンティズムの倫理と資本主義の精神」を踏まえ、封建主義と近代的な資本主義という二つの対立項の移行を媒介する触媒としてのプロテスタンティズムを「消え行く媒介者」と呼んだことをもとにしている（マイヤーズ、トニー『スラヴォイ・ジジェク』村山敏勝ほか訳、青土社、二〇〇五年、七〇頁）。

（50）ジジェク、スラヴォイ『為すところをしらざればなり』（みすず書房、一九九六年、三〇七〜三〇八・三六〇〜三六一頁）。

（51）二〇二一年一二月一五日、フィールドノーツに記録した雑談中の会話より。

（52）たとえば、兵士の戦争体験研究の第一人者であり、広く読まれる著書を通じた継承者ともいえる吉田裕の研究動機は、まぎれもなく「戦争の不条理さ、残酷さに対する怒り」だが、最終講義では、少年週刊誌の戦記ものにはまり、軍事雑誌『丸』やプラモデルに熱中した小中学生時代も詳細に回顧していた（吉田裕「自分史の中の軍事史研究」（『世界』二〇二〇年九月号、一六五〜七・一七二頁）。当時の『丸』の教養主義や反戦平和との接続回路については佐藤彰宣『〈趣味〉としての戦争――戦記雑誌『丸』の文化史』（創元社、二〇二一年）を参照。

(53) 前掲保苅、三一・四〇・四三頁。

(54) 同右、二〇・四九頁。

(55) 同右、二〇頁、傍点は筆者。

(56) 保苅自身こそ、伝統的な「歴史学」の手法で質の高い修士論文をまとめたうえで、「歴史実践」へ越境していった主体だった（野上元「歴史が聞こえてくること――方法的ラディカリズムと歴史への愛」『日本オーラル・ヒストリー研究』第一三号、二〇一七年）。

(57) 前掲保苅、二七三頁。傍点原文ママ。

(58) 前掲保苅、一九頁。しかしなぜか保苅は、博物館を歴史実践の例に挙げていない。

(59) 古市憲寿『誰も戦争を教えてくれなかった』（講談社、二〇一三年）。

(60) 菅豊「パブリック・ヒストリーとはなにか？」（菅豊・北條勝貴編『パブリック・ヒストリー入門――開かれた歴史学への挑戦』勉誠出版、二〇一九年、五〇頁）。

(61) 前掲『なぜ戦争体験を継承するのか』添付の「みずき書林通信」より。みずき書林Blog記事「この世の髄みたいなもの」（二〇二二年四月六日）で全文公開されている（https://www.mizukishorin.com/blog）。同ブログにおける保苅実論として「ラディカル・オーラル・ヒストリー」（二〇一八年九月六日）、「藤田省三と保苅実のことば」（二〇二〇年十月六日）も参照。岡田が繰り返し言及する保苅実の言葉がある。「自由で危険な広がりのなかで、一心不乱に遊びぬく術を、僕は学び知りたいと思っている」（保苅実とつながる会編『保苅実写真集 カントリーに呼ばれて――ラディカル・オーラル・ヒストリーとオーストラリア・アボリジニ』二〇一〇年、五一頁）。

評論・エッセイ

「届けてくれてありがとう」

――佐藤冨五郎日記を託された戦友をめぐる歴史実践

大川史織（国立公文書館アジア歴史資料センター）

はじめに

七七年前、ひとりの日本兵が餓死した。敗戦間近の南洋マーシャル諸島で、補給路を絶たれ、自給自足を強いられた。佐藤冨五郎は、亡くなる数時間前まで日記を書いていた。日記と遺書が綴られた二冊の手帳は、戦後に戦友から遺族に届けられた。

二歳で別れた長男の勉に、父の記憶はない。日記を通して、戦地から家族を思い続けた父を知った。勉は母の死を機に、五三歳で早期退職。自由の利くタクシー運転手をしながら、文字がかすれ、読むのが困難だった日記の解読と、父の慰霊の旅に力を注いでいた。

二〇一六年、春。勉は四度目の慰霊の旅に出た。マーシャル在住歴のある私の友人がコーディネートし、通訳をした。私もその旅に同行し、撮影した記録映像をもとにドキュメンタリー映画『タリナイ』（春眠舎、二〇一八年）を制作。あわせて日記を全文翻刻した本『マーシャル、父の戦場――ある日本兵の日記をめぐる歴史実践』（みずき書林）を刊行した。傍らで、日記を届けた戦友の家族を探していた。その期間は、五年に及んだ。佐藤冨五郎日記をめぐる歴史実践のはじまりは、戦友の手紙から始まる。

一、戦友の名は

一九四六年、一二月。二冊の手帳は、宮城県亘理町で暮らす冨五郎の妻シズエ宛に届いた。手帳には、差出人からの手紙が同封されていた。当時五歳だった勉は、叔母が手紙と日記の一部を朗読したことを憶えている。「ああ、お父さんは戦死したんだ」と初めて感じ、泣いた。

差出人は、冨五郎の無二の戦友だった。便箋七枚に綴られた手紙には、戦地での出来事が目に浮かぶような筆致で綴られていた。一九四四年八月頃、餓死者が続出するようになると、離島管理を任されたふたりは隣同士の島で食糧増産に励んだ。本部隊の兵士がほとんど死に絶えていた一九四五年三月、冨五郎に本部隊へ戻る令が下りる。翌月一日、戦友が本部へ連絡に行くと、冨五郎は栄養失調で脚気を起こしていた。冨五郎に食べ物を分け与えようとすると、取っては悪いと冨五郎は断る。それからこう続けたという。「原田君は元気でいいなー。君は必ず内地へ帰へれるよ。おれは毎日日記をつけて居る。おれが死んだなら此の手帖を君の手で必ずおれの妻のシヅエに渡してくれ。い丶か頼む」（同封の手紙より）。体調の変化を日記に書いていた冨五郎は、自分の死期を正確に予見していた。日記は、その月の四月二五日が絶筆となる。三九歳だった。

ふたりは会うといつも「妻子の話ばかり」していたという記述から、戦友の原田にも妻子がいたと推測できた。「同年兵」であったふたりは、四〇歳に近く、老年兵でもあった。

「手紙が入っていた封筒さえあれば、こんな苦労はしないのにね」と勉はよく言った。手紙の末尾に「遠く山梨の地より」とあることから、戦友は「山梨」在住の「原田」姓であることは文面から読み取れた。が、度重なる引っ越しで、封筒を紛失してしまったことを勉は悔やんでいた。私が初めて手紙を読んだのは、勉との旅の始まりだった。グアムからマーシャル諸島へ向かうアイランドホッピングの機上で、身体中が熱くなるのを感じた。冨五郎が日記と遺書を綴った二冊の手帳は、運よく家族のもとに届いたのではなかった。無数のひとりひとりの思いが連なって、冨五郎の命に代わって託されたものだった。その延長にあるこの旅を私はカメラに収める。と思うと急に、背筋が伸びた。

帰国後、編集作業に取り掛かるのと同時に、私は戦友の家族を探し始めた。「家族に会って、直接お礼を伝えたい」という勉の願いは、すでに私の願いにもなっていた。当初、私は家族探しを楽観視していた。しかし、七〇年の歳月と、年々厳しくなる個人情報保護の壁は、想像以上に高く立ちはだかっていた。

手紙には、日記では知り得ない「ほんとうのこと」が書かれていた。ひとつは、冨五郎の最期が「戦死」ではなく「餓死」であるということだ。厚生省の戦没状況通知に、冨五郎の死因は「戦死」と書かれている。いっぽう、原田の手紙には「大勢の栄養失調患者が集って佐藤君の死体を穴に埋める時」に「顔の布を取ってみると実に気高い顔として何の苦しみも無くて死なれた様」であったと綴られていた。勉には、日記が返ってきた前後、誰の爪か髪の毛かわからないものが入った桐箱が届き、母親が怒っていた記憶がある。行き場のない怒りを抱えながら、四人の子どもを育てた母にとって、政府が書面や桐箱で伝える「戦死」と、父の日記と原田の手紙が伝える「餓死」には、埋めようのない隔たりがあった。

二〇一六年、九月。インターネットの検索画面に、冨五郎と原田が所属していた部隊名「64警備隊」を入力すると、歴史公文書をデジタルで公開している国立公文書館アジア歴史資料センター（以下、アジ歴）の資料がヒットした。一九四五年八月二〇日に海軍が作成した「生存者給与通牒控綴」は、一度米国に接収され、返還された公文書だった。敗戦後、停戦協定の成立に伴い、生存者の給与は打ち切られた。この名簿に、戦友の名前があるはずだ。探してみると、原田姓の人物がふたりいた。原田豊秋と原田文三。氏名の上には、扶養者数が書かれている。「内地へは可愛い妻子を残してあるんだもの」と手紙に綴った原田は、妻子を扶養していたと考えられる。豊秋の扶養者数には「七」の数字が書かれている。文三は空欄だった。戦友の「原田君」は、原田豊秋に違いない。

次に、私は防衛研究所の史料閲覧室でいくつかの資料を閲覧した。「第六四警備隊生存者名簿」には、本籍地が記されていた。原田豊秋の本籍地は「山梨県東山梨春日居村字熊野堂」と書かれている。これで「山梨」在住の「原田君」の名前は、豊秋で間違いないと断定できた。次に閲覧した「功績整理簿」には、原田が横須賀を出航した年月日が書かれていた。冨五郎と同じ一九四三年七月一〇日と記されている。マーシャルへ向かう船上から、ふたりの友情は育まれていたのかもしれない。さらに「残務整理簿（戦病死者名簿）」には、原田が栄養失調の状態で、病院船氷川丸に乗って帰還したことが記されていた。今は山下公園に係留されている日本郵船氷川丸が、冨五郎の二冊の手帳を運んでいた。複数の公文書によって、原田豊秋の輪郭と足取りがこうして、少しずつ明らかになっていった。

氏名を特定できたので、インターネットで「原田豊秋」検索をしてみた。原田豊秋著『食料害虫の生態と防除』（光琳書院、一九七一年）というタイトルの古書が出てきた。「ネズミによる貯蔵食糧の被害調査」など、食糧保存について研究をした人物のようだ。戦地で食糧増産に励み、貯蔵に苦心した体験から、戦後、食糧保存の研究の道を歩んだ。と考えても、不思議ではない。手紙の精緻な描写や言葉遣いからも学究的な人柄が想像できた。数日後、地元の図書館で著書を取り寄せ、おそるおそる「序」のページを読み進めた。研究の原点や戦争体験を記した箇所はないかという期待をもって最後まで目を通したが、それらしい記述は見つからなかった。ただし、奥付の著者プロフィールには（1906-）と記されている。冨五郎の生誕年も一九〇六年、「同年兵」の戦友原田も同じであろう。と考えると、研究者の原田豊秋は、やはり戦友の原田豊秋なのだろうか。奥付には、出身地も書いてあった。「島根県（愛媛県宇摩郡別子にて出生）」とある。なぜ、山梨でないのか。島根で育った後、山梨へ引越し、本籍を移した可能性もあると考えるのには無理があるか。いや……。しばらくこの堂々巡りは続いた。

二、ふたりの原田豊秋さん

戦友と同姓同名同年生まれの原田豊秋を見つけた二カ月後の二〇一七年、九月。私は短い夏休みを利用して、戦友原田豊秋の本籍地、山梨県笛吹市春日居町熊野堂へ一泊二日の調査旅行に出かけた。家族探しを始めてまもなく、私は新しい仕事場を得ていた。

先述したアジ歴で部隊名簿や戦時日誌を閲覧していたある日、職員募集のニュースが目に留まった。ふと職員になれたら、戦友探しや日記の解読が進むかもしれないと思った。応募すると運よく調査員として採用された。同僚になった歴史研究者の力を借りて、冨五郎日記の全文翻刻に挑むという願ってもない機会に恵まれ、充実した日々を送っていた。古代史から近現代史までを研究する同僚たちに、フィールドワークの極意は、郷土資料館、住宅地図、墓碑の三つだと教えてもらった。山梨へ出発前、国会図書館でゼンリンの住宅地図を眺めた。熊野堂のページを開き、原田姓の家を探した。何軒か原田家があったが、四〇年以上、同じ場所にある一軒の原田家が気になった。異なる年代の地図のコピーをとり、その家に印をつけた。

新宿駅から特急かいじで、石和温泉駅まで一時間半。宿の自転車を借りて、いざ熊野堂を目指した。笛吹川のほとりで、金木犀の香りに包まれる。春日居町は、甲府盆地のほぼ中央に位置し、大菩薩連峰、南アルプス連峰、富士の山々に囲まれている。海に囲まれたウォッチェ島とは対照的だ。東西に中央線、北に一四〇号線、南に国道二〇号線が縦断している。米麦養蚕が中心だった農業地帯は、葡萄や桃などの果樹栽培が盛んな地域に発展していた。神社や寺で墓地があると、原田家の墓碑に豊秋の名前がないか探しながら、地図に印をつけた原田家を目指した。到着したのは昼下がり。玄関の呼び鈴を数回鳴らしてみたが、中に人がいる気配はなかった。並びの旧家を訪ねてみたが「南方から帰ってきた話、聞いたことないねえ」と住人は首を傾げ、地元をよく知る人に電話で訊ねてくれたが、受話器の向こうでも「知らんわねえ」と、首を振る古老の声が漏れ聞こえた。「役場で聞くのが一番いいんじゃないか」と向かった役所では、親族でない人間が戦友探しをしていることを不審がられてしまった。「個人情報のため、この街の住民かどうかもお伝えはできません」。しぶしぶと引き返し、留守だった原田家の近くにある石材店を訪ねた。親切にも、山を越えた先にあるいくつかの墓地を案内してくれた。日が暮れるまで探したが、それでも見つからなかった。

翌日、印をつけた家を再訪した。が、またしても留守だった。「あの家は違うような気がする」と、昨日訪ねた住人が呟いていた。真意はわからないが、縁がないのか。帰りの電車の時間が迫っていた。後ろ髪引かれる思いで、東京行きの電車に乗った。

再び、私は資料に立ち返ることにした。研究者の原田豊秋が戦友の原田豊秋であるか否かを判断できる資料が、研究者原田の著作にあるかもしれない。

国立国会図書館で「原田豊秋」検索をすると、一〇〇件以上の資料がヒットした。一九四四年、四七年に刊行された雑誌にも、論文が掲載されていた。査読期間があると考えても、出征直前に書き上げた原稿が、四四年に掲載されることはあるだろうか。敗色が濃くなった頃の出版事情に、例外はつきものだろう。と、つい希望的観測が邪魔をする。

国立公文書館にも足を運んだ。海軍横須賀復員部作成の「都道府県別名簿」に、原田豊秋の名前を見つけた。名前の下には「39.10.1」と、生年月日が記載されていた。研究者原田の著者プロフィールには、明治三九年一〇月一四日生まれと書いてあった。はて。海軍横須賀復員部は、1の後ろに4の数字を書き忘れたのか。と、また強引に考えたくなる。研究者の原田豊秋と、戦友の原田豊秋。ふたりは同姓同名、同年同月生まれの別人であるならば、それが明らかになる資料が見つからないと、もはや納得できない。一進一退、ふたりの原田豊秋に近づいているようで、段々遠ざかっているようにも思えた。

ところが二〇一八年の夏に映画を公開し、本を刊行したことで、取材を受ける機会が増えた。二〇一九年六月一九日、この日は雑誌の取材を受けた。帰り際、私はまだ戦友の家族を探していると話した。信号待ちの横断歩道で、ライターの山木美恵子は「昔、農林省の図書館で勤めていた」と言った。青に変わったら、渡ろうとした横断歩道の前で、私は次の青信号も見送り、山木の話に耳を傾けた。研究者の原田豊秋は、東京農業大学を卒業後、農林省で勤務していた。以前、農林省の図書館にも問い合わせたことがあったが、有力な情報は得られなかった。農林省時代の先輩と連絡が取れたと山木から連絡があったのは、その翌日だった。いまでも研究者の原田豊秋を知る人が何人かいるという。本『マーシャル、父の戦場』の口絵には、戦友原田豊秋の手紙をカラー写真で収めていた。研究者の原田豊秋を知る人に、この手紙を見てもらえたら、戦友の原田と同一人物かわかるかもしれない。早速元同僚のひとりに筆跡を見てもらうと「もっと大きくて、カクカクとした字だった気がする」という返事が返ってきた。さらに、研究者の原田豊秋と同じ研究室で一緒に働いていた、中北宏につながることができた。中北に電話をかけると、実に不思議な巡りあわせだと驚きながら、こう言った。「私が知っている原田さんから戦争体験を聞いたことはない。珍しい名前だし、同姓同名、同年同月生まれと不思議に重なる点も多いけれど、別人ではないか」。中北によると、研究者の原田にも娘と息子がいた。冨五郎が出征前に暮らしていた豊島区椎名町の近くに、研究者の原田は住んでいた。人望が厚く、後輩からも慕われていたという。偶然にしては、一致する点があまりに多い。しかし、人の記憶はたよりない。それに戦争体験は、語られないことも多い。私はまだ、同一人物の可能性は拭えないと思っていた。練りに練られた脚本のドラマを見ているように思えた。

翌年、諦めの悪い私に、中北から一通の資料が届いた。中北と研究者原田が所属していた食品総合研究所の創立五〇周年誌回顧録だった。「昭和20年5月25日前後」と題された、研究者原田の同僚が書いた手記のコピーが同封されている。手記は次のように始まる。「夜、宿舎で寝ているとサイレンの音が聞えてきます又空襲です。（中略）私は隣室に寝てる原田豊秋さんに知らせました」。臨場感溢れる筆致である。昭和二〇年五月二五日前後、東京深川にあった研究所の宿舎で、研究者原田は空襲に遭っていたことがこの一文からわかる。よくぞ隣室で寝ている同僚の氏名を明記してくれた。戦友原田は、ひと月前の昭和二〇年四月に冨五郎の日記を託され、島で帰還を待ち望んでいる頃だ。思いがけない形で、研究者原田の戦争体験をも知ることになり謎も解けた。

同姓同名同年同月生まれのふたりの原田豊秋は、それぞれの人生を歩んだ別人だった。

三、対面へ

原点に立ち返っていた二〇二〇年七月。新型コロナウイルス感染拡大で県をまたぐ移動に制限がかかっていた中、私と同世代である毎日新聞社会部の竹内麻子記者から連絡があった。「甲府市での取材がてら、留守だった原田家を訪ねてみようと思う」。映画公開前に取材を受けて以来、竹内記者は笛吹市在住の原田姓に電話取材を試みるなど、戦友探しに協力してくれていた。訪問日の朝、電話が鳴った。「住人に会えた。戦友の親戚の家だった。今から豊秋さんの子どもが住んでいると思われる家を訪ねる」。二〇分後、再び着信があった。「息子に会えた！」めくるめく展開に、震え上がった。竹内記者が会った豊英は、戦友原田豊秋の長男だった。八五歳。父の豊秋は鍛冶職人で、手先が器用だった。ウォッチェ島でねずみ獲り機を作り、飢えをしのいだ話を聞いていた。振り出しに戻ったと思っていた矢先の急展開に、舌を巻いた。探していた家族が、見つかった。一刻も早く、勉と駆けつけたい気持ちを抑えつつ、いつかの対面を願い豊英に本を送り、手紙を書いた。

その頃、勉は別のアプローチを試みていた。勉の従兄弟、菅原壮司は、出征前の冨五郎に幼い頃会った記憶があった。勉からの依頼を受けた菅原は、同じマンションに住む友人の前田岩夫に、戦友探しの協力を依頼した。前田は、元大蔵省甲府財務事務所で勤務していた。「僕が知っている原田さんは、原田金秋さんしかいない」。前田はこの話を聞いた時、豊秋と同じ「秋」の字を持つ、元職場の先輩の名前が浮かんだ。しかし、金秋は数年前に他界していた。前田は昔の同僚を幾人もあたってOB名簿を入手。二〇二〇年末、金秋の妻に連絡をとる。すると、金秋は豊秋の息子で、豊英の弟であることがわかった。豊秋の手紙が収められた『マーシャル、父の戦場』を前田から受け取った金秋の妻は事態を把握し、親族に連絡した。前年の夏に毎日新聞から取材を受けていたことも相まって、親族の中で次第に情報が共有され、豊秋の子、孫、ひ孫まで、豊秋の戦争体験は継承されていた。

二〇二一年四月。今度は版元みずき書林に、一本の電話が入った。受話器の向こうにいたのは、豊秋の孫、永坂俊子だった。「本を読み、母も勉さんに会いたがっている」。俊子の母徳子は、豊秋の長女だった。八九歳。すぐさま私は勉に連絡をすると、その日のうちに、俊子と勉は電話で話をしていた。俊子は勉に「親戚のようなお付き合いをしましょう」と声をかけたという。勉はその言葉がどれほどうれしいと感じたか、感極まる声で「そんな言葉はなかなか言えない。立派な人だ」と、喜びを何度も口にした。なかなか取れないワクチン接種の予約にやきもきしながら、感染状況が落ち着くタイミングを待った。

それから五カ月後。出来うる限りの感染対策をして、いよいよその日を迎えた。勉から依頼を受け、家族探しに協力した菅原と前田も同席し、山梨市で念願の対面が実現した。豊秋の長女徳子は、この日を迎えるにあたり、虫眼鏡で一字一字、本を読んでいた。徳子が最初に日記を手にしたのは、一四歳だった。冨五郎が餓えで亡くなったという事実が、忘れられなかった。今でも食事を不味いと感じるたび、冨五郎を思い出すという。七五年ぶりに冨五郎の手帳と再会した徳子は、懐かしむようにページをめくると「カドヤノ天井デモ食ベタイ」と書かれた文字を読み上げ、「憶えている」と言った。豊秋も、戦地から子どもひとりひとりに手紙を書いて送っていた。豊秋の初孫である俊子は、祖父である豊秋から手榴弾で魚を釣った話や飛行機の残骸で作ったスプーンを見せてもらうなど、マーシャルでの生活についても聞いていた。

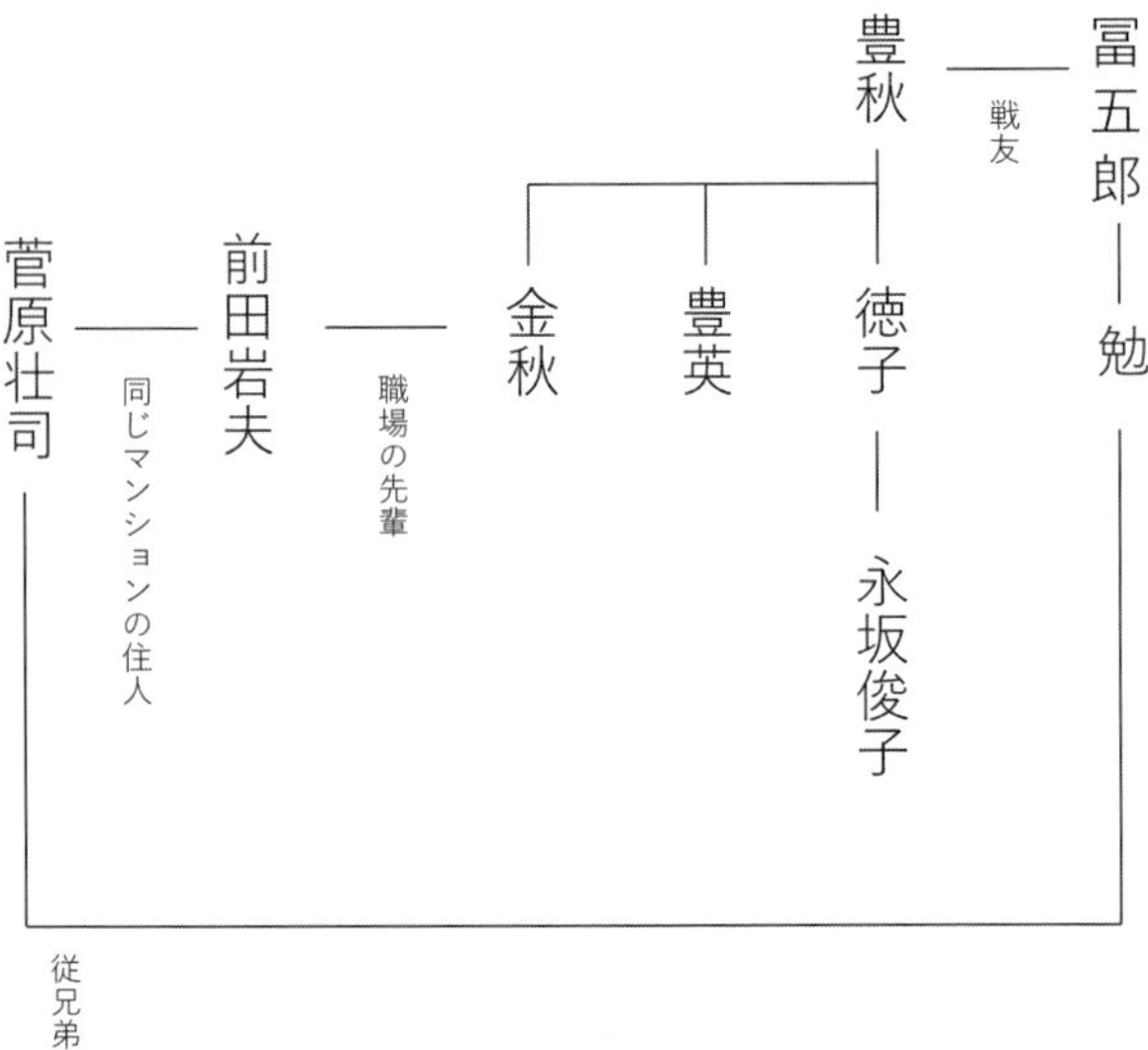

図1　人物相関図

出征前、豊秋は家の近くの不動尊に願をかけていた。「一〇年命をやるから、無事に帰してください」。生きて帰ってくることを、豊秋も切に願っていた。

翌月、一〇月四日。対面を伝える記事が、毎日新聞の朝刊[1]に掲載された。「届けてくれてありがとう」と書かれた見出しは、紙面の中でも一際大きく、目を引いた。記事を書いた竹内記者は、「ありがとう」を勉から原田家へ感謝を表す言葉だと捉えていたが、読者はさまざまな読み方をしていた。冨五郎から豊秋へ。原田家から勉へ。さらには、記事を読んだ読者から新聞社へ。「ありがとう」の主語は、複数形だった。

何より「届けてくれてありがとう」は、私自身の言葉でもあった。手探りの中はじめた戦友の家族探しは、思いがけず私に職を与え、日記を全文翻刻する仲間との出会いをもたらし、私の人生を、思いがけない方向へと導いた。ひとつでも順番が前後していたら、このような「継承」のかたちでの歴史実践はできなかった。あの日、訪ねた家が留守でなかったら、ここまで遠回りすることはなかったかもしれない。けれども、それでは歴史実践の面白さをこれほどまでに感じることはできなかっただろう。人が人を思う気持ちから生まれる温かい関係性の中で、私は人間として生きる喜びを感じられた。

冨五郎の手帳が数え切れないほどいくつもの「継承」を経て、本という形で読者に「継承」されていったように、戦友をめぐるこの歴史実践もまた、歴史をつなぐ意志を持った「戦争体験の継承」であった。戦争体験者と非体験者の間には「教え」「教えられる」といった上下関係や権力構造とは対極にある、それぞれの立場でできることを、できる時に持ち寄って、支え合う「継承」のかたちがあった。

ポスト体験時代の「継承」には、撮影者と被写体の間で結ばれる〈共犯関係〉のようなものが、より多く見られるのではないだろうか。なぜなら「継承」の動機や目的は、「継承」にかかわる世代が幅広くなるほど、ひとつではなくなるからだ。撮影者の私はマーシャル諸島の歴史を共有することに関心があり、被写体の勉はその地で命を落とした父の供養に関心があった。戦友探しにおいては、非体験者かつ身内でない人間が、どのように戦友に辿り着くことができるのかという点に私は関心があり、勉は戦友の家族に直接礼を述べたいという望みを持っていた。映画制作と戦友探し、どちらにおいても、私は勉が望む以上の動機と目的を持ち合わせていることを後ろめたく思うこともあった。余計なお世話と勉が感じることも多々あっただろう。勉の思いは純粋であるがゆえに、思いがけないことが引き金となり、一瞬にして関係性が壊れてしまう緊張も孕んでいた。それでも、勉は自分自身と、私を含む他者の「継承」のあり方や実践を尊重し、真摯に向きあうことで、意思を超えた偶然性（後になってみれば必然と呼ぶようなもの）を手繰り寄せた。同じ目的に向かって力をあわせる協働関係より、〈共犯関係〉と呼ぶ方が近しいと感じる理由はそこにある。

非体験者の「媒介者」は、もう手遅れだとあきらめたり、みんな死んでしまったと嘆いたりすることはない。体験者や媒介者たちは、さまざまな形で歴史を残している。探し続けていれば、思いがけないところから歴代の「媒介者」[2]たちが、語りかけてくるはずだ。

注

（1）「マーシャルで戦死の父　日記届けた戦友…二つの家族、76年後の対面」毎日新聞、二〇二一年一〇月三日配信 https://mainichi.jp/articles/20211003/k00/00m/040/158000c

（2）本文で登場する「媒介者」たちによる「継承」のかたちは、代替不可能な唯一無二の実践である。そのことに敬意を表し、本文に登場する媒介者たちの氏名は、可能なかぎり匿名でなく、本名で記した。

論文

記憶をつなぐ船・第五福竜丸

——被ばく者大石又七との協働を通して

市田真理
（第五福竜丸展示館）

「私はラストアンカーではないので」

取材されるたびに、このセリフを言うようになって何年だろう。第五福竜丸の元乗組員で、積極的に発言を続けてきた大石又七が二〇二一年に亡くなって以降はことさらに、筆者よりも一回り若い記者たちが判で押したように、「市田さんはバトンを受け取ったのですね」と言う。舌打ちしたい気分を飲み込んで、決めゼリフのように言う。「たとえそうだとしても、私がゴールするわけじゃないですから。それにバトンってあるんですかね」とやさぐれてもみる。もしも「バトン」が存在するならばそれは、記者たちにもリレーに参加してもらわなくては間尺が合わないとも思う。(1)

「あの戦争」とおおざっぱに名指しされる時代の「戦争記憶」は、地域や体験によって、または生き残ったことの労苦を伴う「戦後記憶」として共有されている。例えば「広島・長崎の原爆被害」「東京大空襲」といった見出しから一定の時代や地域を私たちは読み取ることが可能だ。しかし冷戦の体験はどのように共有されるのだろう。本論で述べる「ビキニ事件」は、多くの同時代人が体験しているにもかかわらず、名称も当事者も、その「事件」がいつ始まりいつ収束したのか、もしくはしなかったのかさえ曖昧である。大量死はなかった。しかしたくさんの当事者が、現在進行形で「事件」の中にいる。大石又七はそのことを告発し続けた稀有の存在である。

筆者は東京夢の島公園内にある都立第五福竜丸展示館の学芸員で、保存展示されている木造船「第五福竜丸」と展示館を東京都の委託を受けて管理・運営する公益財団法人第五福竜丸平和協会（以下、平和協会）に所属している。展示館は一九七六年六月に開館、通算来館者数は五七〇万人を超える（二〇二二年四月現在）。

第五福竜丸の船体は、一九五四年三月一日、アメリカがマーシャル諸島ビキニ環礁で行った水爆実験により被災、政府が文部省（当時）予算で買い上げ、約二年間放射能の減衰観察した後、東京水産大学（現・東京海洋大学）の演習船「はやぶさ丸」に改修して、研究や実習で使われ、一九六七年三月老朽化により廃船処分された。船は解体業者に払い下げられ、まだ使用できる部品等は売却され、最終所有者は当時ゴミ埋め立て地であった夢の島に放置した。このまま船が崩壊・沈没することを憂えた市民により保存運動がよびかけられ、九年余に及ぶ市民運動が実り、東京都が船の保存を決定する。保存運動を中心的に担った平和協会から東京都に船が寄贈され、展示館が開館した。

ビキニ事件の当事者も同時代人も、船の保存運動に参加した人たちも大半が鬼籍に入り、取材者たちも現役を引退していく時代が到来し、来館者は「ビキニ事件を知らない」層が大多数を占めるなかで、第五福竜丸の現物が展示されている意味は大きいと自負している。一九四七年に建造された木造船が現存することは稀で、産業遺産としての価値も高い。二〇二〇年には日本船舶海洋工学会により「ふね遺産」に認定された。

また忘れかけている人の「記憶の封印」に直接作用するのも、ミュージアムという場の役割である[2]。

筆者は二〇〇一年から展示館とのかかわりを持ち、「ビキニ事件の時代」「船体保存の時代」の記憶を持つ人たちの聞き取りを重ねている。それは、平和協会の出版物のための座談会であったり、資料整理のためのインタビューであったり、いわゆる「お茶飲み話」であったりと録音されていないものも多いが、こうした「記憶の伝承」の場を作ることで、自分自身が記憶者となり、次世代へ渡していくことを常にイメージしてきた。そして記憶や記録をベースに、展示館での特別展等を企画してきた。

本論では、ミュージアムとしての第五福竜丸展示館が「記憶」を繋いできたことを紹介しながら、大石又七が体験継承びとの介在があったことを確認していきたい。

一、ビキニ事件

「ビキニ事件」の呼称をめぐって

筆者及び平和協会は「第五福竜丸事件」とは呼ばない。「ビキニ事件」もしくは「ビキニ水爆被災事件」の呼称を使用している。[3] 一九五四年三月一日マーシャル諸島ビキニ環礁でアメリカが行った水爆実験により、第五福竜丸が被災、その後多くの漁船・貨物船と漁獲物の放射能汚染が水産業界のみならず、人々の生活を脅かし、外交問題となり、飛散した放射性降下物が「放射能雨」となって各地で検出され、全国的な原水爆禁止署名運動に発展していったという一連の事件を指すのだが、この年に行われた六回の水爆実験（キャッスル・シリーズ）のうち五回がビキニ環礁、一回がエニウェトク環礁で行われているため、「ビキニ事件」の呼称からもこぼれ落ちてしまうものがある。一九四六年から一九五八年にわたり行われた核実験により環境汚染とマーシャルの人びとの被害、とりわけ核実験場ではない環礁の被害が、見えづらくなるかもしれない。実験に従事した兵士や技術者の被ばくも取りこぼされてしまう。

平和協会では「第五福竜丸事件」と呼称してしまうことで、事実が矮小化されることの危惧をかねてより持っており、展示館開館に先立ち出版された『ビキニ水爆被災資料集』[4] は、第五福竜丸に関する被害のみならず、当時判明しうる限りの被災船、科学調査船・俊鶻丸の調査報告、ミクロネシア議会報告、アメリカ原子力委員会の声明なども網羅している。第五福竜丸保存運動をけん引し、平和協会専務理事を務めた広田重道は「ビキニがヒロシマ・ナガサキと並んで人類の記憶に刻まれてきた。しかし、現実にはビキニ被災の実相はまだほとんどヴェールに包まれ、その後のエニウェトク環礁の水爆実験などに至っては、大方の日本人の記憶から脱落してしまっているのではないだろうか」と指摘していた。[5]

また「事件」と呼称することで、事件が解決または収束したというメッセージを発しているかもしれない。乗組員らの苦悩と健康被害はむしろ、政治決着後に深まり、またすでに終わったこととされたがために、第五福竜丸以外の漁船員らの被害が、核実験に起因するものではないとされてしまった。

米ソの核開発競争は英、仏、中をも巻き込み、一九六二年には太平洋での核実験も含めて一七七回もの核実験が行われ、世界中に放射性降下物が降り注いだ。事件（Incident）ではなくむしろ核厄災（Nuclear Apocalypse）と呼ぶべきなのかもしれない。

以上の問題意識を前提として、本論では「ビキニ事件」と呼ぶこととする。

第五福竜丸展示館の開館

一九四七年、神奈川県三崎町（現三浦市）の船主・寺本正市の発注により和歌山県古座町（現串本町）古座造船所で「第七事代丸」は建造された。占領下の漁場制限、造船制限のあるなかでの建造で、当初は近海カツオ漁の船として使われ、一九五一年神奈川県・金指造船所でマグロ船に改修。一九五三年、静岡県焼津市の船主・西川角市に売却され「第五福竜丸」となった。一九五四年三月に被災後は前述のように政府が買い上げたため、漁船・第五福竜丸として使われたのはわずか一〇カ月である。

文部省（当時）管轄、東京水産大学の所属船となった第五福竜丸は、船上での金魚の飼育、植物栽培などを行い汚染調査と減衰観察された後、一九五六年三重県・強力造船所で改修され、演習船「はやぶさ丸」となった。

一九六七年廃船処分となり、屑化することを前提に解体業者に売却された。エンジンや機器が取り外され、少なくとも三つの業者を転売され、最終所有者が一四号埋め立て地（現在の夢の島公園）に放置した。

一九六八年三月、静岡市で開かれた「三・一ビキニデー」集会で、東京都江東区の代表がこのことを報告、新聞・テレビで報道され、三月一〇日朝日新聞「声」に「沈めてよいか第五福竜丸」と題された投書が掲載された。この投書がひとつのきっかけとなり保存の賛否をめぐる議論が起こる。三月一二日、美濃部亮吉東京都知事が保存協力を表明。市民グループや労組による署名・募金活動が始まる。部品が抜き取られた船体は何度も水没しかけ、そのたびにゴミの中を市民らが通い、バケツで水を汲み出したり船体を補修するなどの取り組みが続いた。九年余の紆余曲折を経て一九七六年六月一〇日、第五福竜丸展示館が開館する。保存運動の中で船名は「第五福竜丸」に戻された(6)。開館に先立つ五月二九日、展示館前ひろばに、無線長・久保山愛吉が亡くなる前に遺した「原水爆の被害者はわたしを最後にしてほしい」という言葉を刻んだモニュメントが建立された。

この頃東京在住だった大石又七は、「他人には隠していても、体の中にへばりついて消すことのできない」船名を新聞に見つける。やはり東京で暮らしていた乗組員仲間の鈴木隆を誘って夢の島を訪れ、沈みかけた船に乗った。「どっぷりと船体を沈め、顔だけを出しているかのように舳先を出している姿は、なんといっていいか、あわれというほかない」「俺にはとてもゴミには見えなかった」と書いている。[7]

一方で展示館が開館したことについて「忘れよう忘れようとしていたものが出てきてしまった」「私としては、やめてくれと言いたかったよね。こんなものを置かれたんじゃ、被ばく者としての怯えを背負っているからね。こんなものを置かれては困る、やめてくれというのが本音ですよ」とも語っている。[8]

保存運動

第五福竜丸保存運動は、広範な市民を巻き込んだ。保存のよびかけは肩書をはずした「個人」で鈴木正久、中野好夫、畑中政春、檜山義夫、美濃部亮吉、壬生照順、三宅泰雄、森滝市郎の八名によってなされ、第五福竜丸保存委員会には丸山真男、吉野源三郎、太田薫、平塚らいてう、市川房枝、猿橋勝子など研究者、労働運動、宗教界、演劇界などから九八人が名を連ねた。東京、静岡の高校生による募金活動なども記録されている。

事務的な記録、書類のほか、広田重道がまとめた『第五福竜丸保存運動史』はあるものの、保存運動の時代に全く関わりようのなかった筆者にとっては実感しづらいことも多く、展示館ボランティアの会を巻き込んで、保存に関わった人たちへの聞き取りを複数回実施した。[9]具体的には、保存運動にさきがけて労働組合のニュースで「元・第五福竜丸」の存在を書いた江藤勇一郎（都職港湾分会）、江東区で保存運動をけん引した若島幸作（江東区職労）、三井周（東建従）、深井平八郎（石川島播磨重工業平和委員会）、青木佳子（江東教師平和の会）らに座談会や学習会の形でさまざま教示を得た（カッコ内はいずれも運動当時の所属）。とりわけ深井からは保存運動に使われたポスター・チラシ類、カンパのために販売したバッジの現物やデザイン画、船の線図（構造図）などの寄贈も受けた。これらの聞き取りの記録は、開館三〇年記念誌『第五福竜丸展示館30年のあゆみ』[10]に掲載したほか、企画展「原爆ドームと第五福竜丸　市民が守った平和遺産」（二〇〇八年）などに反映させた。また当時の様子を記録したＮＨＫドキュメンタリー番組『廃船』（一九六九年放送）を観る会を開催し、撮影を担当した葛城哲郎にも発言してもらった。さらに平和協会の定期刊行物「福竜丸だより」では初期の原水爆禁止運動からかかわっている山村茂雄（平和協会顧問）がエッセイ「晴れた日に　雨の日に」の連載を開始し、二〇二〇年大幅に加筆して同名タイトルの単行本を上梓した。(11)

この間、前述した保存に関わった人たちが次々に鬼籍に入り、再び運動の熱気や苦労を聞くことは不可能になってしまった。一九六〇年代後半、いわゆる「戦後」二〇年を経たこの時期に二〇代～三〇代だった彼らには「戦争体験」があった。聞き取りの中で「あらたな戦争につながる核実験が許せなかった」「第五福竜丸は水爆実験の生き証人。とにかく船の板一枚でも残さなくてはと切羽詰まった思いがあった」「第五福竜丸が帰港しなければ、核の被害は明らかにならなかった。そのことを語る船だ」ということを繰り返し筆者に語ってくれた。

ビキニ事件の当事者は、第五福竜丸の乗組員だけではなかったのだ。「自分の被害」として受け止めた人たちが、この船を沈めさせなかった。「ポスト体験世代」に第五福竜丸展示館の存在意義が問われることがある時には、こうした経緯も歴史に問わなくてはならないだろう。

二、乗組員・大石又七

被ばく

しかし大石又七は「水爆実験の生き証人」という言葉遣いに違和感を持っていたようだ。筆者が預かった大石の書類の中に「『歴史の証拠物』生き証人という言葉には抵抗がある」と記されていた。(12) 生き証人は大石自身、そのものにほかならない。

第五福竜丸乗組員二三人は、一九五四年三月一日（日本時間）、アメリカがマーシャル諸島ビキニ環礁で行った水爆実験「ブラボー」に遭遇した。実験場から東方一六〇キロで操業していたため、光を目撃し地鳴りのような轟音を感じただけで、広島や長崎のような熱線や爆風での被害は受けていない。しかしのちに「死の灰」と呼ばれるフォールアウト＝放射性降下物を大量に浴び、直後より頭痛、吐き気、食欲不振、数日後あたりからはβ線火傷、脱毛に見舞われた。

一九四六年七月からアメリカがビキニ環礁、エニウェトク環礁を核実験場としていることは国際的にも知られていた。

また漁労長・見崎吉男をはじめ船の幹部たちも認識していた。そのため、無線長・久保山愛吉は乗組員らに米軍機や米艦船を目撃したら知らせるよう指示した。そしてフォールアウトを浴びたこと、乗組員らに異変があることは無線で焼津へは知らせず定時連絡のみ行った。これは久保山が漁船ごと戦時徴用され、哨戒業務に従事していた経験に基づく。万が一米軍に無線を傍受されれば、拿捕されるか、もしくは沈没させられるのではないかと警戒したのだった。しかし大石ら若手は、核実験についての知識も情報も持ち得えなかった。その時の状況について「なんだろう?と思ったよね。下着の中にはいってちくちくして痛いし。でも熱くもないね、臭いもしないね、と。口の周りについたのをなめてみたも味がするわけじゃないし。ただ仕事のじゃまだなと思った」と述懐している。

三月一四日焼津に帰港。一五日に漁獲物の水揚げを行い、それぞれ帰宅し次の漁の準備のために船に戻ってきていた一六日の読売新聞朝刊に「邦人漁夫　ビキニ原爆実験に遭遇」と報じられ騒ぎが始まる。言い換えると被害は三月一日から始まっているわけだが、事件は三月一六日からスタートする。

帰港直後、船主のすすめもあり焼津協立病院を受診し、そのうち火傷のひどい二名は東大病院へ向かった。報道後残る全員が協立病院に入院し、すぐに隔離病棟のある北病院へ転院。その際持ち物はすべて提出させられて病棟の庭に埋められた。

読売の報道後、駐日米大使館から外務省に照会があり、事実確認と外交交渉が始まる。三月二八日、米側からの申し出により米軍機で東京へ移送され、東大病院と国立東京第一病院(現国立国際医療研究センター病院)に分かれて入院することになった。翌一九五五年五月まで一年二カ月の入院生活となった。

入院生活について大石は「窓から外は大都会の東京だが、部屋の中は、見慣れた顔と聞きなれた乱暴な焼津弁が飛びかう。ここだけはいままで通りの空間。これは救いだった」と記している。[13] 映画『第五福竜丸』(新藤兼人監督、一九五九年)は緻密な取材に基づいて脚本が書かれたドキュメンタリードラマの手法をとっているが、大石も新藤に二日間にわたって取材されたという。筆者の質問に対し「入院中はだいたいあんな感じだったよね」と語っている。発熱や白血球減少による体調不良、尿や精子の検査、骨髄穿刺による検査などつらいことが多かったが、「悩みも痛みも注射も仲間といっしょ」

ということが入院生活を支えていたという。それだけに、同じ病室の久保山愛吉が八月末に症状が急変したことは乗組員たちを動揺させた。

意識が混濁して危篤状態となる。うわごとをいい、暴れるため、同室の大石ら五人は病室を移され、隣室から聞こえてくる物音に眠れぬ夜を過ごす。「俺たちもやがて、あんなふうになるのだろうか」と怯えた[14]。

八月三一日に「久保山さん容体悪化」が一斉に報じられると、全国からお見舞いや激励の手紙が病院へも、家族の暮らす焼津へも届くようになる。九月五日、小康状態が訪れたのもつかの間、再び意識不明となり、九月二三日、久保山愛吉は息を引き取った。病理解剖に付され、さまざまな臓器から放射性物質が検出された。死因は「急性放射能症とその続発症」と発表された[15]。東京で荼毘に付され久保山愛吉は遺骨で焼津に帰った。前述の映画は久保山の死と、翌一〇月に焼津市で行われた「漁民葬」までを描いて終わる。ビキニ事件が語られる際、「久保山さんの死」までしか語られないことが多い。

この時期、外交交渉は見舞金の金額交渉になっていた。久保山の死は交渉の面では「次なる死者が出た場合」も想定されて続けられる。一二月八日第五次吉田茂内閣が崩壊し、一〇日に組閣された第一次鳩山一郎内閣が交渉を引き継ぐ。それまで全国一八港で行われていた漁獲物の放射能検査は一二月末で打ち切られ、正月三が日が明けた一九五五年一月四日、交換公文が取り交わされ、ビキニ事件は終結する。米政府から日本政府に二〇〇万ドル（七億二〇〇〇万円）の見舞金が支払われ、米側の「法的責任は問わない」「完全な解決」とされた[16]。

政府から政府への慰謝料（見舞金）は、個別の被害への賠償ではないため、日本政府が配分することを意味した。関係省庁による調整の結果、四月二八日配分が閣議決定された。五月二〇日、久保山愛吉以外の二二名は全員一斉退院する。

沈黙

「見舞金」として日本政府に支払われた七億二〇〇〇万円は、慰謝料という名称で配分が決まり、五億八〇〇〇万円は水産業界に支払われた。二五四七万円が「治療費」とされ五四二六万円の「傷病手当」から慰謝料として久保山愛吉五五〇万円、他の乗組員二二名に対する四四〇〇万円は、扶養家族の有無や年齢、役代（やくしろ）によって傾斜配分され、一人約二〇〇万円が渡った。この金額は当時の労働災害保険に基づいて算出されたと考えられる。

この「慰謝料」を受け取ったことは、久保山愛吉の妻・すずを生涯苦しめた。日本の最高の治療を受けたうえ、盛大な葬儀までしてもらったではないか……。地元焼津でのそうした声のみならず、見知らぬ者から半ば脅迫のような手紙さえもが届いた。[17] 羨望嫉妬のまなざしは、大石らにも向けられた。

退院後の違和感を「ねぎらいながらも、その言葉の奥に、もらった見舞金へのねたみのようなものをチラチラと感じた。今度の事件では日本中、どこの漁業関係者も少なからず被害に遭っている。しょっちゅう起こる海難事故、そんな家族もまわりにはたくさんいて、いろんな目で見られた[18]」。「うちの人も灰をかぶってくれればよかった」「害を持ち込んで金をもらって、元気だ[19]」との声も聞こえたという。

大石は耐えかねて、退院からわずか半年で東京に戻る。家族を養うために一刻も早く仕事をしなければならなかったこと、そうした声の聞こえない「東京の人混みに逃げる」ためだった。漁師とはまったく異なるクリーニング業に就く。敗戦直後に事故で父を亡くし、一四歳で漁師になった大石にとって、一人前の海の男になることだけが目標だった人生は大きく転換した。事件について自ら名乗ることも語ることも避けた。

都内で開業し、後述のように体験を語るようになってからも、受け取った見舞金への誤解や偏見は根深く、ある時同業者から「あんた、アメリカから生活費もらってるんだって。いいなあ」と言われたという。[20] 第五福竜丸乗組員が受け取った見舞金は一回限りであったが、二〇二二年現在でも「第五福竜丸だけが補償された」との認識は続いている。[21]

退院から二〇年後から仲間たちが四〇代、五〇代で亡くなっていく。「次は自分か」という不安は、乗組員誰しもが抱いていた。大石は第一子の死産という悲劇にも見舞われた。しかしそのことを公表すれば仲間やその家族を傷つけてしまう。「語る」現場で逡巡していた姿を筆者は何度も目撃している。大石だけではない、他の乗組員も、第五福竜丸以外で被害を受けた船の関係者も、沈黙していった理由を大石はこう分析する。

——俺たちもそうだったが、自分から被爆の事実を隠しはじめたのだ。当時乗組員たちには最低補償も労働組合もなく、貧しいその日暮らしだった。補償金が出ないとなれば働かなければならない。うっかり話でもしたら足止めされ、出漁もできなくなる。出漁できなければ、明日からの生活に困る。そのとき、体が動けば、自分から被爆しましたなどというばかはいない。福竜丸と同じように騒ぎに巻き込まれれば、白い目で見られるうえに差別もされる。それは船元も同じだった。多くの船子を抱え船をあそばせておくわけにはいかない。事件の波紋が大きくなるにつれ、みんな恐れをなして自分から隠し始めたのだ――。[22]

言葉を手に入れる

大石又七がこのように思いや記憶を記述するに至るには三つの契機があった。

ひとつは第五福竜丸展示館の開館である。詳細な記録は残っていないが、専務理事・広田重道の紹介で新聞社やフリージャーナリストが大石を訪ねている。フォト・ジャーナリスト豊﨑博光は展示館開館直後のころ、「大石さんのお店を訪ねたけれど、取材させてもらえなかった」と語る。

開館三年目の一九七九年七月、大石は仲間四人とともに展示館を訪れている。一九八三年、ビキニ事件三〇年に向けた取材に対し「最初はなくしちゃってくれと思っていた。名前が出ることでこっちが変な目で見られるし、隠れている犯罪者のようなもんだから。でも落ち着いてここまで来れば、結果的に残ってよかったんでしょうね」と心境の変化を語っている。[23]

もうひとつの要因は、核をとりまく世界の情勢だった。アメリカのヨーロッパへの中距離核ミサイル配備を伴う米ソの緊張は、欧州が核戦場になることを予感させ、欧州全域を巻き込む反核運動の波がアメリカにも日本にも波及していた。米山リサは、一九八〇年代初頭、とりわけ一九八二年は国際的に「核の危機がエスカレートし、絶滅の差し迫った予感が増していた」ことから、被爆者＝生存者の語りに、パラダイム変化がもたらされたと指摘するが[24]、大石が語り始めたのもまたこの時期であった。

「夢の島」からと題したNHKラジオ中継一九八三年四月一〇日で語った大石はその日、近況報告を兼ねたエッセイを平和協会事務局に手渡している。そこには核をとりまく現状への苛立ちが綴られていた。この年八月、NHK国際放送・ラジオ日本へ送った投書が採用され放送された。一〇月、和光中学校の生徒たちが大石に話を聞きたいと依頼する。「最初は断った」と大石は述懐する。「こまった子どもたちだ」と。しかし「子どもに話すのならば、まあいいか」と依頼を受け、展示館で自分の体験を問われるままに語った。これが契機となり、学校や市民団体からの依頼が続くことになる。もう断れなくなっていた。

一九九一年、大石は最初の手記『死の灰を背負って』を上梓する。交流を重ねていた平和協会のスタッフがインタビューする形でサポートし、「自分史」をまとめるよう勧めていたようだ。しかしいざ話そうとするとうまくいかない。しばらく棚上げされたが、メモを作り始めた。五年がかりで書いた原稿を本の体裁にしていく後押しをしたのが、NHKの工藤敏樹である。工藤はドキュメンタリー番組『廃船』（前出）のプロデューサーで、平和協会とつながりがあった。大石と同い年の工藤は、構成や文章の書き方を粘り強く大石にレクチャーした。「お互いに頑固だからぶつかったこともあった」と大石は筆者に語ったが、共同作業で生まれた本であることは、異例の「編者あとがき」が収録されているところからもわかる。とりわけ日常的につかう「わたし」ではなく「俺」という書き言葉の一人称を獲得したことで独特のリズムと流れが生まれている。(25)

出版直後に工藤は亡くなるが、永田浩三をはじめとする工藤の後輩たちによって『死の灰を背負って』をベースにした番組『又七の海』(26)が放送され、大石と仲間の苦悩が映像化された。『又七の海』のディレクターだった東野真が担当した番組『原発導入のシナリオ』(27)を見て、大石はビキニ事件と原子力予算導入とのかかわりを知らされ愕然とする。九一年には外務省からビキニ事件に関する外交文書が公開され、これまで知らされてこなかった日米の外交交渉の機密文書が開示された。大石はこの資料を丹念に読み込み、そこから得た知見と思いを二冊目の手記『ビキニ事件の真実』にまとめた。この編集には工藤敏樹の妻で編集者の工藤爽子、『死の灰を背負って』をニュースで取り上げたディレクター長沼士朗が担当し、筆者も資料整理等を手伝った。

さらに若い世代にも手軽に読めるようなボリュームと価格での出版を相談され、筆者が編集に関わったのが『これだけは伝えておきたいビキニ事件の表と裏』『矛盾』(28)である。

筆者は短期間であるが、小さな出版社で単行本の編集者を生業とした時期がある。誤解を恐れずにいえば、編集者は著者にもっと書き深めてほしいテーマがあれば、自らも資料を集めて示唆し、ときには著者と共に取材をして事実を確認する、いわば原稿に介入する仕事だと考えている。もちろん著者に代わって書くことはないが、ときには著者と意見の対立や議論になることもあれば、本文以外の資料整理などをすることもある。つまり著者が外界に発信する言葉を生み出す介添えをする。時には反発されながらも字数の削減や表現の変更を求めたりもする。自分の中の傲慢さと葛藤しながらも著者と格闘して編集にあたる。そうした衝突を伴う介在（協働）なくしては、書籍が生まれることはないのだと感じてもいた。当然大石とは数えきれないほどの議論をした。残された資料にも、工藤をはじめとした編集者とのそうした痕跡を認めることができる。

大石が書き言葉を獲得し、怒りを思想化していくことを小沢節子は「文字の世界と無縁に暮らしてきた大石さんは、五〇歳を前にしてエクリチュールの世界へと足を踏み入れていき、自らをくるしめてきた生の怒り、自己の尊厳が侵され続けてきたという感情を文字で表現するようになる。被爆体験を綴り、自分の人生のなかに位置づける作業を経て大石さんは自分が何者として語るのか、という問いに直面し、被爆者という当事者性を立ち上げていく」と指摘する。(29)

小沢はまた「メディアへの登場はビキニ事件の証言者・告発者としての大石又七像を形作ったが、大石は番組の素材になるだけではなく、番組を通して事件の全容を知り、現代史のなかに自分の体験を位置づけて」いったと分析し、(30)「出会いによって世界は広がり、奪われ損なわれた自己は新たに回復される」(31)と指摘する。大石もその手応えを感じていたからこそ、最晩年筆者には「もう一冊書かないといけない」と言い続けていたのだろう。

「心の奥にあったもやもやが、鉛筆を通って原稿用紙の上にでてきた……寝ようとしても〈そいつ〉が寝かせてくれない。しまいには〈そいつ〉に後ろから手足を縛られ、あおられ、書かされるようになってきた」と最初の手記「あとがき」に記した大石は、「俺の発言は平和運動とは違う。被ばくのために死んでいった仲間たちの口が閉ざされて、小さくなって逝ったくやしさが、怒りを代弁することから始まった発言だ」(32)と、自分が語ること書くことの意味を吐露している。

資料や情報を提供し、大石の手記の普及や報道したメディア関係者、筆者を含む展示館スタッフや支援者、そして大石の言葉を受け止めた子どもたちや市民からの反応が〈介在者〉となって大石の発信を支えたともいえるのではないか。(33)

三、コール・アンド・レスポンス

応答可能性としての責任

　ビキニ事件のもたらしたものは、漁船の被害だけではない。広域な海と海洋生物が放射能汚染されたと同時に、フォールアウトは成層圏に達し、核実験由来とされる放射性物質が雨中から検出された。「原爆マグロ」「放射能雨」は文学や川柳、風刺漫画やラジオコント、映画の題材にさえなった(34)。戦争体験のような「共通の苦しみの記憶」ではないが、「共通の不安の記憶」として刻印されても不思議はなかった。ビキニ事件をきっかけに全国で、取り組まれた核実験中止を求めるいわゆる原水爆禁止署名運動には、一九五五年八月には三二〇〇万人分の署名が集まったことが記録されている。六月には日本母親大会が、八月には原水爆禁止世界大会が開かれた。地域や階層を縦断した参加者を集めたこのような大会後、これまで省みられることの少なかった原爆被害者救済へと進んでいく。生活を脅かしたビキニ事件は解決済みのこととして遠景へと押しやられた。

　大石は、肝臓ガンの闘病中も可能な限り学校講演などを引き受け語りつづけた。二〇一三年以降、脳出血の後遺症で歩行や発話が困難になった大石を補助する形で筆者はその講演に同行し始めた。そこで必ず語られたのは、ビキニ事件が早々に幕引きされ、その後も核実験が続けられ、被害があったにも関わらず、放射能の危険性や事実が教育されていないことへの憤りであった。そして中学生、高校生に対して「もっと真剣に学んで、真剣に怖がってください」と訴える姿を記憶している。大石のこの呼びかけに応える責任が〈私たち〉にはある。

　高橋哲哉は、人間はそもそもresponsibleな存在、他者の呼びかけに応答しうる存在であるという。responsibility＝応答可能性としての責任の内にある存在だという。また「記憶し、その記憶を伝える責任」があるという、つまり何があったのかを知る責任、出来事の意味を熟考し、繰り返さぬためには何が必要かを考える責任がある。大石自身は少なくとも、不安も不満も口にすることもできず、自分たちの不摂生だ、飲酒のせいだという「汚名」をきせられたまま死んでいった仲間たちの無念を晴らしたいのだと、懸命に応答していた。

　大石の呼びかけには〈私たち〉はどう応えているだろうか。

盛岡市立Ｈ中学校（一九九三年）

大石さんが語ってくださったできごとは、これからの私たちに大きな課題を残し、それを解決していかなければならないと私は思いました。このようなことが二度とおこらないようにすることが私たちに与えられた大きな課題だと思っています。（三年生　S.S）

戦争で死んでゆく人びとはあんなにも悲しい叫びをあげているのに、その陰で私利私欲にまみれ金もうけのために戦争を始めた人たちはそのことに矛盾を感じないだろうかと、わからないことが多くなっているのですが、大石さんのお話を聞き、なにか答えがわかった気がします。戦争で一番傷つくのは地球で、人間がもっている「優しい心」も傷つくのではないでしょうか（三年生　M.T）

修学旅行でのほんの短時間の邂逅であっても、中学生たちの心に大石が投げかけたものの大きさと、それに応える力を感じさせる。

大石を学校に招き続ける中学校、高校もある。修学旅行のコースに第五福竜丸展示館見学を選び、大石と生徒を出会わせることを二〇年以上続ける教員たちもいる。かつて大石の話を聞いた中学生が教員となり、新聞記者となって再び大石の言葉に耳を傾ける。大石の呼びかけに応えようとした人たちは、次なる世代に呼びかけを繰り返している。

発信基地としての第五福竜丸展示館

第五福竜丸平和協会は、展示館開館以来、大石又七とさまざまな形で協働してきた。大石の講話は三〇年間に七〇〇回を超えるが、そのうち五〇〇回以上は展示館で行われている。国内外メディアの取材や撮影にも立ち合ってきた。

かつて「こんなもの残してほしくなかった」と大石が感じていた船の格納庫第五福竜丸展示館は、思いを発信する現場となり、ときには新しい出会いの場ともなってきた。

それは大石だけではない。船が保存され、ミュージアムとしての場があることで、乗組員の親族や関係者が訪れることもある。乗組員たちの多くは家族に対しても沈黙していることが多い。それだけに孫や曽孫が「おじいちゃんが乗っていた船」を見に来ることもある。語ってはくれなかったけれど、何が起きたのかを知っておきたいと異口同音に話される。子どもには話せなかったが、孫に頼まれて証言を始めた乗組員もいる。

アメリカ人の映像作家キース・レイミンクは、静岡在住の見崎進、池田正穂のもとを訪れその証言を撮影した。大石を含む三人の体験はストップモーションアニメとCGで再現され、インタビュー映像と組み合わせた映画『西から昇った太陽』として完成した。[36]見崎進の家族への試写に立ち会った筆者は、親族たちが「こんな苦労をしていたのか」と落涙する姿を目にした。見崎は日本での初上映を目前にした二〇一九年二月二五日死去した。その後遺影をもった家族は展示館を訪れ、あらためて「お父さん、おじいちゃんの乗っていた船」と対面を果たした。

劇作家・山谷典子は大石又七を主人公にした音楽朗読劇「くじらのこえ　なみのこえ」（企画・崔善愛）を発表し、親子劇場を中心に学齢前の子どもをふくむ親子を対象に上演をしている。この作品は「大石さんとともに」と題して二〇二一年一〇月には、展示館の船の下でも上演された。イラストレーターみなみななみは、絵本『ぼくのみたもの　第五福竜丸のおはなし』（二〇一五年、いのちのことば社）を出版した。この絵本の複製画は館内の低い位置に掲示され、幼い来館者が文字を指で追いながら読んでいる姿を頻繁に目にする。学生ボランティアの杉本汐音はこの絵本を朗読した動画を作成し、動画投稿サイトで公開した。演劇人たちは、アーサー・ビナード構成・文の絵本『ここが家だ――ベン・シャーンの第五福竜丸』（二〇〇六年、集英社）を朗読した。この本にインスパイアされた吹奏楽曲「ラッキー・ドラゴン～第五福竜丸の記憶」（福島弘和作曲）は中高生に人気で、演奏前に楽団員たちが展示館を訪れることも多い。現代アートや舞踏でビキニ事件と第五福竜丸をテーマに選ぶ作品も近年続いている。アーティストたちは大石の遺した言葉に触れ、呼びかけに応えようとしている
冒頭で触れたように筆者は大石の晩年にあたる数年間、ともに行動することが多かったことから、大石死去に際して追悼の文書や講演、取材を受けることが続き、〈継承者〉として名指しされることが多い。しかし「私はラストアンカーではない」のだ。そして当事者でもない。だから表現者たち、アーティストたち、メディアとの協働で、大石への呼びかけに応え、責任を果たしていくしかないと考えている。

追悼番組と銘打たれたNHK・ETV特集『白い灰の記憶』[37]は、まさにメディアとの協働で大石が発信してきた言葉を記録する作業だった。担当したディレクターの岡田亨は生

前の大石と全く面識がなかったが、真摯に丁寧に大石の足跡をたどろうとしていた。埋めようのない深い喪失感を痛感しながらも、求めに応じて筆者は、写真や映像、大石に送られた小学生や中学生からの感想文などと向き合った。岡田は番組には登場しなかった関係者らも取材し、大石が遺したものを丹念に拾い構成していった。ディレクターもまた、語り継ぐ存在＝継承者となったのだと感じる。

もしも受け継ぐ「バトン」というものがあるとしたらそれはひとつではなく、第五福竜丸展示館を経由して、たくさんのバトンが拡散されていくのではないか。そして第五福竜丸展示館はたくさんの発信現場のうちのひとつとして、存在しているのではないか。筆者はそのバトンを受け取ったランナーのひとりとして、発信者としていまあるのではないか。

駅伝の中継地でタスキを渡しながら、次の走者へ一言を告げていくように大石は私に「忘れるな」と告げて、託していったような気がしている。ビキニ事件は終わっていないのだと。忘却にあらがう足場としてのミュージアムは、当事者の記憶を発信し続ける。

注

（1） 大石又七氏は第五福竜丸の乗組員。二〇二一年三月七日、誤嚥性肺炎のため八七歳で亡くなった。二〇一二年脳出血に倒れた際、予定されていた講演を筆者が何度か代役を務め、二〇一三年～二〇一九年は大石を補佐する形でともに講演を行った。大石氏の訃報は全国紙をはじめ各地の新聞、テレビでも報じられ、朝日、毎日、読売、北海道、南日本新聞では社説やコラムでも取り上げられた。なお大石氏は自らを「被爆者」と表記し、放射線に曝された被害者＝被曝者の表記と区別していた。大石氏の手記から引用する場合はその表記に準じる。それ以外では「被ばく／被ばく者」の語を用いる。

（2） 記憶の封印を開封する場としてのミュージアムについては、市田真理「核の記憶とともに」（蘭信三ほか編『なぜ戦争体験を継承するのか――ポスト体験時代の歴史実践』みずき書林、二〇二一年）で詳述した。

（3） 報道、教科書では「第五福竜丸事件」の呼称が用いられることが多い。行政報告文書以外で最初の詳細なルポルタージュはラルフ・ラップの『福竜丸』（みすず書房、一九五八年、Ralph.E.Lapp "The Voyage of the Lucky Dragon," Harper and Brothers Publishers, 1957）がある。焼津市は当初、関連資料は保管されていないとしたが、一九七六年、焼津の被害を記録した『第五福竜丸事件』を発行した。

（4） 第五福竜丸平和協会編『ビキニ水爆被災資料集』（東京大学出版会、一九七六年／二〇一四年新装版）。

（5） 広田重道「ビキニ被災二〇年目の証言――原水禁運動の原点をみつめて」（長崎の証言刊行委員会『長崎の証言』第六集、

一九七四年）。

（6）船名は「福龍丸」であるが、平和協会では福竜丸と表記することとしている。

（7）大石又七『死の灰を背負って――私の人生を変えた第五福竜丸』（新潮社、一九九一年、一四二頁）。以下「死の灰」と表記。

（8）第五福竜丸展示館内上映用映像「大石又七さんからのメッセージ」（二〇一八年インタビュー収録。撮影・編集大津伴絵、制作・第五福竜丸平和協会）。

（9）広田重道『第五福竜丸保存運動史』（白石書店、一九八一年）。聞き取りは展示館ボランティアと共有する形で手書きのニュースを数回発行した。

（10）第五福竜丸平和協会編『第五福竜丸展示館30年のあゆみ』（非売品、二〇〇六年）。

（11）山村茂雄『晴れた日に　雨の日に――広島・長崎・第五福竜丸とともに』（現代企画室、二〇二〇年）。

（12）二〇一九年一二月、大石又七氏家族より、関係資料一式を寄贈する旨の申し出を受け資料を引き取った。講演資料やレジュメ、配布物、写真のほか受け取った感想文や写真など多岐にわたる。現在整理中。

（13）「死の灰」四八頁。

（14）「死の灰」六二頁。

（15）医師・聞間元は解剖所見を解説した講演「久保山さんはなぜ死んだ」（二〇〇九年二月二一日）のなかで、「久保山さんの死因は放射線被曝による多臓器不全、とくに免疫不全状態を基盤にして、当時輸血中に含まれた肝炎ウィルス（B型）の侵襲と、その結果としての免疫異常応答との複合的、重層的な協働成因により亜急性の劇症肝炎を生じたものであり、原爆被爆者にも見られなかった放射能症性肝病変であるとして、『久保山病＝KUBOYAMA DISEASE』と名付けるべきだ」と指摘している。

（16）ビキニ事件における外交交渉については、坂本一哉「核兵器と日米関係」（『年報日本近代研究』一六号、二〇〇四年）、市田真理「外交文書にみるビキニ事件をめぐる日米交渉」（第五福竜丸平和協会編『第五福竜丸は航海中』現代企画室、二〇一四年）などの論考がある。

（17）久保山すずの苦悩については飯塚敏弘『死の灰を超えて――久保山すずさんの道』（かもがわ出版、一九九三年）にくわしい。平和協会では久保山すずより寄贈された手紙約三〇〇〇通を所蔵しており、その中にもすずに対する誹謗中傷とも受け取れる手紙がある。拙稿「三〇〇〇通の手紙から見えてくるもの――第五福竜丸無線長・久保山愛吉と家族に贈られた手紙を読む」（『原爆文学研究』一六号、二〇一七年）のほか企画展「子どもたちが見たビキニ事件」（二〇一九年九月～二〇二〇年三月）でも解説している。

（18）「死の灰」一二二頁。

（19）大石又七『ビキニ事件の真実――いのちの岐路で』（みすず書房、二〇〇三年、一七五頁）。以下「真実」と表記。

（20）「死の灰」一九二頁。

（21）放射能が検知され魚を廃棄させられた船は少なくとも述べ九九二隻で、その多くを高知船籍の船が占める。一九八三年に結成された高知県幡多高校生ゼミナールの高校生と顧問教員たちは、地元漁師への聞き取り調査を行い、医療関係者や反核運動団体も巻き込んで船員たちに健康相談会を開くまでになった。その活動は『ビキニの海は忘れない』（平和文化、一九八八年）にまとめられ同名のドキュメンタリー映画（森康行監督、一九九〇年）にもなっている。現在、高知県の元漁師と遺族による労災再適用を求める裁判が進行中であるが、関係者からは「第五福竜丸だけが補償された」という言葉が常に聞かれる。

(22)「真実」一七二頁。

(23) 川合龍介・斗ケ沢秀俊『水爆実験との遭遇——ビキニ事件と第五福竜丸』（三一書房、一九八五年）。

(24) 米山リサ『広島——記憶のポリティクス』（岩波書店、二〇〇五年）。

(25) 一人称の呼称について、小沢節子は「講話の際には当初から『私』という自称で語っていたことを思えば、ビキニ事件の体験について『書くこと』のハードルを越えるためには、すなわち書き言葉の世界へ参入するためには『俺』という漁師時代の一人称が必要だったのだろう。『俺』はビキニ事件当時の自分に戻って書きはじめるための方法論であり、三十数年の時を経て過去から召喚されたもうひとりの〝ワタクシ〟だったともいえよう」と指摘している（「大石又七の思想——『核』の時代を生きる」赤澤史郎・北河賢三・黒川みどり編『戦後知識人と民衆観』影書房、二〇一四年）。

(26) NHKスペシャル『又七の海——死の灰を浴びた男の38年』一九九二年四月放送。

(27) NHK現代史スクープドキュメント『原発導入のシナリオ——冷戦下の対日原子力戦略』一九九四年三月放送。

(28) 大石又七『これだけは伝えておきたいビキニ事件の表と裏』（かもがわ出版、二〇〇七年）、大石又七『矛盾——ビキニ事件、平和運動の原点』（武蔵野書房、二〇一一年）。

(29) 小沢節子は『第五福竜丸から「3・11」後へ——被曝者大石又七の旅路』（岩波ブックレット、二〇一一年）を上梓後、「福竜丸だより」への寄稿した（「福竜丸だより」三六七号、二〇一二年一月）。

(30) 小沢（前出「大石又七の思想」）一五二頁。

(31) 小沢（前出「大石又七の思想」）一五九頁。

(32)「矛盾」二〇二頁。

(33) 本論では触れられなかったが、大石は「築地にマグロ塚を作る会」を主宰し、講話に訪れた学校などで一〇円募金と署名を呼びかけ、「マグロ塚」を刻んだ石碑を作り、タイムカプセルと共に築地に置くことを目標にした。現在塚は夢の島に仮設置されている。

(34) 市田真理「表現されるビキニ事件」（第五福竜丸平和協会編『第五福竜丸は航海中』現代企画室、二〇一四年）。

(35) 高橋哲哉『戦後責任論』（講談社学術文庫、二〇〇五年）。

(36) キース・レイミンク監督『西から昇った太陽』（アメリカ、二〇一八年）。

(37) NHK・ETV特集『白い灰の記憶〜大石又七が歩んだ道』二〇二一年七月放送。

評論・エッセイ

戦争体験の継承はどこにあるのか

——特別展「8月6日」を振り返って

兼清順子（立命館大学国際平和ミュージアム）

一、戦争体験者のいない時代の展示を考える

二〇一八年に開催した特別展「8月6日」[1]は、戦争体験者がいなくなり、戦争の記憶が風化すると言われる中で、展示を通して戦争体験を継承する方法を模索した展示であった。こうした展示では、戦争の描き方や、歴史像、体験をわかりやすく伝えることなどに重きが置かれることが多いが、この展示ではそもそもなぜ継承するのか、何をすることが戦争体験の継承になるのかを来館者に問いかけることを目指した。そしてその過程では展示の制作側もその問いに曝されることになった。この展示をめぐる経験を振り返ってみたいと思う。

戦後七〇年を迎える二〇一五年が近づく頃から、展示を見て（事実を知り）、戦争体験者の話を聞く（証言を聞く）という学習スタイルが難しくなった平和博物館は、それぞれに体験者に代わり証言を伝える取り組みを始めた。私が勤務する立命館大学国際平和ミュージアムでは、これまで個人の体験によらずに総体としての戦争の歴史を伝える方針で常設展示が作られていた。そのため、戦争体験者による講話を恒常的なプログラムにしたり、館の事業のために戦争体験者を募集することもなく、大きな影響は無いと思われた。とは言え、二〇一〇年頃までは、神戸空襲、学童疎開、勤労動員、軍事教練、防空演習、建物疎開、引き揚げ、シベリア抑留などを体

験した方々が展示ガイドの中におられた。案内の際に体験を話されたので、見学者が「体験者の話が聞けて良かった」という感想を残すことも少なくなかった。体験を語ってくれる人がいなくなることの影響は大きい。展示対象が同時代の出来事から歴史上の出来事に移ると、資料や解説者が体験の伝え手になる。しかし、自らを大きく抉った出来事について直接語ってくれる相手に出会い、交流する中で何かを受け止める、という経験を補うことは難しい。そこで、体験者から直接話を聞くことができない時代に戦争体験を継承する展示に必要なことを検討し、展示を作って検証するプロジェクトを始めた。[2]

プロジェクトでは、平和博物館や戦争体験継承の抱える課題を整理しつつ、戦争体験がない世代による継承の取り組みに着目し、実践者を招いて実演していただき、携わる中での、気づきや変化なども伺うワークショップを重ねた。他者の戦争体験の何を汲み取り得るのか、同時代の人々に何を伝えようとしているのか、そこから展示に必要な要素を検討していった。こうして制作されたのが特別展「8月6日」だった。

その中で重視されたのは、戦争体験を一方的に渡す遺産ではなく、伝え手と受け手のコミュニケーションの中で伝わるものと捉えて、来館者に受け手としての主体性を持たせるということだった。そのためには、なぜ継承するのかを、ひとりひとりが考える必要がある。戦争体験とは何か、それを継承するとはどういうことなのかを自分で考え、さらに、継承をする意欲を持たせる展示が求められる。そのためにはコミュニケーションの場としての博物館機能を意識して、来館者が考える仕掛けを目指すことになった。

二、来館者に問いかける展示

この方針を受け、これまでの戦争体験継承の営みそのものに焦点をあてつつ、戦争体験のわからなさや多様性を見せ、生活空間や個人とのつながりを通して体験に迫る動機付けを与え、戦争体験継承について考えさせる展覧会案を出すことになった。何をどう展示すればこの課題をクリアしたことになるのだろうか。当初は方向性がつかめなかったが、検討過程で発表されたビジュアル・エスノグラフィー作品「レプリカ交響曲《広島平和記念公園8月6日》(二〇一五年)」[3]を組み込んではとの提案があり、[4]これを糸口に考えた。この作品は、現代における戦争体験継承の多様性を示すものだ。そこ

図1　「レプリカ交響曲《広島平和記念公園8月6日》（二〇一五年）」

でこれと対峙するように、過去から現在までの継承のありようの多様性を博物館ならではの資料で見せる第二部を作り、第三部では来館者が第一部と第二部の内容について考察する構想を立てた。

第一部の「レプリカ交響曲《広島平和記念公園8月6日》」は、戦後七〇年の八月六日の広島平和記念公園とその周辺の一日を通して、そこにいた人々やその営みを記録した映像を二〇分程度に編集し、撮影地点の位置関係も再現した作品だ（図1）。来館者はその中を自由に歩き回りながらそれぞれの場所や時間で起きていたことを感じ取ることができ、過去の空間を目の前に再現するような仕掛けであり、そこに映る人々の多様な営みが印象に残る作品である。

第二部の「8月6日のワンピース」は、被爆したワンピースを軸に、国際平和ミュージアム、戦没学徒を記念する「若人の広場」、広島県動員学徒犠牲者の会、遺族、そして持主であった女学校一年生の木村愛子さんの被爆と、資料の来歴が展開される。所蔵した団体は戦争の捉え方も資料を通して訴えたことも違う。折々の継承の内実は多様であったことを通して、このワンピースを見ることの意味を改めて考えるという趣向だ。また、〈被爆した資料を見る〉という、博物館

図2　ワンピースを見る人々とその映像

での戦争体験継承の実践が未知のものとして客観視されるよう、ワンピースを見る来館者の姿が、数秒のディレイを経て映し出される仕掛けも設けた(5)。数秒前の自分の姿を見ることは不思議な感覚である（図2）。

折々の継承のあり方は、博物館の空間や道具、資料を受け入れた団体が記した来歴のカード、遺族が遺品を保管することなど、資料への向き合い方を通して描いた。また、原爆の絵を使う提案を受けたことから(6)、愛子さんの被爆状況は原爆の絵、同級生の体験記、そして救護所の様子の音声証言を展示した。愛子さんの体験は、そこにいた人々が後に記したり語ったりしたことから想像するしかない。原爆が投下された経緯の説明を欠くことは、愛子さんの体験を歴史的な文脈から切り離す危うさを持つが、歴史は常設展示で十分に伝えているので、それを前提に割愛した。

来館者が展示で感じたことを振り返りつつ、その意味を考える第三部は、対話を軸にした。本来ならばワークショップなどで時間をかけて考察を促したいが、様々な制約があるため、タブレットにラインのようなフォーマットを表示し、博物館と来館者の疑似対話の形で第一部と第二部の展示内容に呼応する質問を投げ、そこに答える中で展示から感じたことを振り返り、考察できるよう設計した。来館者が受け身になりがちな情報のインプットではなく、考えを表明するアウトプットの場を目指し、「8月6日は何していたか覚えている?」、「もし、来年の8月6日に広島平和公園に行くとしたら何をする?」など、答えを記すハードルは低いが、どう向き合うかという思考を引き出すような質問を投げかけた。そして、来館者同士のコミュニケーションの意味も踏まえて、入力された答えの一部を、出口付近で映像として流した。

三、制作の過程で問われたこと

当初はこのように戦争体験継承の多様な側面を示し、自分はどのように向き合うのか考えてもらう趣旨だったが、制作の過程で博物館において戦争体験を継承するという実践そのものの意味を問われる事態が生じた。展示にあたり、改めて木村愛子さんの遺族に連絡を取り、姪にお話を伺ったところ、このワンピースは本当は愛子さんのものではないということがわかったのだ。実は戦後遺骨が戻ってきた際、別人のワンピースが添えられていたが、家族はそれを保管し、やがて教科書など愛子さんの生前の品と一緒に寄贈したという。歴代の施設は、愛子さんのワンピースとして受取り、そこに愛子さんの被爆体験を見せようとしたが、本当はそこに愛子さんの痕跡は無かったのである。

では、このワンピースを通して何が継承されていたのだろうか。顔も名前もわからない少女か、服が焼けるほどの痛みか、それとも、ワンピースの上にその名を呼ばれた愛子さんだろうか。この疑問は、博物館で展示を見て戦争体験を継承する一連の実践のどこに体験の継承をみるのかという問いを私たちにつきつけた。さらに、この事実が分かった以上、愛子さんの体験を継承する品として展示すべきではないという意見も出た。こうした中で、別人の遺品から愛子さんの体験を継承できるのかや、この資料の展示の是非を問うことで、来館者が何をすることが戦争体験の継承か考える契機になるとの提案があり[7]、第二部ではワンピースは愛子さんのものとしてそれまでの継承のあり方を見せた上で、第三部で事実を明かして、この資料を展示することの是非を問う構成とした。このことはプロジェクトにおいて、展示を通じた戦争体験の継承とは、〈戦争体験が展示の中に提示されること〉ではなく、〈見る側が戦争体験について考えること〉にあるという立場を明確にした。

この他にもこの展覧会を通して、問われたことがある。それは、この企画から抜け落ちていた視点だ。展示評でも、この展示が、来館者を継承者にかえる構成になっていると評価された一方、他の展開の可能性もあったのではとの指摘も受けた。では、どのような可能性があったのか、振り返って感じることがふたつある。

ひとつは遺族の戦後である。戦後生まれの姪は、被爆し、愛子さんを失った家族の戦後の風景を語ってくれた。愛子さんが被爆して亡くなったことは知っていたが、家族の中には、この喪失感に触れてはいけないものがあり、子供心に他の家族と違うと感じていた。その正体は、家族それぞれが計り知れない孤独を抱えていることだったと後年になり、わかったという。(8)家族は言い表すことができない寂しさを抱え、それを通して繋がっていたと姪は語った。八月六日に始まり、世代を超えて影を落としたトラウマの影響も、戦争体験を継承する中で向き合うべき課題のひとつだ。「あのワンピースは愛子のものではない」という家族の秘密を打ち明けてくれたのだが、そのことにもっと応える展示もありえたのではないかと思う。

ふたつ目は、ワンピースの真の持ち主の存在である。この〈もうひとりの死者〉のことは見つけ出せるわけがないと調査を諦め、展示ではほとんど触れなかった。ところが、展示評価の場で、〝ワンピースの映像は自分自身が幽霊になったように感じられた。また、斜め上から撮影した角度であるため、被爆して亡くなった人から見られているような感覚だった〟(9)という感想が紹介された。確かに、天井の一角から室全体を見おろす光景は、自分の体から抜け出し、上から見ていたという体験でよく語られる。展示を作る側が目を向けていなかったにもかかわらず、こうした見え方があることに驚いた。(10)それは展示における解釈の可能性を示すとともに、置き去りにした〈もうひとりの死者〉が、幽霊という形で指摘されたように感じた。戦争体験の継承が家族の喪失という比較的感情移入しやすい側面によりがちで、多様な死者（そして死）に向き合わねばならないことを問われた気がした。

四、来館者はどう受け止めたのか

来館者はこの展示をどう見て、何を考えたのか。それを知るため、第三部に入力された回答の分析、アンケート用紙を用いた来館者調査、研究者による展示評価を行なった。第三部の入力者は十代が過半数で、このワンピースを展示すべきかとの問いに対して、八割近くがした方が良いと答えたが、理由の多くは、本人のものでなくても戦争の恐ろしさを伝えるなど、戦争や核兵器の恐ろしさを伝えるから残すべきというものだった。異なる視点として、一部には、資料を残そうとした人の思いや理由を考える、歴史を語り継ぐ事の難しさというメッセージを持つなど、制作側が期待した受け止め方もあった。

質問の最後は、この展覧会の内容を誰に伝えるか、と聞いた。家族や友人という答えが多く、親密圏の中で分かち合う認識が強いことがわかったが、回答者は中学生が多かったことも影響しているかもしれない。

来館者調査は、主に授業見学で訪れた大学生を対象にアンケート用紙を用い、見学状況と理解度、そして感じたことを選択と記述式で問い、最後に展示を通じた継承への意識の変化とその理由も尋ねた。結果として、展示物は、ほぼ理解されていた一方、戦争体験を継承することの難しさや、継承のあり方をめぐる考えなど、制作側が狙った方向に思考が向かったとわかる回答は四割程度、被爆した資料を見た感想や戦争の悲惨さといった平和学習の〈正解〉の言葉が全面に出た回答は三割程度であった。展示評では、制作側の意図を汲み取ることは思いのほか難しかったのではないかとの指摘も出た。そのことからわかるのは、展示の中で資料に残された戦争の痕跡を感じることはできても、その意味を省察することは簡単ではないということだ。

展示評では、戦争体験の継承を専門とする研究者を招き、展示を見学し、批評をしてもらった。展示のプロットが来館者を継承者に仕立てる構図になっていたと評価を得た一方、問いかけが不意打ちになりコミュニケーションの方法として課題があった点、抜け落ちていた視点や他の展開の可能性の指摘、来館者にとっての省察の難しさなど、より広い視点から課題を洗い出していただいた。こうした展示評をはじめ、多くの方々が専門的な提言とアドバイス、そして制作過程でともに検討してくださり、戦争体験を継承する展示の課題が見えてきたと思う。

五、展示を通して戦争体験を継承する可能性

この展示では、戦争体験の継承とは何かという課題を来館者に直接突き付けて巻き込むという少し荒っぽい方法をとっ

たが、この課題を突き付けられたのは私も同様だった。それまで愛子さんのワンピースとして展示してきた行為は何だったのか、向き合おうとしなかったもうひとりの少女の存在が幽霊のように浮かび上がるとはどういうことなのか、展示を作る側としてどのような態度で戦争体験に向き合い、来館者に伝えようとしたのか問われてしまったと感じる。しかし同時に、自分では見えなかったことが明らかになる過程でもあった。展示が戦争体験の継承の場として機能するには、展示が持つ解釈の可能性が大きな役割を果たすだろう。歴史的文脈を無視したり、捻じ曲げる解釈は受け入れられないが、作り手も意図しなかったことが救い上げられるなら、それは戦争体験に向き合い、考察した証拠であり、展示が戦争体験の継承の場になったことを物語る。問いかければ応えてくれた体験者がいないからこそ、提示された戦争体験の意味を考え、また、他の見学者はどう考えたかコミュニケーションの中で考察を深めていくことが重要になるだろう。

注

(1) 立命館大学国際平和ミュージアム秋季特別展として、二〇一八年一一月七日〜一二月一六日に開催。展示図録として『8月6日』(立命館大学国際平和ミュージアム、二〇一八年)。

(2) 「平和博物館における戦争体験継承のための展示モデル構築」(JSPS科研費16K12814)を得て実施された。

(3) 詳しくは、松尾浩一郎・根本雅也・小倉康嗣編『原爆をまなざす人びと——広島平和記念公園八月六日のビジュアル・エスノグラフィー』(新曜社、二〇一八年)。

(4) プロジェクトの協力者である根本雅也氏による提起だった。

(5) 望月茂徳氏(立命館大学映像学部)の協力による。

(6) プロジェクトの協力者である広島平和記念資料館の福島在行氏の提案だった。

(7) プロジェクトの協力者である根本雅也氏の提案だった。

(9) この感想を寄せてくれたのは、ひめゆり平和祈念資料館の仲田晃子氏であった。

(10) 来館者調査でも、この映像を見たか、どう感じたかを尋ねた。実は二割はこの映像の存在に気が付いていなかった。また、気がついていた回答者は、意味がわからなかったとの答えとこの映像により、見る自分を客観視する効果があったという趣旨の回答に分かれ、死者の視点を指摘する回答は無かった。

評論・エッセイ

〈環礁モデル〉試論

――〈バトンリレー・モデル〉に替わるポスト体験時代のメタファー

岡田林太郎（みずき書林）

はじめに

本論の筆者は、本書の出版元であるみずき書林の社主である。自社の刊行物に出版者／編集者が寄稿することはあまりないだろう。まず、なぜこのようないささかイレギュラーな執筆をすることになったのか、経緯を簡単に述べておきたい。

昨年、小社は二冊の本をほぼ同時に刊行した。

・『なぜ戦争をえがくのか――戦争を知らない表現者たちの歴史実践』（大川史織編著、二〇二一年一月）

・『なぜ戦争体験を継承するのか――ポスト体験時代の歴史実践』（蘭信三・小倉康嗣・今野日出晴編、二〇二一年二月）

「なぜ」ではじまり「歴史実践」で終わるという共通点を持つこの二冊は、ともに戦争を知らない世代による、今後の体験の継承のありかたを探るものであった。

前者はアーティストたちに取材することで、後者は研究者と平和博物館にフォーカスすることで、いわば同じ山頂を別のルートで目指すふたつのパーティのような関係にある書籍であった。

そして両書籍の編集終盤～刊行後にかけて、前者の編著者である大川史織氏とも、蘭信三氏をはじめとする後者の執筆陣の皆様とも、同じ対話を交わす機会があった。すなわち「戦争体験の継承を考える際に〈バトンを引き継ぐ〉というメタファーに替わる新たな表現が必要なのではないか」という議論や雑談であった。

この二冊の本を作る過程で、筆者は〈バトンの受け渡し〉という暗喩に対して、かすかな違和感を抱くようになっていた。本来、比喩表現とはある物事をすんなり理解・納得するためのレトリックである。しかしこの暗喩が提供するイメージは、これからもかつてのように通用するだろうか。

ここで、戦争との関わりにおける近年の〈バトン〉表現をざっと拾ってみると、たとえば、

・『未来へつなぐバトン　千代田区戦争体験記録集』（千代田区、二〇一六年三月）

・「引き揚げの記憶、若者にバトン　京都・舞鶴、増える「学生語り部」」（京都新聞の見出し、二〇二一年一二月六日）

・「核兵器廃絶「ネバーギブアップ」のバトン　坪井直さん死去、闘い続けた生涯」（中國新聞の見出し、二〇二一年一〇月二七日）

などが目に入ってくる。

誤解のないように言っておくが、こういった言い回しが無効だと言っているのではない。いまなお、そして今後も、〈バトン〉の暗喩はある程度有効だろう。

ただしここに挙げた三例は、いずれも体験者から非体験者へ、という文脈のなかで使われている表現であることに留意したい。

先述の二冊の本は、非体験者から非体験者へ、という明確な視点を持っていた。そのときに、私たちは誰からバトンを受け継ぎ、それを持ってなにをし、それを手にどこに至ればゴールに達したといえるのか。そう考えてみたときに、〈バトン〉が不必要に重くも感じられ、同時にいささか扱いに困るあやふやなもののようにも思えたのだった。

今後主流となる非体験者同士の連帯・協働を、肩に重くのしかかる重圧としてではなく、心もとない茫洋としたものでもなく、表現することはできないか。

本特集の企画者である根本雅也氏に執筆の依頼を受けた際、戸惑いつつも引き受けることにしたのは、この点をもう少し掘り下げてみたかったからであった。

一、体験者不在のバトンリレーとは

バトンリレーが含意するもの

三年前、『なぜ戦争をえがくのか』の企画書を作ったときの趣旨にも、筆者は以下のように書いていた。

> つまり、「継承」とは、みずからは未経験者であることを自覚しながら、体験者からのインプットと、さらなる未体験者へのアウトプットを兼ねた、バトンリレーのようなものであろう。体験者の記憶をどう受け止めるかだけでなく、さらに下の世代にどう受け渡すかが問われていると言える。

バトンの喩えには、世代を超えて受け継いでいくこと、自分が責任を伴うランナーであるという含意がある。さらには、何らかのゴールがあるという含みもあるかもしれない。しかし体験者がいなくなったときに、このメタファーはどこまで有効な想像力を提供できるだろうか。

バトンというからには、当然これはリレーのイメージである。ある世代の誰かがランナーとなり、前の世代から渡されたバトンを持ってしばらく走り、しかるべき時が来たら（次世代が成長したら）その人に渡す、というイメージであろう。目的意識を共有した世代間が一対一対応で数珠つなぎになった、マラソン競技のようなものが想像される。

バトンを落とさないように次世代に渡していくのは重要なことだが、一方で自分が転倒したりバトンを落としたりすれば終わりになってしまうような、つまりひとりで走っているようなイメージがある。

あるいはまた、バトンがどんどん渡っていけばいくほど、受け手の責任感と重圧が増えていくような印象もつきまとう（図1）。

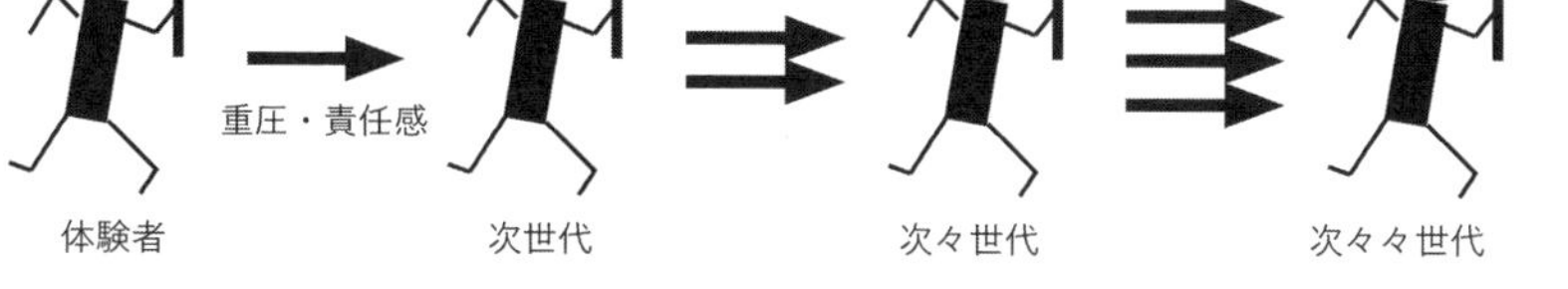

図1　バトンリレーモデル

目的共有的・直線的・一対一的イメージを超える

もちろん実際には、バトンの受け渡しは一対一で行われるようなことではなく、受け手はたくさんいていいし、いるべきである。その複数の受け手が渡し手になるときには、そのそれぞれを起点にさらに拡散していくというかたちが望ましい。しかしそうであるなら、やはり「バトンの受け渡し」以外のことばづかいがふさわしいのではないか。

とくに戦争体験者がいなくなった世界で歴史体験を継承することを考えるときには、目的共有的・直線的・一対一的なイメージは、むしろ継承の困難さを強調してしまわないだろうか。「なぜ自分が？」という重圧ではなく、「自分こそが！」という孤独な責任感でもない、〈バトンリレー・モデル〉とは別のモデルを考えてみたい。

それは単にそれらしい暗喩表現を考えることにはとどまらず、近い将来にやってくる戦争体験者不在時代の継承のかたちを考えてみることにもなるはずである。

先述のとおり、以下の記述は『なぜ戦争をえがくのか』の編著者である大川史織氏とかつて交わした対話、『なぜ戦争体験を継承するのか』の執筆者の方々とのやりとり及び諸論考にインスパイアされている。さらに、以下で試みる〈環礁モデル〉試論は、宮地尚子『環状島＝トラウマの地政学』（みすず書房、二〇〇七年）に大きな影響を受けている。

二、いくつかの継承モデル

宮地尚子は『環状島＝トラウマの地政学』のなかで、環状島というモデルを用いて、トラウマを語ることについて述べている。

ここではそれをベースにして、〈環礁〉をモデルにして、体験者不在の歴史の継承のかたちを考えてみたい。

環状島と環礁は形としてはやや似ているが、ここで言いたいことは、宮地とはまったく異なる。島のモデルを用いて扱いたいことが、宮地ではトラウマを扱うときのポジショナリティであるのに対して、本論では体験者が誰もいない場合のポジショナリティとなる。

さらにもう一点、ここで「体験者の不在」を語る際に、これが極めてドメスティックな問題であることも強調しておきたい。諸外国では、現在進行形で体験者が生まれている（本書を編集している二〇二二年五月の段階で、ウクライナ情勢は全く出口を見出せていない）。また国内に限っても、旧植民地で生きる人びとなど「終わらない戦後」を生きている人はたくさんいる。そのことは念頭に置いたうえで、ここではあくまでアジア・太平洋戦争等と呼ばれる戦争の（戦場・銃後を問わず）直接の体験者の不在についての議論であることを確認しておきたい。

さて、〈環礁モデル〉について書く前に、従来型の〈バトンリレー・モデル〉について再確認し、さらにここ数十年の、体験者が高齢化していく過程における継承モデルについて見ておきたい（ここでは仮に〈さかのぼりモデル〉と呼びたい）。

バトンリレー・モデル

体験者が存命で若く、発信力も高い時代は、彼らが特権的な語り手として、下に伝えていくかたちが主流だった。

語りや作品化を行う行為主体を四角で囲むなら、一番上にいる体験者が、継承の主体である（図2）。

さかのぼりモデル

時代がやや下り、体験世代が高齢化していくと、それを引き継ぎたいという強いモチベーションをもったより若い世代が、その継承を試みるようになる。ここ数十年間の表現や研究はそのように行われてきたと言っていいし、その方法は体験者が存命中のあと数年は有効であろう。

大川史織氏のドキュメンタリー映画『タリナイ』（春眠舎、二〇一八年）を例にする。

ここでは従来型の上から下へ、ではなく、下から上へとでもいうべき働きかけの逆行が起こっていた。体験のない世代が、体験世代の話を聞き、そこに近づくために歴史を遡行していくイメージである。

ここではより若く、フットワークとバイタリティを持った下の世代が行為主体となる（図3）。

以上が、従来の〈バトンリレー・モデル〉と、その発展形としての〈さかのぼりモデル〉であった。

これからは体験世代が完全にいなくなる時代がやってくる。戦後七五年以上が経ち、すでに戦争の鮮明な記憶を持っている人はほとんどいない。これからは、幼い頃に戦争を体験した世代すらいなくなるだろう。あの戦争の体験者が完全にいなくなる、という時代がくるわけである。そこで〈さかのぼりモデル〉をさらにもう一歩進めたモデル構築を試みようというのが、本論の主旨である。

非体験者たち（だけ）のモデル

これからは非体験世代しかいない。非体験世代のなかでも年齢差はあり、祖父母世代＞親世代＞自分たち＞子どもたちといった世代にわかれるのはもちろんだが、一番上の世代も含めて、その誰も戦争を体験・記憶していない。

そこでは、体験・記憶は、書物や映像や音声といった記録になる（図のなかでは二重線の四角で囲んだ）。彼らは不在なので、とうぜん行為主体にはならない（図4）。

とすれば、継承の行為主体はその下の世代全てということになる。彼らには年齢の差があるだけで、いずれも特権的な体験者ではない。体験の有無という意味ではまったくフラットな関係にある。

多くの行為主体の間を、記録や作品が循環しているイメージである。

上述のようにここでは世代間の差はなく、全員が非体験者という意味で平等である。よって、世代A〜C……を縦に並べるのでなく、この図を俯瞰的に眺めてみる（図5）。体験者の記憶・記録を中心にして、非体験者がその周囲を囲んでいるかたちになる。

ここでは、

・特権者がいない
・一対一対応ではない

ことが特徴になる。

三、〈環礁モデル〉

〈環礁モデル〉の概要

上記の俯瞰図を念頭に『環状島＝トラウマの地政学』を読んだときに、環礁が頭に浮かんだ（図6）。いうまでもなく、マーシャル諸島が環礁国であり、映画『タリナイ』の舞台がウォッチェ環礁であることも、強く意識された。ここでは、

・内海：体験者の記憶・記録
・州島：それぞれの非体験者たち
・外海：無関心な層

をあらわしている。つまり、もうそこにはいない体験者の記

図2　上から下への継承

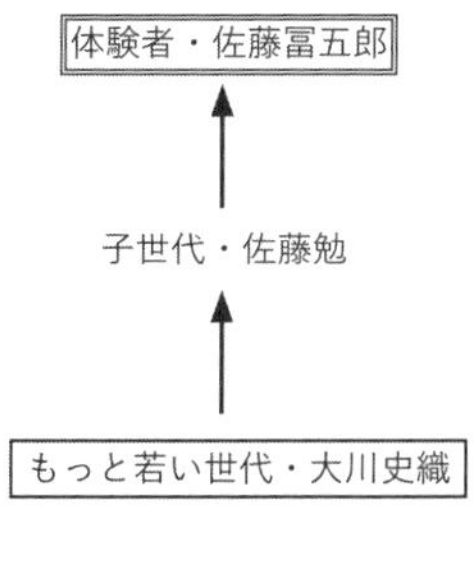

図3　さかのぼりモデル（『タリナイ』の実践）

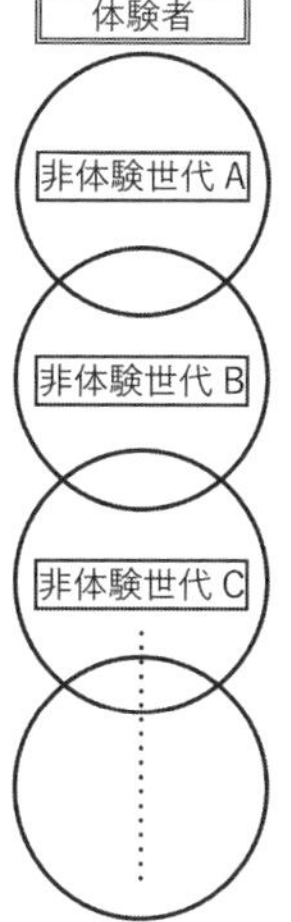

図4　非体験者たちだけのモデル

図5　図4を俯瞰するとこうなる

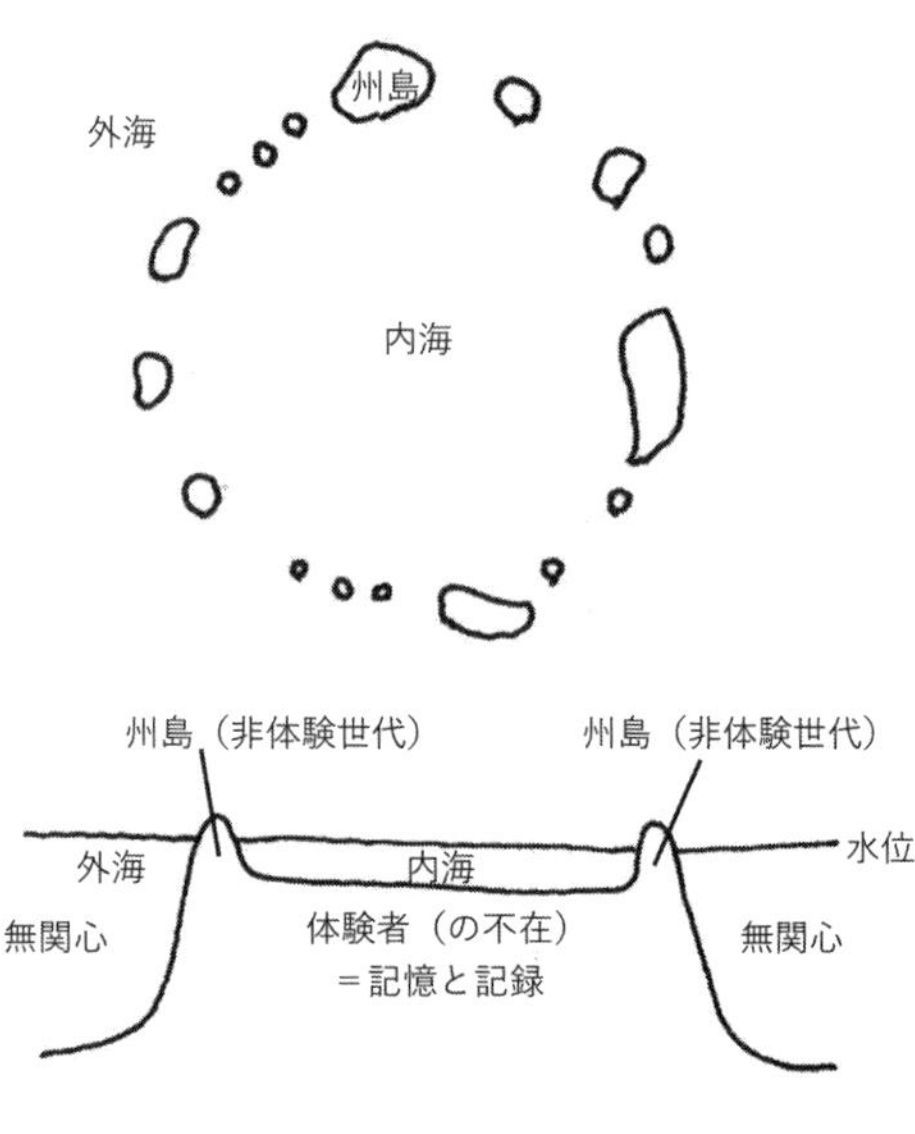

図6　環礁モデル

録と記憶を中心にして、それに関心を持っている人たちが環状に集まっている状態である。

なお環礁とは辞書的には、「大洋中に発達してできる、環の形をした珊瑚礁」である。

火山島が沈降するいっぽうで、その周囲の珊瑚礁が成長し、火山が海面に沈んだのちに珊瑚礁のみが海面に残った状態である。

つまり中央の内海はかつては活発に活動していた火山であり、それをとりまく州島はそこに集まるようにして成長した島であるという点も、メタファーとして示唆的であるといえる。

体験のない我々は州島を形成し、かつて体験した人びとが沈んでいる内海のまわりに集まる。戦争の記憶を知りたいと願い、体験者の記憶に触れることは、環礁の砂浜から内海を眺める行為ということになる。

ここでは、先述の特徴に加え、

・出入りが自由である

という要素を加えてもいいかもしれない。

水位を保つ

この場合、水位＝海面は、忘却の深さをあらわす。

水位が上がることとは、皆がその記憶を忘れることを意味する。内海の底にある体験者の記憶・記録は見えないほど底に沈み、関心を持った人たちが集まる州島という足場もなくなる。つまり、海面が上がることとは、記憶が遠くなると同時に、語り合う場そのものがなくなることを意味する。

逆に水位が下がることとは、内海の底にある記憶・記録が曝け出されることを意味する。これは体験者が現れることを意味する。つまり新たな戦争が起こり、新たな体験世代が生まれるということである。これもまた避けなければならない。

宮地の環状島モデルでは、水位はトラウマに対する無理解や否認と位置付けられ、水位を下げることが目的だとされてきた。ここも歴史記憶の継承モデルとしての〈環礁モデル〉と大きく違う点のひとつである。

ここではマーシャルやツバルなどの環礁国を語るときにしばしば言及される「地球温暖化」「環境保全」もメタファーになる。つまり、「水位を保つこと」がなにより重要になる。忘却の進行＝海面の上昇によって、環礁を沈めてしまわないこと。

「水位を保つこと」、とりわけ水位を上げないことが最重要であるが、とはいえ水位を下げてひとつひとつの州島を繋げてしまう必要もない。州島はそれぞれに異なる形と大きさを持ち、それぞれの関心をもった人たちを乗せている。水位を下げる＝関心の度合いが高まるなら、いつかこれらの島々はつながったひとつの島になるが、それは内海をとりまく人たちが同じ思考・思想になることを意味する。

州島の大きさとかたち

たとえば広島・長崎の原爆という関心に対して形成された環礁の場合、内海には膨大な記録と記憶が眠っている。その周囲を囲む島にも、さまざまな意見を持った人が集まっている。おそらく、その意見を統合することは不可能であり、またそうする必要もない。たとえば原爆に対して、「二度と同じ被害を生まないために核兵器を廃絶しなければならない」という意見があるいっぽうで、「二度と同じ被害を生まないために核武装をしなくてはならない」という意見もありうるだろう。その意見の違いをお互いに排除しないために、形と大きさの違うさまざまな島がある。原爆問題の環礁にある島々は、その問題を共有し、少なくともそれについて語りたい・知りたいという人々を乗せている。

重要なことは記憶・記録を忘却しないことと、島間の交流・対話を否定しないことである。水位を下げて島をつないでしまうことは、同一の意見でその問題を取り囲むことを意味する。たとえば「二度と同じ被害を生まないために核武装をしなくてはならない」という意見で囲むように。大きなひとつになり多様性がなくなった島は、もう環礁とは呼べない。それがさらに進行すると、内海の底が露出する＝新たな体験者を生むという事態につながっていくだろう。

その意味でも「水位を保つ」ことが、つまり「州島の多様性を保全する」ことが重要である。

波のリズム

ところで、環礁の島と島は、潮の満ち引きによって地表が露出し、地理条件次第では歩いて渡ることができるようになる時間があるという。ひとつひとつの島には異なる意見や考え方を乗せることができると考えるなら、このこともまたメタファーになるかもしれない。潮の満干によって島と島の間に道ができることは、たとえ異なる意見であったとしても、場合によってはつながりあうこともできること、部分的には合意形成ができることを示唆しているようにも思える。

あるいは潮の満ち引きによって作られる波のリズムは、内海から寄せてくる今はもういない体験者の〈声〉と考えることもできるかもしれない。

州島にいるわれわれには、それぞれに暮らしがあり、生活がある。ある歴史問題に関心を抱いていたとしても、人生のすべてをその問題意識一色に染めて生きているわけではない。「出入り自由」と先述したように、我々は自由に島に来て、随意に別の環礁に移ることができる。つまり、当然のことであるが、我々にはその問題を考えないで生きている時間もあるし、同時並行的に複数の関心を抱くこともできるし、いくつもの考え方の間を行き来することもできる、ということである。

内海の穏やかな波は、我々の暮らしのなかに息づく、歴史への想いのように考えることもできるかもしれない。

四、対話圏・交流圏としての環礁

環礁は無数にある

以上、非体験世代たちが歴史記憶を継承する際の〈環礁モデル〉についてざっと書いてみた。

整理すると〈環礁モデル〉とは、

・その歴史に関心のある人びとが集まり、自由に語り合える環境であり、

・そこに集う人びとは「体験がない」という意味で全員平等である。

ということになる。ここでは環礁は、一種の対話圏・交流圏として捉えられる。

いうまでもなく、環礁はひとつひとつの歴史事象ごとにある。「原爆問題」という巨大な環礁のなかには「広島の原爆」の環礁もあれば「マーシャルの核実験」の環礁もあるだろう。さらにそれは無数の問題群にわかれるだろうし、環礁はそのひとつひとつに存在していなければならない。

もちろん環礁は想像上の暗喩であるから、新しく作られることもあるだろうし、同一人物が複数の環礁に同時的に居場所をもっていることも、もちろんありうることだろう。

さてそうなると、環礁に浮かぶ州島に上陸するのはどういう人たちなのかということが問われるかもしれない。つまり、その歴史問題に関心を抱き、交流圏に参加するための資格があるのかということである。

環礁に上陸するための資格

宮地の環状島モデルでは、中央の内海は、「もっとも深刻なトラウマによって語ることができない人びと」を意味した。〈環礁モデル〉でも「語ることができない人びと」であるのは同じであるが、ここでは「真の体験を持った人はもういない」ということになる。

体験の深刻さにかかわらず、いずれにせよ体験した人はもういないのである。当事者がいないなら、非当事者こそが語らなければならない。当事者を生まない、当事者にならないために。

そう考えると、体験者＝当事者がいないという状態は評価に値することであり、その状態を、肯定的な状態として捉えなければならない。

環礁は一種の対話圏・交流圏である。

そして何度も繰り返すが、体験者＝当事者＝特権的な語り手はもういない。だからこそ、誰でも語ることができるような環境を維持しなければならない。

最大の障害となるのは、外海の無関心よりもむしろ、冷笑的で硬直した態度になる。関心のあるふりをして環礁にやってきて、「体験もないのに何がわかるのか」「どういう資格で

語っているのか」「そんなことを知って何になる」「いまは平和なんだからそんなこと考えなくていい」といった態度で環礁を荒らす態度こそが、今後の記憶の継承の一番の障害になるかもしれない。

資格はないが、マナーはある

特権的な声をもっていた体験者はもういなくなる。

よって体験の有無は、島に上陸するための資格ではない。この七七年間を生きている我々は、幸運にも、戦争記憶の継承に関しては「当事者性」を問われない時間を生きている。にもかかわらず、表現者たちは、研究者たちは、どうしてそういう関心を抱いているのだろうか。

専門家、研究者、表現者、親族や遺族、運動家、〝ただの人〟……それぞれが自分の関心のある環礁のそれぞれの島に上陸する。

上陸するために必要なのは、おそらく「知ろう」というささやかな意欲だけであり、あとはもしかしたら「戦争で死にたくない」「あの人に死んでほしくない」「殺したくない」という願いさえあればいいのかもしれない。

ただし、出入り自由であるゆえに、島に上陸するためのマナーはいくつかありうるだろう。たとえば先述のように、硬直した冷笑的な態度をとらないということは島の環境を保全するための最重要のマナーかもしれない。一方で、そのような人びとが上陸してきたときにどのような態度をとるかも、向き合うのが困難なマナーとなるだろう。彼らにも「知ろう」という意欲はあり、「死にたくない」という願いはあるだろう。彼らをも含んだ対話圏・交流圏を構築するため、島暮らしのマナーが必要になると思われる。

おわりに——知ってしまわないために知ろうとする

内海は静かに凪いでいて、海底からの声がさざ波となって足元に寄せている。

環礁の島から内海を眺めると、隣の島や対岸の島が目に入る。そこには同じように内海を覗いている人がいて、我々はその景色について一緒に話し合うことができる。

我々は内海の底になにがあるのか、本当には知らない。そのことを知らないままでいるために、そこにあることをずっと経験しないために、我々はそのまわりに集まって海面を見つめている。海の底に目を凝らして、そこに沈んでいることを知ろうとする。

〈バトンリレー・モデル〉は記憶や記録、遺志を継承していこうとするときの、秀逸なイメージだった。

しかしいまは、もう少し違ったモデルのほうがしっくりくるかもしれない。ここに書いてみたのは、そのための未熟なアイデアのひとつに過ぎない。

あと数年後には、我々は戦争の記憶を持つ先達をすべて失うだろう。そして我々もまた、対話と交流を試みながら死んでいくのだろう。

願わくば、体験者たちを永遠に失ったままでいるために、中心を失ったまま対話を続けていくために、新しい継承モデルを考えてみてもいいのかもしれない。

直線ではなく環状の。世代縦断型ではなく世代横断型の。一対一ではなく多対多の。そのようなイメージのモデルを。

投稿論文

三八豪雪と自衛隊

――一九六〇年代の自衛隊の印象に関する一考察

中原雅人
（神戸大学大学院）

はじめに

二〇一四年一二月二三日の『朝日新聞』は、「自衛隊、日陰イメージ一掃」との見出しを付け、かつて首相の吉田茂に「日陰者」と呼ばれた自衛隊が「いつの間に、これほど光が当たる存在になったのか」を追っている[1]。同記事も述べるように、通常日本人の自衛隊に対する印象が変化したのは、一九九〇年代だと言われている[2]。中でも、一九九五年一月の阪神・淡路大震災は、その大きな転換点となったと度々指摘されてきた[3]。

とはいえそれは阪神・淡路大震災によって突然自衛隊に対する印象が変化したことを意味しない。実際は、阪神・淡路大震災における変化に至るまでにもいくつかの転換点があったようである。

例えば、内閣府がおこなった自衛隊に対する印象の世論調査（図1）では、一九六三年から二〇一八年までの間に自衛隊に対する印象が徐々に好転したことに加えて、一九六〇年代にはすでに転換点があったことが示されている。

そうした点は先行研究でも指摘されてきた。例えば、村上友章は自衛隊に対する印象の世論調査を引用した上で、一九六〇年代に災害派遣が増加し、自衛隊がより多くの国民の目に触れたことによって、「一九六〇年代半ば以降、自衛隊に

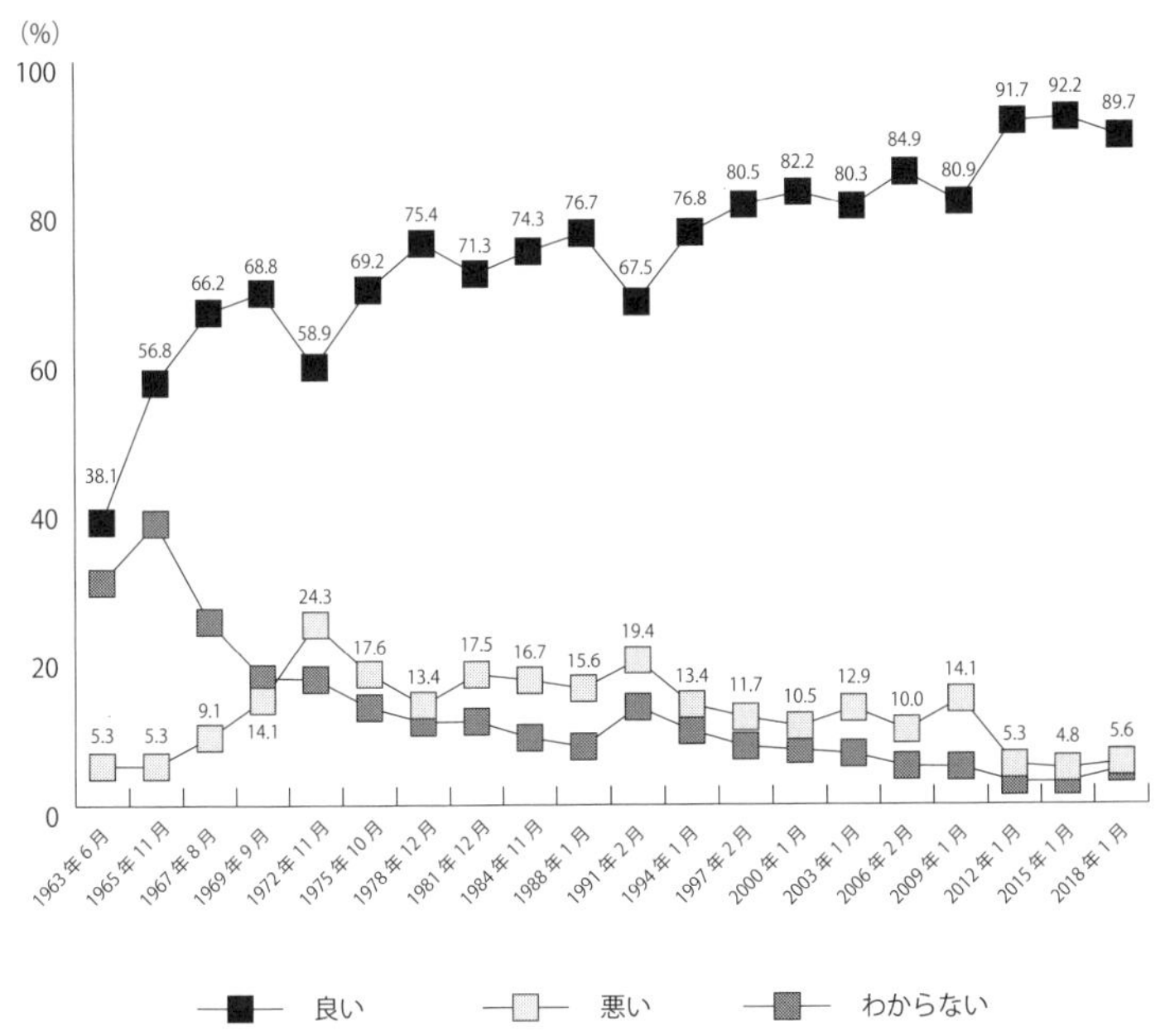

図1　自衛隊に対する印象（%）

注1　「良い」は、1967年8月から2006年2月調査まで「良い印象を持っている」と「悪い印象は持っていない」の合計、2009年1月調査からは「良い印象を持っている」と「どちらかといえば良い印象を持っている」の合計となっている。なお、2006年2月調査までの「良い」の内訳は、「良い印象を持っている」が約16・5～37・9%、「悪い印象は持っていない」が36・9～54・2%で推移しており、「消極的支持」と言えよう。

注2　「悪い」は、1967年8月から2006年2月調査まで「良い印象は持っていない」と「悪い印象を持っている」の合計、2009年1月調査からは「どちらかといえば悪い印象を持っている」と「悪い印象を持っている」の合計となっている。

注3　「わからない」の数値の表記は省略した。

出典：内閣府大臣官房政府広報室「自衛隊に関する世論調査」（1963年6月、1967年8月、1969年9月調査）、「自衛隊の広報及び防衛問題に関する世論調査」（1965年11月調査）、「自衛隊・防衛問題に関する世論調査」（1972年11月～2018年1月調査）、内閣府、https://survey.gov-online.go.jp/index.html（最終確認2021年12月21日）より筆者作成。

対して好印象を持つ層が、悪印象を持つ層を引き離していった」と分析している。[4]また、ポール・ミッドフォードも同様の世論調査を引用し、自衛隊に対して好印象を持つ割合が一九六五年以降過半数を超え、一九七五年以降は三分の二を超えたと述べている。[5]

さらに、佐道明広は『自衛隊史論』や『自衛隊史』などの一連の著作の中で、自衛隊が創設以来「憲法違反」という批判にさらされ、「大部分のマスコミは戦後平和主義に反する存在として厳しい目を向け続けた」[6]としつつも、一九六〇年代には自衛隊が国民の間に定着したと指摘している。その理由として一九六〇年代は「災害救援に出動する自衛隊の姿や、折からのオリンピックでの協力や国民の関心が高い南極観測活動への支援協力など、防衛問題とは違う側面から国民が自衛隊を目にする機会が増えた」ことを挙げている(7)。

また、岡田直之は一九五一年から一九七一年までの世論調査に映し出された自衛隊像を考察する中で、一九六〇年代前半については、東京オリンピックの支援による自衛隊イメージの好転も手伝って自衛隊の必要性を認める国民世論が八〇%前後という驚異的な比率を占めたと述べている(8)。

したがってこれらの先行研究からは、一九六〇年代という戦後の比較的早い時期に自衛隊に対する印象をめぐって変化があったことがわかる。では、先行研究で議論されてきた一九六〇年代には一体何があったのだろうか。ここで別の世論調査を見てみよう。例えば、一九六五年の世論調査(図2)は、「自衛隊に対して以前より良い印象を持つようになったか」との質問に対して、四〇・五%の人が「良い印象を持つようになった」と示している。

加えて、その理由を尋ねた質問(図3)では、「災害派遣」と答えた人が、三一・二%となるなど、「オリンピック・国体等の支援」と回答した人(一六・〇%)の約二倍の割合となった。したがって、図3からは、一九六五年より前に自衛隊に対する印象を好転させた災害派遣があったことがわかる(9)。

そこで本論では、一九六〇年代前半の代表的な災害のひとつである「昭和三八年一月豪雪」(以下、「三八豪雪」と略す)(10)に着目し、その際おこなわれた「三八豪雪災害派遣」を事例として取り上げる(11)。

三八豪雪とは、一九六二年一二月末から一九六三年二月中頃まで、北陸を中心に続いた豪雪のことである。その際おこなわれた災害派遣には、陸上自衛隊の東部および中部方面隊から合計三七万人の隊員が参加した。これは当時としては、伊勢湾台風に次ぐ「史上第二の出動」であり(12)、のちに三八豪雪災害派遣と名づけられるなど、自衛隊の災害派遣史に残る出来事として記されている(13)。一方で、その知名度は低く、当時の様子はこれまでほとんど明らかにされてこなかった。

先行研究では、すでに取り上げた村上とミッドフォードが自衛隊に対する印象の転換点として三八豪雪にも触れている。例えば、村上は三八豪雪時に全国の部隊によって大規模な除雪作業がおこなわれ、自衛隊がより多くの国民の目に触れるようになり、「自衛隊に対する国民の印象をよくした」と述

図2　自衛隊に対して以前より良い印象を持つようになったか（1965年）

良い印象を持つようになった	40.5%
悪い印象を持つようになった	3.6%
以前と同じ・変わらない	35.6%
わからない	20.5%

出典：内閣府大臣官房政府広報室「自衛隊の広報及び防衛問題に関する調査」内閣府、1965年11月～12月調査、https://survey.gov-online.go.jp/s40/S40-11-40-15.html（最終確認2021年2月18日）。

図3　自衛隊に良い印象を持ったのはなぜか（1965年）

災害派遣（患者輸送なども含む）	31.2%
オリンピック・国体等の支援	16.0%
部外工事（土木工事など）	7.0%
自衛隊員の善行	3.5%
その他	2.6%
自衛隊員との交際から	2.2%
わからない	2.0%
演習や部隊等の見学	1.7%

出典：図2に同じ。

べている。[14] また、ミッドフォードは、三八豪雪における災害派遣が、とりわけ「エリートレベル」（elite level）において陸上自衛隊に対する認識を好転させたと述べている。その結果、大阪では一九六四年に松下幸之助を中心とした財界人によって民間の自衛隊支援団体である「大阪防衛協会」が設立され、東京では一九六六年に「東京都防衛協会」が設立されたと指摘している。[15] しかしながら、いずれの研究も三八豪雪災害派遣の様子や被災地内外での自衛隊に対する印象の変化には触れていない。

そこで本論では、三八豪雪で最も深刻な被害を受けた地域のひとつである新潟県長岡市[16]とその周辺地域の状況を具体的に描写することによって、三八豪雪災害派遣を経て自衛隊に対する印象が如何に変わったのかを明らかにする。それによって、近年の自衛隊に対する好印象のの広がりを考察するための「前史」の一端を提示したい。

なお、構成は以下の通りである。一では、先行研究に依拠しながら三八豪雪以前の状況を確認する。具体的には、高度経済成長の時代に国民の間で自衛隊に対する無関心が広がった様子を示す。二では、三八豪雪災害派遣をめぐって被災地住民の自衛隊に対する印象が好転する様子を描写する。その際、災害派遣については防衛庁側の資料や自衛隊員の回顧録を使用し、被災地住民の反応については新聞記事を中心に記述する。三では、三八豪雪災害派遣を経て一部の地域で自衛隊に関する議論が活性化したことによって、北陸や東京、近畿の一部の地域で自衛隊支援団体が設立される様子を確認する。「おわりに」では、本論の議論をまとめたのち、そこから得られる示唆を提示する。

一、高度経済成長と自衛隊への無関心

戦争の記憶が色濃く残る一九五〇年代の日本では、一部の勢力の間で自衛隊反対の声が高まっていたと言われている[17]。とりわけ政界では、社会党などの革新陣営が「自衛隊違憲」、「自衛隊イコール悪」という主張を繰り返し、自衛隊に否定的な姿勢を示していた[18]。

一方、植村秀樹によると、当時の社会党の考えは左派系の知識人によって理論的に支えられていたという[19]。中でも、当時論壇をリードしていた、いわゆる「進歩的文化人」たちは、左派社会党のイデオロギーを浸透させる役割を担っていた[20]。とりわけ進歩的文化人の中でも大江健三郎は防衛大学生に対して「恥辱」と発言するなど、直接的に自衛隊批判をおこない話題となった[21]。大江の発言は一例に過ぎないが、当時の自衛隊に対する風当たりの強さを少なからず表しているといえるだろう。

事実、こうした風当たりの強さは、自衛官自身が当時を振り返り「制服姿で県庁に来ないでくれ、と言われた」と述べていることや[22]、防衛大学校一期生でのちに統合幕僚長を務めた佐久間一が、防衛大学校生だった当時（一九五三年四月〜一九五七年三月）を回想し、「町を歩けば『税金泥棒』と言われ」たり、「お茶の水などの女子大生が『防大生とは結婚しません』というプラカードを掲げて、都内でデモ行進したこともあ」ったと述べていることからもわかる[23]。

これはあくまで一部の人々による限られた地域での出来事ともいえる。しかしながら、ここで重要なことは、こうした自衛隊に対する反対の声が当時の歴代政権の政策に少なからず影響を与えていたということである。例えば佐道は、自衛隊反対の声が高まる中、歴代の政権が野党からの厳しい追及を恐れ、自衛隊・防衛問題を正面から論ずることを避けるようになったと指摘している[24]。

そうした姿勢は、とりわけ池田政権において顕著であった。一九六〇年の安保条約改定をめぐる混乱と岸信介の退陣を見ていた池田は、「死傷者まで出すような保革対立、対決政治の時代を終わらせ」ようとした[25]。池田は「寛容と忍耐」を政

治理念としてかかげ、新しい統合の手段として国民所得倍増計画を示すなど、「軍事の季節」に代わって「経済の季節」を演出した(26)。こうして、池田政権は防衛政策に消極的な姿勢をとるようになった(27)。大嶽秀夫も指摘するように、一九六〇年代は防衛問題を論ずることが「タブー視」され、自民党首脳でさえも防衛問題を正面から議論することを避けるようになっていったのである(28)。

　こうした防衛問題に対する政府の消極的な姿勢に加えて、高度経済成長は国民の意識に影響を与えたと言われている。すなわち、佐道も指摘するように、高度経済成長の中で国民は「防衛問題のような日常生活から遠い問題には関心を失ってい」ったのであった(29)。実際、その様子は当時の新聞記事からも確認できる。例えば、『毎日新聞』は当時の雰囲気を次のように伝えている。

　世間の自衛隊をみる目が変わってきたとはいえ、一般的には相変わらず無関心の度が強い。過去の歴代内閣が反対勢力の追及を恐れるのあまり、防衛問題や自衛隊の存在を、なるべく国民の目からそらすような態度をとってきたことにも原因はあるが、なんといっても今日の〝太平ムード〟のなかにあっては、いくら〝平和のための防衛力増強〟を唱えてみても、一向に反応がないらしい(30)。

　こうした世相の中では、国民が自衛隊について議論することや、表立って自衛隊を支援することなど決して容易ではなかった。そうした様子を示す言説をいくつか紹介しよう。

　例えば、住友生命元社長の新井正明(31)は当時の様子について、「防衛問題なんかでも、戦後の日本では、一種のタブーのような感じがありましたね」と回想している(32)。

　また、一九六〇年代前半に関西経済連合会（以下、関経連と略す(33)）の会長であった阿部孝次郎(34)も、当時の自衛隊を取り巻く状況について、「戦後の三十八、九年というと、丁度日本の経済が高度成長期を迎えておりまして当時は、防衛とか自衛隊に対する支援の動きはなかった」と述べている(35)。

　さらに、松下電器産業株式会社（現パナソニック）の会長であった松下幸之助も一九六〇年代前半の様子を振り返り、次のように述べる。

　……当時の自衛隊はね、まああまり世間で重きをおいていなかったんですな。いわば継子扱いです。そしてその支援をなかなかいいだす人がいなかった。[36]

以上のように、池田政権による防衛への消極的な姿勢と高度経済成長の中で国民は自衛隊に関心を払わなくなっていったのであった。こうした状況では自衛隊に対する印象が好転するのも容易ではなかった。そんな時代状況の中で発生したのが三八豪雪であった。

二、三八豪雪災害派遣と自衛隊に対する印象の好転

前章では高度経済成長の中で自衛隊に無関心な風潮があったことを確認した。ここからは、そうした状況が三八豪雪を経て如何に変化したかを確認する。そこで以下ではまず、三八豪雪時に自衛隊がどのような活動をし、被災地の住民からどのように迎えられたのかを見てみよう。

一九六二年一二月末から一九六三年二月中頃まで、北陸を中心に東北から九州にかけて降雪が続いていた。積雪は北陸で四メートルを超えるところもあり、鉄道、道路の除雪も追いつかず、孤立する集落も出ていた。[37] 豪雪による死者は二〇〇人以上、住宅の全半壊は一七〇〇棟以上、床上・床下浸水は約七〇〇〇棟にのぼった。[38] また、鉄道や道路の除雪に要した人員は六〇万人であった。[39]

自衛隊は、一月一八日から二月二〇日までの間、北陸・山陰地方（新潟・富山・石川・福井・鳥取・島根）に、第一〇、一二師団を先発派遣し、次いで第一、三、一三師団や北部方面隊の雪上車部隊を投入し、大規模な除雪復旧作業に従事した。[40]

ここからは被災地での自衛隊の活動と当時の状況を詳しく知るために、最も深刻な被害を受けた地域のひとつである新潟県長岡市とその周辺地域の状況を、第一二師団長として災害救援を指揮していた藤原岩市（陸将）[41]の回想をもとに見ていくことにしよう。

長岡市では、一月二六日から二月一四日までのあいだ災害救援が行われた。一月二六日未明、藤原が師団長を務める第一二師団（群馬県相馬ヶ原）司令部と高田、新発田両自衛隊合計一五〇〇人が長岡駅に到着した。[42] 藤原は長岡駅に到着した時の様子について、「街を掩う豪雪に圧倒される思いであった。中越を埋めるこの大豪雪に対し、僅か数千人の自衛隊第一二師団で如何に対処できるのか、全くお手挙げだと内心途

方に暮れる思いであった」と回想している。[43]

実際、長岡駅のホームは雪で埋まり、「駅長以下駅員も乗務員も無為無策、なげやり」状態であり、駅の機能は完全に停止していたという。そこで、藤原は「川島連隊長をして長岡市長と駅長と自衛隊側との応急協議を手配させるとともに」、自ら「知事と国鉄支社長に電話を入れ、雪害情報の提供と除雪対策に関する協議の申し入れを行った」。[44]

新潟国鉄からは現地師団指揮所として、別棟車掌控室の二階が提供された。[45] 国鉄側の対応について、駅長室隣接の一室が提供されるのを期待していた藤原は「頗る不満であった」という。[46] 藤原は当時の様子について次のように述べる。

車掌控室の一階には十数名の車掌が真赤に燃えさかる暖炉を取囲んで談笑に興じ、われわれに一語の挨拶もかけず冷然たる態度であった。提供された二階は物置きを急遽提供したものの如く、机も椅子もなく、暖炉設備もないこの冷遇に憤然、前途の協力に不安を覚えた。新潟国鉄支社の労組は過激で知られ、自衛隊を白眼視するもののようであった。[47]

これはあくまで藤原の主観であるが、当初は新潟国鉄支社の一部の社員の間で自衛隊に対する否定的な認識があったことがうかがえる。

一月三〇日、師団指揮所は新潟駅国鉄支局内に移った。[48] これにより、藤原は県や国鉄支社との一層緊密な調整・協力を進めた。[49] 例えば、藤原は国鉄支社首脳に「自衛隊と国鉄両作業隊員が朝夕、相互に『おはよう』『ご苦労様』『御疲れ様』と労り合いの言葉を交わすよう」提案した。[50] また、隊員は朝の作業に出発する前に、夜間に借用していた小・中学校の教室を清掃、整頓し、感謝の言葉を黒板に記した。[51]

これらの行動には、藤原の信念があった。藤原は一九六四年三月に『朝日新聞』のインタビューの中で、「自衛隊だけで国の防衛が出来るものではない。隊員と国民との間に血の通った融合がなくては昔の軍隊と同じだ。隊員たちが日ごろからよい市民、よい県民になり、除隊後は幸福な結婚をしてそれぞれの地元で、新しい村、町づくりに貢献出来るようにしたい」と述べるなど、[52] 日ごろから自衛隊と国民との関係構築を目指していたのである。[53]

同じ頃、河野一郎災害対策本部長が二月四日〜五日の日程で新潟県長岡市、新潟市、三条市を視察した。河野は一月末の北陸地方視察中に、地元民の自衛隊への無関心な態度に懸念を抱いていた。例えば、河野は読売新聞の座談会の中で、次のように述べている。

……自衛隊に対する地元の気持ちも問題だ。出動する自衛隊が宿の心配をしている。自衛隊の諸君は国鉄の客車の中で寝泊まりしているんですよ。これでいいのだろうか。民家でも泊めてあげます、暖かい汁の一ぱいも出し、洗たく物の手伝いもしようぐらいの気持ちになぜなれないのだろうか。(54)

そこで河野は新潟市の視察時に「県庁に知事を初め県下被災市町村長、国会・県会議員、国鉄支社長以下首脳を招集し、自衛隊に対する感謝協力を厳しく督励し」たという。その後、十河国鉄総裁をはじめ本社首脳も師団指揮所を訪れ、自衛隊に感謝を述べたようである。(55)この頃から部隊の士気はより一層高揚し、藤原が指針とする「有事県民と自衛隊の融合協力」が次第に実現していった。(56)そして、被災地住民の自衛隊に対する印象も好転し始めた。藤原は当時の様子を次のように述べている。

……県民の方からも感謝の言葉をかけ、熱い湯茶や味噌汁を提供して、慰労することが始まり、県民と融合が進んで隊員の士気を昂めた。それが更に発展して、市町村民が作業に加わり菓子や笹餅を饗応し、又県、国鉄、市当局から就寝前の清酒やツマミを贈られ、中・小学校生徒も隊員に慰労の言葉をかける程になった。(57)

こうした県民と自衛隊員との協力の様子は新聞報道でも確認できる。例えば、二月五日の『毎日新聞』には、長岡市を取材した毎日新聞社の記者と現地住民による座談会の様子が掲載されている。その中で、「自衛隊の活躍について」との問いに、「自衛隊はよくやっている。除雪作業は消防団や国鉄除雪班の十倍の力をもっていたそうだ」との声や、「三条や長岡では『これでやっと商売ができる。汗をふいて下さい』と隊員に手ぬぐいをサービスしていた商人もいた」との話が出たようである。(58)

また、二月七日の『朝日新聞』は当時の様子を次のように伝えている。

出動が長引き、孤立した山村の重症患者を危険をおかして病院に運んだり、救援物資の投下が盛んになったころ、ようやく住民の感謝の気持は、たしかな現実となって現れてきた。長岡の隊員に名前も告げず、つきたてのモチを贈ったおじいさん。三条市では「自衛隊さん、ご苦労さん」のハリ紙が見られ、同市の婦人会は隊員の下着のせんたくを申出たという(59)。

さらに、二月一六日の『読売新聞』の投書欄には「自衛隊員に感謝する雪害地」として、被災地での自衛隊員と町民の様子が次のように記されている。

……私の県では新聞社、放送局を通じ義援金を募集しておりその金で隊員に暖かい毛布や下着を供与しております。またあるメーカーは隊員の皆さんにとテレビ十台を贈ってくれ、また細かいことですが、新潟市のあるまんじゅう屋さんがまんじゅう四千個を隊員の方にと寄贈したり、三条市では理容院や洗たく屋さんが無料奉仕を申し出るなど、その他数かぎりなく自衛隊との間に美談が生れております。

私の町では「自衛隊の皆さんご苦労さまです」という紙の小旗がいたるところで見られ、隊員の除雪するところは町内各家一人ずつ出て一致協力して働いております。同じ苦労を共にし、同じ銭湯で湯にひたっていると、隊員と町民というよりか、人間対人間としての心の交流を感じております(60)。

二月一四日、藤原は記者会見を行い、「除雪の目的は終わった。なだれ、洪水などつぎの災害にそなえ一部を残して十五日から二十一日にかけ主力部隊八千三百人は帰隊する」と述べ、「国鉄新潟支社内の派遣隊司令部も二十一日師団長以下群馬県相馬ヶ原に引き揚げる」こととなった(61)。こうして、約一カ月にわたる災害派遣は終わりを迎えた。

自衛隊の引き揚げに際しては、新潟県内の一部の地域で自衛隊に感謝するイベントが催された。例えば、二月一九日には、新潟市の公会堂で県や国鉄支社などが主催の「県民と自衛隊の交歓のつどい」が催された。会場は、「連日の作業で雪焼けした自衛隊新発田連隊三百人と一般市民約五百人でぎっしり」になった。席上、塚田新潟県知事は、「一月二十四日から延べ十二万三千余人が出動、除雪した道路は二百五十三キロで、これは新潟―熊谷（埼玉県）間と同じ長さになる」と述べ、自衛隊の活躍を讃えた。一方、藤原は、「雪と戦いぬくことができたのも県民、国鉄、自衛隊ががっちりスクラムを組んだからだ。今後、なだれや雪どけなどの災害が起きればかけつけます」と挨拶した(62)。

二月二〇日には、新潟市内大通りで師団部隊のパレードが行われた。そこで藤原は塚田新潟県知事と同じジープに搭乗し、市民の歓声を受けたという。その夜は司令部隊員が市の公会堂に招かれ、「新潟民謡と踊りの夕べ」が開かれた。また、中越の各市町村でも、部隊引き上げの前日に、それぞれ公会堂において「感謝の夕べ」が盛大に催された(63)。

二月二一日の司令部引き上げ当日、駅のホームでは国鉄支社の首脳等から花束が贈呈され隊員達は見送られた。司令部が搭乗する列車が高崎駅に到着すると、駅前の広場では、第一二師団の活躍を讃える幟や横断幕を持った数百人の市民が歓迎に詰めかけていた。藤原と幕僚が広場に出ると、盛大な拍手の後、高崎市長の慰労の辞に次いで、花束が贈呈された。また、榛名村の司令部前二〇〇メートルの道路には、村人と小・中学生が日の丸の小旗をもって並び、隊員らを歓迎した。藤原によると、その様子は「全く凱旋師団司令部同然であった」という(64)。

三、自衛隊論議の活性化と支援団体の設立

ここまで三八豪雪災害派遣の様子と被災地の反応を見てきた。その結果、災害派遣を通じて自衛隊と住民の協力が進み、自衛隊に対する印象が好転したことがわかった。

一方、三八豪雪災害派遣には続きがあった。それは災害派遣がきっかけとなって自衛隊に関する議論が活性化し、北陸や東京、近畿の一部の地域で自衛隊支援団体が設立されたことである。以下、具体的な事例を見てみよう。

例えば、被災地のひとつである福井県では、三八豪雪がきっかけで「福井県自衛隊協力会連合会」が設立された。その経緯は次の通りである。

……三八豪雪の襲来となり、第十師団挙げての福井県救援活動が展開された。この自衛隊出勤（ママ）に依る昼夜を徹しての隊員の豪雪との戦いは、県内に連隊の駐屯地もなく、わりあい関心の薄かった、福井県民に強い感動を生み県下各市町村に、続々と市町村自衛隊協力会の誕生を

見るに至った。そして昭三九・五に福井県知事北栄造氏を会長とする福井県自衛隊協力会連合会が各市町村協力会を軸に組織されたのである。(65)

図4　三八豪雪災害派遣の報道数

媒体	区域	社名	回数
テレビ	中央	TBS	7
		朝日	30
		NTV	9
		フジテレビ	8
		NHK	32
		その他週刊誌等	2
		計	88
	現地	新潟放送	66
		計	66
新聞	中央	朝日	10
		毎日	13
		読売	3
		産経	16
		東京	11
		計	53
	現地	新潟日報	70
		計	70

出典：『38・1 豪雪災害派遣誌』防衛庁陸上幕僚監部、1963年、146頁。

引用からは、三八豪雪災害派遣が自衛隊に「関心の薄かった、福井県民に強い感動を生み」、認識を変化させたことによって、自衛隊支援団体が設立された様子が読み取れる。

こうした例は福井県に限らなかった。例えば、石川県でも一九六三年一一月に「災害派遣により県民生活を救った自衛隊に感謝し、自衛隊に協力・支援しよう」と商工会議所などが中心となって「石川県防衛協会」が設立された。(66)

一方、ここで注目すべきことは、自衛隊支援団体の設立が被災地だけにとどまらなかったことである。興味深いことに、東京や大阪、奈良といった被災地以外の地域でも自衛隊支援団体が設立されたのである。(67)

背景には、テレビや新聞などの報道があった。つまり、報道によって被災地以外の地域でも三八豪雪災害派遣の様子が国民の目に触れたのである。例えば、その様子はテレビで一五四回（中央八八回、現地六六回）、新聞で一二三回（中央五三回、現地七〇回）報道された（図4）。(68)

また、三八豪雪災害派遣に関するイベントの効果もあった。例えば、二月一九日に東京の日本橋三越本店で開催された「新潟県豪雪被害と救援写真展」（日本報道写真連盟主催、陸上自衛隊東部方面総監部後援）には皇太子が訪れた。その際、細田東部方面総監（陸将）の説明に対して、皇太子は「隊員にケガ人はなかったか」、「ご苦労でした」と述べたという[69]。その様子は広く報道され、「国民の自衛隊に対する認識を深める上に格段の成果があった」という[70]。

こうしたメディア報道を受けて、被災地以外の地域でも自衛隊論議が活性化し、支援団体が設立されたのである。

東京の例を見てみよう。自衛隊退職者団体隊友会の会報『隊友』には[71]、三八豪雪がきっかけで設立された自衛隊支援団体「雪害派遣の自衛隊員に感謝する会」に関する記述がある。この団体は東京の大学生七名が発起人となって設立された。その設立の動機は以下の通りである。

> 北陸・上・信越および山陰地方などの裏日本一帯をおそった昨年来の豪雪に、非常な困難と危険をおかして活躍した自衛隊の献身的な姿は私たちの心に強く銘記されました。
>
> 私たち青年学生は同じ年代の若い隊員が一生懸命になって働いている姿を見ますとき、その置かれている立場は異ってもその力強い実践力と情熱に対し胸打たれるものがあります。
>
> 私たちは、自衛隊員の災害に際しての活躍に対して、もはやこれ以上黙って見過すべきではなく、何らかの感謝の気持をあらわすべきだという結論に到達しました[72]。

こうした動機から、全国の青年、学生に対して「自衛隊員に感謝しよう」と呼びかけをおこない、その方法として「激励の手紙」を近隣の部隊等に送るよう働きかけたのであった。

一方、大阪では財界人の間で自衛隊論議が活性化した。その結果、一九六四年二月二四日に松下電器産業株式会社（現パナソニック）の会長であった松下幸之助を初代会長として自衛隊支援団体「大阪防衛協会」が設立された。当時の様子を大阪防衛協会の会報『まもり』[73]から見てみよう。そこには、一九六三年九月二日に書かれた設立趣意書が掲載されている。それは当時の状況を次のように物語る。

> 今年初頭、裏日本一帯を襲った豪雪に際し、自衛隊のめざましい活躍は、未だ御記憶に新しい事と存じます。梅雨期の集中豪雨とか、台風時の風水害等、大災害の度毎に自衛隊は屡々現地に派遣せられ、黙々として救助に復旧に当り、その並々ならぬ功績と蔭の力は、現地の人達の等しく感謝する所であらうと存じます[74]。

このように三八豪雪での「自衛隊のめざましい活躍」を受けて、自衛隊論議が活性化した。ただし、大阪防衛協会の場合、その活性化には否定的なメディア報道がより大きく関係していた。つまり、一部の否定的な報道が関西財界人の目に留まり、それに対する反発によって議論がより活性化したのである。設立趣意書の続きには次のように書かれている。

尤も、自衛隊が国土防衛と言ふ本務に日夜精励されてゐる姿が直接国民の眼に触れる機会に乏しく、屡々自衛隊員の精進勉励と無関係な政治問題が新聞紙上に報ぜられて、世間一般の自衛隊に対する認識と信頼を不当に歪めてゐる事実もあります。この様な自衛隊に対する無理解を正し、信頼感謝を表明する機会を望んでゐる国民の声も我々は屡々耳に致します。(75)

実際、『まもり』には、三八豪雪で災害救援をおこなった自衛隊員に対して「感謝どころか当時の新聞はニコヨン部隊が来た」というような表現をしたり、「そんなのにお茶一つ出す必要ないという位の冷遇を受けた地方もあった」と記されている。(76)(77) こうした否定的な報道が、関経連の月曜午餐会(78)で取り上げられ話題となったのである。

当時、関経連の会長を務めていた阿部孝次郎は、三八豪雪災害派遣をめぐる自衛隊への否定的な報道に対して、「そんな馬鹿なことがあるか、自分のところの交通を開きに行っているのに自衛官が可哀想ではないか」、「ひとつ激励してやろう」と述べたという。(79)

月曜午餐会では他にも、「こんな非常識なこと、人道に反するようなことが許されて良いものか、このような空気が日本の各地に瀰漫しエスカレートしていけば大変なことになり、やがては日本の国は亡びてしまうのではなかろうか」とまで主張する役員も出てきたという。(80) そして、「このまゝでは自衛隊員があまりにも気の毒で可哀想ではないか、我々関西財界人の名に於て自衛隊員を慰問激励してあげようではないか」という意見が多数出た。(81) こうして、関経連の役員が中心となって、一九六四年二月二四日に大阪防衛協会が設立されたのであった。(82)

おわりに

本論では、三八豪雪で最も深刻な被害を受けた地域のひとつである新潟県長岡市とその周辺地域の状況を具体的に描写することによって、三八豪雪災害派遣を経て自衛隊に対する印象が如何に変わったのかを明らかにした。その結果、以下のことが明らかになった。

まず、一九五〇年代の日本では、一部の勢力の間で自衛隊反対の声が高まっていた。そうした中で歴代の政権は自衛隊・防衛問題を正面から論ずることを避けるようになり、自衛隊はタブー視されるようになった。加えて、高度経済成長の中で防衛問題に対する政府の消極的な姿勢はさらに強まり、それと呼応するように国民も自衛隊・防衛問題への関心を失っていった。そのような世相の中では、自衛隊に対する印象が好転するのも容易ではなかった。

そんな中発生した三八豪雪では自衛隊による大規模な災害派遣がおこなわれた。災害派遣を通じて被災地では自衛隊と住民の協力が進み、自衛隊に対する印象が好転した。災害派遣終了時には新潟県内各地で自衛隊に感謝するイベントが催されるなど、自衛隊は住民から歓迎を受けた。

さらに、三八豪雪災害派遣後は被災地で自衛隊論議が活性化し、北陸の一部の地域では自衛隊支援団体が設立された。また、メディア報道によって東京や近畿の一部の地域でも自衛隊論議が活性化した。その結果、大阪では松下幸之助などの関西財界人が中心となって、一九六四年二月に大阪防衛協会が設立されたのであった。

最後に、以上のことからどのような示唆が得られるのだろうか。本論によって明らかになったのは、三八豪雪災害派遣を経て被災地を中心に自衛隊に対する印象が好転し、さらに被災地内外で自衛隊論議が活性化したことによって、北陸や東京、近畿の一部の地域で自衛隊支援団体が設立されたことである。

このことは、「はじめに」でも述べたように、自衛隊に対する印象が好転するに至るまでには一定の「前史」があったことを示している。すなわち、自衛隊に対する印象は通常、一九九〇年代になって大きく好転したと言われてきたが、実際には、それ以前においても一定の変化があったようである。そうした戦後早い時期の変化の考察を抜きにして、一九九〇年代以降の状況を理解するのは難しいと言えよう。

それでは、三八豪雪から一九九〇年代に至るまでに、自衛隊に対する印象はどのような変容をたどったのか。この点を今後の課題にして本論を終えることとしたい。

注

（1）『朝日新聞』二〇一四年一二月二三日、朝刊、一七面。なお、本論における同紙記事は特に断りのない限り、朝日新聞記事データベース聞蔵II、http://database.asahi.com/library2/main/top.php（最終確認二〇二〇年八月二四日）に拠っている。

（2）その背景として一九九〇年代には、湾岸危機、ペルシャ湾掃海艇派遣、雲仙普賢岳噴火、カンボジアPKO、北朝鮮のミサイル発射、社会党の自衛隊容認、阪神・淡路大震災、地下鉄サリン事件、能登半島沖不審船事件などの出来事があった。

詳しくは、『読売新聞』一九九五年八月一〇日、朝刊、三面。同紙、二〇〇四年六月二七日、朝刊、一四面。同紙、二〇〇六年一二月一六日、朝刊、四面を参照。なお、本論における同紙記事は特に断りのない限り、読売新聞記事データベースヨミダス歴史館、https://database.yomiuri.co.jp/rekishikan/（最終確認二〇二〇年八月二六日）に拠っている。また、『毎日新聞』一九九一年七月二九日、朝刊、三面。同紙、二〇〇三年五月一五日、朝刊、三面。同紙、二〇〇七年一月九日、夕刊、一面も参照。なお、本論における同紙記事は特に断りのない限り、毎日新聞データベース毎索、https://dbs.g-search.or.jp/WMAI/IPCU/WMAI_ipcu_menu.html（最終確認二〇二〇年八月三一日）に拠っている。

（3）佐道明広『自衛隊史——防衛政策の七〇年』（筑摩書房、二〇一五年、一〇頁）。川村湊『紙の砦——自衛隊文学論』（インパクト出版会、二〇一五年、一五六頁）。田中雅一編『軍隊の文化人類学』（風響社、二〇一五年、八頁）。

（4）村上友章「自衛隊の災害派遣の史的展開」（『国際安全保障』第四一巻、第二号、二〇一三年、二三頁）。

（5）Midford, Paul, 'The GSDF's Quest for Public Acceptance and the "Allergy" Myth', Robert D. Eldridge and Paul Midford eds., *The Japanese Ground Self-Defense Force: Search for Legitimacy*, New York: Palgrave Macmillan, 2017, pp.297-345.

（6）佐道明広『自衛隊史論——政・官・軍・民の六〇年』（吉川弘文館、二〇一五年、一頁）。

（7）佐道『自衛隊史』一〇三頁。

（8）岡田直之『現代社会におけるマスコミ・世論の種々相』（学文社、二〇〇五年、一九一～一九二頁）。

（9）自衛隊に対する印象を左右する要因は複数考えられるが、戦後の早い時期においてはとりわけ「災害派遣」が重要だったと言える。実際、村上が内閣府の世論調査を用いて説明するように、災害派遣は他の三つの任務（国防、治安維持、民生協力）に比べて、大多数の国民から役に立つ任務として認識されてきた経緯がある。村上、前掲書、二四頁。

後述するように、一九六〇年代は自衛隊や防衛論議がタブーであり、災害派遣以外の任務で自衛隊が国民の目に触れる機会が少なかった。だとすると、そもそも目に触れる機会すらない他の任務によって自衛隊に対する印象が好転するとは考えづらく、印象の変化、とりわけその好転には、やはり「災害派遣」が関係していると考えられる。

(10)「昭和三八年一月豪雪」という名称は、一九六三年二月一二日に気象庁によって命名された。『朝日新聞』一九六三年二月一三日、朝刊、一三面。なお、本論では広く知られた呼称として「三八豪雪」を用いる。

(11) 一九六〇年代前半は三八豪雪の他に、一九六〇年のチリ地震（延べ派遣人員七万八八九一人）、一九六四年の新潟地震（延べ派遣人員約五万人）などで、いくつかの中規模な災害派遣が行われている。詳しくは、朝雲新聞社編集局編『波乱の半世紀――陸上自衛隊の50年』（朝雲新聞社、二〇〇〇年、八六・八八頁）を参照。

(12)『読売新聞』一九六三年三月一一日、夕刊、九面。なお、より大規模な災害派遣がおこなわれた伊勢湾台風（延べ派遣人員七四万人）については、今後別稿にて議論する予定である。

(13) なお、一九五一年から二〇一一年までの主要な大規模災害派遣（延べ派遣人員一万人以上）については、和泉洋一郎「災害派遣と陸上自衛隊――創隊以来六一年間の人的派遣実績」（『軍事史学』四八巻、一号、二〇一二年、一三六〜一三九頁）に詳しい。

(14) 村上、前掲書、一五〜三〇頁。

(15) **Midford, Paul, op. cit., pp.303-304.**

(16) 長岡市の被災地としての位置づけについては、一月三〇日朝に新潟県下を視察した政府雪害調査団が、「多雪地帯のうち三条、長岡など積雪四メートル以上の地域では、市民、消防団の除雪活動も限界に達しているので、自衛隊の組織的救援を強化し、陸上交通の確保と孤立市町村への連絡を確保する必要がある」と報告している点が参考になる。『読売新聞』一九六三年一月三一日、朝刊、一面。

(17) 例えば瀧野隆浩は、一九五〇年代から一九六〇年代を「反戦・反軍気運の最盛期」と位置づけている。瀧野隆浩『出動せず――自衛隊60年の苦悩と集団的自衛権』（ポプラ社、二〇一四年、一九〇頁）。

(18)『読売新聞』一九九五年八月一〇日、朝刊、三面。

(19) 植村秀樹『自衛隊は誰のものか』（講談社、二〇〇二年、七二〜七三頁）。

(20) 竹内洋『革新幻想の戦後史』（中央公論新社、二〇一一年、五九〜一二八頁）。

(21)『毎日新聞』一九五八年六月二五日、夕刊、五面。

(22)『毎日新聞』一九九五年二月二一日、朝刊、四面。

(23)『読売新聞』二〇〇五年八月一八日、朝刊、一〇面。

(24) 佐道明広『戦後政治と自衛隊［オンデマンド版］』（吉川弘文館、二〇一九年、三〜四頁）。植村、前掲書、九四〜九五頁。

(25) 五百旗頭真『戦後　経済大国の〝漂流〟　NHKさかのぼり日本史①』（NHK出版、二〇一一年、八九頁）。

(26) 中島琢磨『高度成長と沖縄返還――1960-1972　現代日本政治史3』（吉川弘文館、二〇一二年、一八〜一九頁）。なお、「経済の季節」の対比としては「政治の季節」が広く知られている。

(27) 佐道『自衛隊史論』一二一〜一二三頁。田中明彦『安全保障――戦後50年の模索　20世紀の日本2』（読売新聞社、一九九七年、九四〜一九五・二二五頁）。

(28) 大嶽秀夫『日本の防衛と国内政治――デタントから軍拡へ』（三一書房、一九八三年、二八頁）。また同様の見方として、

佐道『自衛隊史』一〇八～一〇九頁。河野康子・渡邉昭夫編『安全保障政策と戦後日本1972～1994――記憶と記録の中の日米安保』（千倉書房、二〇一六年、v頁）も参照。

(29) 佐道『自衛隊史論』三頁。

(30) 『毎日新聞』一九六二年八月二五日、夕刊、二面。

(31) 新井正明（一九一二年～二〇〇三年）については、日本経済新聞社編『私の履歴書　経済人28』（日本経済新聞社、二〇〇四年、一五九～二三八頁）を参照。

(32) 角間隆『関西財界――陽は西方より昇る』（ＰＨＰ研究所、一九八一年、二三二頁）。

(33) 関経連については、川北隆雄『財界の正体』（講談社、二〇一一年、二一一～二二二頁）を参照。

(34) 阿部孝次郎（一八九七年～一九九〇年）については、関西経済連合会編『関西財界外史　戦後篇』（関西経済連合会、一九七八年、二二〇～二二一頁）を参照。

(35) 大阪防衛協会『まもり』第四八号、一九七九年八月二〇日、二面。

(36) 同上。

(37) 『朝日新聞』一九六三年一月二五日、朝刊、一面。

(38) 日外アソシエーツ編『日本安全保障史事典――トピックス1945～2017』（日外アソシエーツ、二〇一八年、四九頁）。

(39) 『朝日新聞』一九六三年二月一九日、朝刊、二面。

(40) 朝雲新聞社編集局編、前掲書、八二頁。

(41) 藤原岩市（一九〇八年～一九八六年）は、兵庫県出身。旧陸軍士官学校（四三期）、陸軍大学校（五〇期）を卒業。Ｆ機関長としてマレー作戦に参加、印度、ビルマ、マレー、スマトラの独立工作を担当した。戦後は一九五五年に自衛隊入隊、第一二・第一師団長等を歴任した。その間、三八豪雪、新潟地震、東京都大渇水等救援、東京オリンピック支援等を指揮し、一九六六年に退官した。東京都防衛協会『東京都防衛協会会報』第一二号、一九七〇年一月一日、一面。

(42) 『読売新聞』一九六三年一月二七日、朝刊、一一面。

(43) 藤原岩市『留魂録』（振学出版、一九八六年、三〇八～三〇九頁）。

(44) 同上、三〇九頁。

(45) 『読売新聞』一九六三年一月二七日、朝刊、一一面。

(46) 藤原、前掲書、三〇九頁。

(47) 同上。

(48) 『38・1豪雪災害派遣誌』（防衛庁陸上幕僚監部、一九六三年、一〇九頁）。

(49) 藤原、前掲書、三一〇頁。

(50) 同上、三一〇～三一一頁。

(51) 同上、三一〇頁。

(52) 『朝日新聞』一九六四年三月一一日、朝刊、一四面。

(53) 藤原の信念については、『読売新聞』二〇〇二年一月一五日、朝刊、一三面も参照。

(54) 『読売新聞』一九六三年二月三日、朝刊、一面。

(55) 藤原、前掲書、三一一頁。

(56) 同上。『読売新聞』一九六三年二月五日、朝刊、二面。

(57) 藤原、前掲書、三一〇～三一一頁。

(58) 『毎日新聞』一九六三年二月五日、朝刊、一〇面。

(59) 『朝日新聞』一九六三年二月七日、夕刊、六面。

(60)『読売新聞』一九六三年二月一六日、朝刊、三面。

(61)『読売新聞』一九六三年二月一四日、夕刊、九面。

(62)『朝日新聞』一九六三年二月二〇日、朝刊、一四面。

(63) 藤原、前掲書、三一一〜三一二頁。

(64) なお、宇都宮、新町、松本部隊も同様に地元の慰労歓迎を受けた。同上、三一二頁。

(65) 社団法人全国自衛隊父兄会『社団法人全国自衛隊父兄会十年史』(非売品、一九八七年、二五七頁)。

(66)『創立30周年記念誌』(全国防衛協会連合会、二〇一九年、一七頁)。

(67) 奈良県の場合は、「平和な日本があればこそ安心して経済活動ができるのではと奈良県の財界人が中心となって」、一九六三年一一月に奈良県防衛協会が設立された。奈良県防衛協会「青年部」奈良県防衛協会ホームページ、二〇二〇年、http://www.nara-boukyou.jp/%E9%9D%92%E5%B9%B4%E9%83%A8(最終確認二〇二〇年八月三〇日)。

(68) 藤原、前掲書、三一一頁。また、藤原岩市は「メディアのウケ」が良く、当時災害派遣で奮闘している姿が漫画にもなったという。瀧野、前掲書、九一頁。

(69)『読売新聞』一九六三年二月二〇日、夕刊、五面。

(70)『38・1豪雪災害派遣誌』一四五頁。

(71) 社団法人隊友会『隊友』第一〇八号、一九六三年四月一日、三面。

(72) 同上。

(73) 大阪防衛協会の会報『まもり』第一号(一九六四年七月一日)〜第二一三号(二〇二一年一月一日)は大阪防衛協会事務局より入手した。

(74) 大阪防衛協会『まもり』第一号、一九六四年七月一日、一面。

(75) 同上。

(76) ニコヨンとは一九五〇年頃の日雇い労働者の日当が二四〇円であったことから出た俗語。

(77) 大阪防衛協会、前掲書、第四八号、二面。

(78) 月曜午餐会とは、毎週月曜日に開かれる常任理事会のことで、関経連の意思決定機関であった。関西経済連合会編、前掲書、二一九頁。

(79) 大阪防衛協会、前掲書、第四八号、二面。

(80) 大阪防衛協会『まもり』第七五号、一九八六年四月一〇日、二面。

(81) 同上。

(82) 大阪防衛協会が設立されて以降、全国各地では地元の有力財界人が中心となって民間の自衛隊支援団体「防衛協会・自衛隊協力会」が設立された。この団体は任意団体ということもあり、当初は各地の駐屯地・基地周辺の地域を中心に草の根的に設立されていたが、「防衛意識の高揚」と「自衛隊支援」の目的を共有していたことから、一九六〇年代中頃から次第に名称を統一するなど各協会間のまとまりを強めていった。その中心的存在が一九六六年三月二七日に日経連の桜田武を会長として設立された東京都防衛協会であった。東京都防衛協会の理事長には自衛隊退官後の藤原岩市が就いた。東京都防衛協会の設立以降、各地で設立の動きは加速し、一九六七年三月末の時点で全国に一一一五の防衛協会・自衛隊協力会が設立され、約四九万二〇〇〇人の会員を擁するまでに拡大した。

詳しくは、拙稿「防衛協会・自衛隊協力会に関する一研究――1960年代の全国的設立を中心に」(『次世代人文社会研究』第一七号、二〇二一年、二三〜四一頁)。同「1960年代における財界人の自衛隊支援活動の一例――大阪防衛協会を中心に」(『立命館平和研究』第二二号、二〇二一年、九五〜一一五頁)。同「財界人による防衛思想の普及活動――1960年代の東京都防衛協会を中心に」(『国際協力論集』第二九巻、第一号、二〇二一年、一六五〜一八七頁)を参照。

投稿論文

軽音楽による南方文化工作の構想と実態

――東宝映画『音楽大進軍』（一九四三年）の制作過程を手がかりに

福田祐司（神戸市外国語大学大学院）

はじめに

本論の目的は、東宝映画株式会社により「南方向け特殊映画」として企画された『音楽大進軍』（渡辺邦男監督、一九四三年）の制作過程の解明とその分析を通じて「軽音楽」による南方文化工作の構想を明らかにし、戦中期日本の大衆音楽史における統制と工作の力学の実態について考察することである。

本論では一九三一年の満州事変勃発から四五年の敗戦にいたるまでの一五年間を「アジア・太平洋戦争期」として措定した上で、具体的な分析の対象となる時期区分を総力戦体制の本格化を導く直接の契機となった日中戦争開戦（三七年七月）から敗戦までの期間とし、これを「戦中期」と呼ぶこととする[1]。

問いの所在

『音楽大進軍』は、傷痍軍人のための慰問演奏会を観覧して感銘を受けた古川ロッパ（一九〇三―一九六一）演じる楽器店の社員が、自社の事業として南方占領地域に向けた慰問音楽団を組織するべく音楽家との交渉に奔走する道中を描いた喜劇作品である。同作には、タンゴのヴァイオリン奏者である桜井潔や、ジャズに出自を持つピアニストの和田肇、ハワイアン歌手の灰田勝彦、天才少女として知られていたヴァイオリニストの辻久子、木琴奏者の平岡養一、声楽家の藤原義江や滝田菊江といった音楽家が実名で出演し、劇伴音楽を「別れのブルース」(一九三七年)や「東京ブギウギ」(一九四七年)などの流行歌で知られる作編曲家の服部良一(一九〇七〜一九九三)が担当した。これらの人物は、当時「軽音楽」と呼ばれていた音楽の担い手であった。

しかし、戸ノ下達也や細川周平、金子龍司をはじめ、多くの音楽史研究者が指摘するように、戦中期において軽音楽は内務省による統制の対象となっていた。[2] それを考慮すれば次のような疑問が浮上する——内地では統制の対象となっていたはずの軽音楽が、南方向けの映画で大きく取り上げられたのはなぜなのか、という疑問である。しかるに『音楽大進軍』には、①内地を対象とした軽音楽への文化統制、②外地を対象とした軽音楽による文化工作というふたつの方針の齟齬が見受けられる。

先行研究

戦中期日本の軽音楽については、これまで主にジャズ文化史の領域で検討されてきた。[3] それらの先行研究によれば、当時「軽音楽」という名辞は、内地において「敵性音楽」とされた「ジャズ」への統制に対する「隠れ蓑」として機能していた。だが、そのことを額面通りに受け取るならば、軽音楽を主題とする南方向け映画として制作された『音楽大進軍』は「敵性音楽」による対外文化工作という屈折した国策として付置されねばならない——果たしてそうだろうか。本論ではこうした見立てを作業仮説として、戦中期日本の軽音楽およびジャズの実態を南方文化工作という対外政策の側面から再検討してみたい。

内地の出版物や映画および上演などを対象とした戦中期の文化統制に関する近年の研究では、情報局員であった鈴木庫三に注目した佐藤卓己や、戦中期の国策映画を分析した古川隆久が論じてきたように、統制主体がいわば文化の保護者を自任し、教養主義あるいは大衆啓蒙主義的な取り組みとして統制に携わっていたという側面が明らかになっている。[4] 内務省警保局レコード検閲官の小川近五郎や、愛国歌の制定に携わった内閣情報部員の京極高鋭の活動に注目した永原宣による近年の研究などもまた、こうした潮流に当てはまるといえるだろう。[5] しかしながら、自身で台本を執筆するほど熱心な演劇ファンでもあった警視庁保安課興行係の寺沢高信について論じた小平麻衣子の指摘によれば、一九四二年から四三年にかけての時期には、情報局や内務省、警視庁保安課など複数の統制主体のあいだで検閲機関の一元化にむけた覇権争いが生じていた。[6] 小平の研究では、それが具体的にどのような場合に何を論点として生じたのかについては詳述されていないが、『音楽大進軍』および軽音楽において看取される統制と工作の齟齬も、検閲という教養主義的権力をめぐるこうした覇権争いと何かしらの関連性を有するものと思われる。

つぎに、南方占領地域を対象とした文化工作について確認しておきたい。音楽工作については、「大東亜共栄圏」という枠組みから楽壇による対外工作史を整理し、『ウタノエホン・大東亜協栄唱歌集』の編纂に携わった戦時音楽対策特別委員会、「南方共栄圏大音楽会」の開催や占領地向け楽譜の選定などを行なった国際音楽専門委員会、および南方慰問団などの諸団体による活動や流行歌における「南方」の表象などについて幅広く論じた戸ノ下達也が先鞭をつけて以来、[7] インドネシアやフィリピンで行なわれた宣撫工作における音楽政策[8]や、日本の「芸能人」が慰問団としての活動を通じて果たした前線と銃後を結ぶメディアとしての役割[9]などが論じられてきた。[10] 他方、南方映画工作については豊富な蓄積があるが、本論と関連が深いところでは、輸出映画選定および南方向け特殊映画制作に向けた配給機構の一元化や現地における映画受容に注目し、「娯楽性」と「量」を重視した現地側と日本映画の「普遍性」および「質」を重視した内地側との不和を論じた岡田秀則による研究[11]が示唆に富む。楽壇において芸術性志向の(あるいは教養主義的な)純音楽に対して劣位に置かれていた軽音楽が南方向けの娯楽として取り上げられたこともまた、その娯楽性に現地住民を惹きつける政治的な力を期待してのことであっただろうと思われるからである。だが、内地で統制の対象となっていた軽音楽の南方文化工作における位置付けや「南方向け特殊映画」の制作については、いずれの領域においても十分に論じられていない。

なお、本論が議論の手がかりとする『音楽大進軍』については、もともとロッパが年末映画として一九四二年六月頃に発案し、すでに灰田勝彦や和田肇、桜井潔などの出演を検討していたこと、その後シナリオナイターの如月敏と東宝プロデューサーの氷室哲平による提案を受けて南方占領地域の住民のみを観衆に想定した南方向け特殊映画として制作が進められたこと、完成版として「内地版」と「海外版」という編集の異なる二種類のフィルムが用意されたこと、さらに「内地版」が公開直前の作品検閲によって大幅な削除処分を経て一般公開されたのに対して、「海外版」は輸出映画の検閲記録にも記載がなく、公開状況が不明であることなどが明らかとなっている。(12) だが、その制作背景および軽音楽との関係性についてはいまだ議論の余地がある。

本論の構成

こうした先行研究に基づき、以下では次のような手順で議論を進めていく。まず第一章では、日米開戦以前の一九四一年までの時期における軽音楽の興隆とその統制を概括した上で、『音楽大進軍』の企画が発案された四二年の楽壇における南方文化工作論とその実践を確認する。続く第二章では、南方向け特殊映画の制作に向けた映画界の議論を確認しつつ、『音楽大進軍』の「内地版」が公開されるまでの過程を辿り、南方映画工作における同作および軽音楽の位置付けを論じる。第三章では映画が公開された四三年三月を前後する時期に楽壇で見られた議論や実践を確認し、軽音楽による南方文化工作という観点から対内統制と対外工作との力学の実態について考察する。

分析対象

分析にあたっては、主に企画の発案から封切りに至るまでの期間（一九四二年六月〜四三年三月）に発行された新聞・雑誌メディア（『朝日新聞』『音楽之友』『音楽文化新聞』『映画旬報』など）における『音楽大進軍』および軽音楽と南方文化工作に関する記事や、作品の発案者であり主演の古川ロッパによる日記などを史料として用いる。

なお、文献からの引用に際しては読みやすさを考慮し、必要最小限と認められる範囲で旧仮名遣いおよび字体を現代のそれに改めた。同様の理由で、当時の言葉使いとして「南方」「内地」「外地」などの語を本文中に用いる際にも原則として鉤括弧は付けないこととする。また、『音楽大進軍』は当初『音楽大夜会』という題名で制作が進められており、史料中にもそのように表記されている場合があるが、本文では『音楽大進軍』に統一して議論を進めていく。

一、「ジャズ好きな原住民」の発見

軽音楽としてのジャズ容認論

欧米からダンス音楽として輸入されたジャズやタンゴなど

の大衆音楽を総称する名辞として「ジャズ」の代わりに「軽音楽」という言葉が定着していった背景には、ダンスホール文化への批判があった。三〇年代を通じて起こった度重なる性的スキャンダルによってダンスホールに定着した軽佻浮薄で頽廃的な都市モダン文化というイメージを、そこで演奏されていた音楽そのものから払拭するべく、評論家や音楽家は「ジャズ」に代わるあらたな呼称として「軽音楽」を用いはじめたのである。[13] 内地のダンスホールは一九四〇年末までに閉鎖され、次いで満州や上海のホールも翌年までに閉鎖されたが、軽音楽はその後「健全娯楽」ないしは国民の生産性を高めるための「慰安娯楽」として、ホールの閉鎖で失業した演奏家やダンサーたちとともに映画館のアトラクションや地方への巡業、前線および銃後の慰問活動などを通じて全国へと拡散し、日米開戦直前の時期には大衆に多大な影響力を及ぼす音楽として注目されるようになっていった。

こうした動きを鑑みて、内務省警保局は「ジャズ音楽取締上の見解」(一九四一年七月)を発表した。この文書で当局が示したのは、ジャズの全面的な排斥ではなく、その批判的検討を通じて欧米近代文化に由来する「悪性」を排除し、ジャズを「日本の新しい音楽」の建設に役立てていくという方針であった。[14] これと同時期に発行された『月間楽譜』誌掲載の「軽音楽座談会」では、内務省レコード検閲官の小川近五郎が「今までのジャズには、狂騒、淫靡、頽廃、という文字の当嵌るものがあったのです。そういうものが感じられないものならばいい」[15]と述べている。くわえて、同席した評論家の田辺秀雄は、健全化された日本の軽音楽が宣撫工作に有効な娯楽となり得ることを示唆していた。[16]

ジャズを健全娯楽、すなわち軽音楽として許容する言説は、楽壇の純音楽派による座談会「軽音楽論」にも見出せる。この座談会の参加者は、作曲家の山田耕筰、評論家の野村光一、園部三郎、山根銀二、警視庁保安部保安課興行係の寺沢高信であった。この座談会で野村は「精神が健全であれば、敵性国家と云うことを問題にしなければ、よろしくアメリカのジャズでも採り入れるべきである」、「ただアメリカのジャズの様式がいけないということはある意味で認識不足」であり「もしジャズというものを排斥しなければならないならば、今在るところの演奏を全部排斥しなければならない」[17]と述べていた。純音楽派は概ね軽音楽に対して軽蔑的な態度を示してはいたが、大衆と音楽芸術との架橋としての役割や「大東亜共栄圏」における指導精神の自覚を期待し、その範疇にお

いてジャズを許容していたのであった。(18)

楽壇の南方文化工作論

軽音楽としてジャズを肯定する言説は、一九四二年の春頃から新聞や雑誌に登場しはじめた南方文化工作論にも散見される。これは南方占領地域に赴いた文化人たちが「音楽好きな原住民」の表象をさかんに論じたことに由来する。『月刊楽譜』『音楽之友』『音楽文化新聞』など戦中期の主要な音楽誌で主筆を務め、楽壇のオピニオン・リーダー的立場にあった堀内敬三は、三月一七日の朝日新聞朝刊に掲載された論考で「高級なものにせよ卑近なものにせよ、音楽は南方原住民の歓迎するところであり、普及上の便宜からいっても資材の点からいってもこの際最も利用価値の多いもの(19)」と述べ、南方文化工作における音楽の有用性を説いていた。また、ジャワ島で宣撫活動に従事していた作曲家の飯田信夫は、ジャカルタやマニラなどの都市部インテリ層の若者のあいだに欧米植民地時代に受容されたジャズやハリウッド映画を通じたアメリカニズムへの愛着が残っていることを伝えている。(20)

『音楽之友』一九四二年四月号に掲載された座談会「南方共栄圏の音楽工作」でも、欧米植民地時代の名残でジャズが人気であるという状況を利用し、日本の軽音楽を宣撫工作に利用することが議論されていた。この座談会で、国際文化振興会理事長の黒田清は、ラジオやレコード、あるいは音楽家および音楽教育家を通じて「彼等のいちばん好む音楽を聴かせる、あるいは放送する、やらせるということで、彼等の民族意識なり、国家意識なりというものを滅殺させる、彼等に娯楽を聴かせて滅殺する」ことが「日本の聖戦の意義をくみとることではないか(21)」と述べ、娯楽による民心懐柔策を論じていた。仏教音楽研究者で日本大学教授の石井文雄はこうした議論をのちに「娯楽音楽が大衆の愛好をほしいままにする所から、その国家民族の意識、特に共栄圏の団結と繁栄とに障碍となるべき反抗意識を滅殺して真の共存共栄の確立に資することが可能である(22)」とまとめている。南方文化工作論におけるジャズとは、言語の通じない現地の大衆と楽壇とのあいだに存在しうる数少ない共通の娯楽音楽であり、それゆえ日本の指導的立場を確立する上でも有効な「文化戦の武器」たりうるものだったのである。

統制と工作の齟齬

このように、対内統制の文脈ではジャズに含まれる欧米文化の「悪性」を払拭することで「健全」な日本の軽音楽の確立を目指すという方針が採られていた一方、南方文化工作の文脈では現地住民のジャズへの嗜好を利用して日本に対する反抗意識を喪失させるという方針が構想されていたのである。後者の方針は、一九四三年三月から日本放送国際局で放送されていた対米プロパガンダ番組「ゼロアワー」で、米軍兵士の戦意を喪失させる目的でジャズが演奏されていたことにも通じる発想である。(23)

じっさい、悪性を包含するとされた一九三〇年代の日本のジャズは現地で受け入れられたようである。一九四二年九月一日発行の『音楽文化新聞』に掲載された座談会によれば、仏印の小川総領事から南洋映画協会を通じて依頼を受けた「製造協会」が約三〇〇枚のレコードを選定して送った際に、ジャズ・ソングとして知られていた服部良一の作編曲による「別れのブルース」(一九三七年)などが現地で流行したことが報告されている。(24)同曲はすでに内地におけるレコード業界の粛正をねらった同年一月の統制で「支那の夜」「酒は涙か溜息か」などの流行歌とともに廃盤となることが報じられていた。(25)

こうした南方向けレコード選定は翌一〇月に「大東亜共栄圏建設の精神に背馳したいかがわしいもの」が混入していたとして問題となり、再選定が行なわれることとなった。(26)この報道には具体的な曲名は記されていないが、翌年に発表された第二次レコード選定のリストに「別れのブルース」が記載されていないことから、同曲がその指摘に該当したと推測することは妥当と思われる。

軽音楽をめぐる対内統制と対外工作との齟齬は、内地で統制の対象となった楽曲を南方に差し向けるというこの事件を起点として問題化していったと考えられる。次章で確認するように、こうした齟齬は『音楽大進軍』が南方向け特殊映画として制作されていく過程でも大きな問題となっていた。

二、南方向け特殊映画としての『音楽大進軍』

南方向け特殊映画の構想

この時期、映画界では南方占領地域の住民のみを観衆として想定した南方向け特殊映画の制作方針が議論されていた。古川ロッパによる年末映画の企画発案から二カ月後の一九四二年八月二一日に翼賛興亜局の主催で、情報局、興亜院、大日興亜同盟、大日本映画協会、映画配給社と、満映や中華電影を含む各映画社の代表を集めて開かれた「南方映画工作の積極策についての懇談会」では、映画業界の資源を傾注して「民族精神を多分に盛った共栄圏向映画」を各映画社が一本ずつ制作することが決定された。(27) その後、九月一五日に情報局、文部省、内務省および各映画社の代表によって開かれた懇談会では「南方専門映画の持つ別個な使命を考慮し特別の検閲方針がたてられる」ことが示された。(28) この懇談会から二日後の一七日に、『音楽大進軍』のシナリオナイターである如月敏と東宝プロデューサーの氷室哲平はさっそくロッパを訪問し、年末映画の案をストーリーはそのままに南方向け特殊映画として制作していくことへの承諾を得た。(29)

南方向け特殊映画の制作に向けた方針として示されたのは、「南方民族の好みに合わしてつくる、いわば彼等に媚びる如き態度」を避け、「常に指導的立場を持して、日本の真精神を知らしめ、彼等がむしろ驚ろいて見にくるような映画」(30)を作るということであった。しかし、情報局第五部第二課長の不破祐俊は、中国大陸向けに作られたプロパガンダ映画が日本人の観客にばかり人気で現地の観客には不評であったことを踏まえ、日本の指導性確立に役立つという条件を強調しつつも「南方の人々にもうけ入れられる映画」(31)を望むとして、慰安娯楽が持つ政治性を意識した作品制作を行なうよう呼びかけていた。映画工作を指揮する側にあっても「指導」と「娯楽」についての采配はこのように微妙な揺らぎを含むものであった。

そのため、映画界ではまず軍政部や情報局の役人による立ち合いのもとに「娯楽性」と「指導性」のどちらを重視すべきかという点が協議された。そこでは、言語や生活様式の異なる現地住民に対して高度な日本的精神を盛り込んだプロパガンダ映画を持ち込んでも十分な理解が得られないという問題を回避するべく、「大廈高楼が出る」「高速度の汽車が走る」「銀座の立派な近代文化が出る」(陸軍報道部中佐・堀田吉明(32))など、日本の近代的な生活様式や都市の先進性がふんだんに示され、かつアメリカ文化に馴染んだフィリピンやインドネシアの人々に親しまれやすいよう音楽を多用した娯楽映画を出すことが、指導性確立の段階的な措置としても望ましいとする見解が定着した。『音楽大進軍』の作品中においては、西欧風の豪邸に住む音楽家の近代的な生活様式の演出や、銀座や東京駅界隈、富士山を望む川奈ホテル、三越百貨店や日本放送局などを舞台としたロケーション撮影を通じて、こうした見解が反映されている。

音楽映画改善協議会

『音楽大進軍』の撮影開始から五日後の一一月一六日、内務省の斡旋により大日本映画協会と日本音楽文化協会（音文）が提携するかたちで「音楽映画改善協議会」が発足した。『映画旬報』は同会の設立主旨を「南方映画工作の積極化に伴い音楽映画の必要性が叫ばれるに至った結果、従来兎角連絡不充分であった映画、音楽両部門が今後緊密な協力を持って音楽映画の向上に資さんとしているもの」とし、「その第一着手として大映『華やかなる幻想』、東宝『音楽大夜会』について同二十日臨時協議会を開催、映画のテーマと作曲の融合、音楽効果等の改善、研究に乗り出すこととなった」[33]と伝えている。

同協議会における『音楽大進軍』に関する具体的な議論を示す史料は残されていないが[34]、少なくとも作品の脚本や演出についての議論と指導が行なわれ、当事者間においては手応えのある会合となったようだ。

日映時事映画局長の伊藤恭雄は『華やかなる幻想』が議題に上がった際に映画人と音楽家がその脚本を共有してシナリオの推敲を行なった時の感想を、「あんな謙虚な気持で音楽家の意見を聴いたことはない〔中略〕この次には、森君の方の『音楽大夜会』は既に撮影を開始したですが、あれができ上がると、その研究会のほうで見て、これはどんなことをいわれても出すと、森君がいっております。あの会は非常にいいと思うのです。音楽ばかりでなく、各方面の人と撮影所がそういう機会を持って、どんどん研究をやって行くことは、僕は非常に映画界にとって勉強になるし、映画もよくなると思うのです。例えば、作曲家の苦労している動作ですが、そのシナリオに出て来る音楽家としては一寸おかしい動作をするというので、それが直ってきた」[35]と述べている。

伊藤の発言からもうかがえるように、音楽映画改善協議会の設立はまた、楽壇と映画界の双方に戦時娯楽産業の在り方についていくつかの展望をもたらした。楽壇を代表して参加した園部三郎は「そういったものができれば作曲家の代弁者に十分なれるし〔中略〕公平無比な一種の人材の配給所になる」[36]と述べ、同協議会に音楽家のための職業斡旋機関としての機能を期待していた。ロッパも一二月四日に砧撮影所で行われた『音楽大進軍』のラッシュ確認後の感想を記すなかで「何としても来年度は、音楽映画を専心勉強したい」として、東宝撮影所所長の森岩雄に「東宝映画内音楽部」設立の構想を打ち明けたと述べている[37]。その森もまた、『映画評論』（一九四三年一月一日号）で東宝の方針について語る中で「音楽劇を今年は勉強し研究したい」[38]と明かしていた。

「娯楽」という「武器」

だが、『音楽大進軍』の撮影が終了し、作品前半部分のラッシュ試写が行われた一月二〇日の日記では、ロッパはこうした展望と打って変わって「これでは、一寸おさまらない。実に長いことかかって、こんな馬鹿なものが出来上ったのかと、大失望」と記している。「事情止むなくではあるが」、編集により音楽の場面が作品の大半を占めたために、その分ギャグやコメディを交えた芝居の場面が大幅にカットされたのだという[39]。翌日以降もロッパは「『音楽大進軍』を見て、もう音楽映画は準備なしに撮るのは嫌になった。下りたいという話をする。全く昨日からムシャクシャしているので、もう映画とは絶縁だ絶縁だと言う」、「森氏も昨日『音楽大進軍』を見て、相当呆れたらしい。森氏曰く、このままでは仕方がないから、南方向きに出す分は、短いもので音楽沢山のものを別に編集し、内地版は、カットした芝居の部分を活かして――という話」[40]と、その編集に対する不服を苦にがしく記していた[41]。

「対外的に映画を国力の一部として用いられた初めての映画の演出者として私は何か身に引きしまる感激を覚えた」という監督の渡辺邦男（一八九九―一九八一）は、作品の性格を「映画と云う武器、それに音楽を多量に盛込んだもの、つまり映画の上に音楽と云う強力なものをとけ込ませた映画」と説明した上で、言葉の通じない現地住民にも伝わるよう日本語による台詞回しを約して役者の動きや音楽にフォーカスした演出を心がけたと述べている[42]。ロッパが苦言を呈したその編集は、渡辺のこうした意図に基づくものであったといえよう。

渡辺の編集方針は、ロッパが『音楽大進軍』に期待していた喜劇映画としての質に見合うものではなかったようだが、言語や文化の異なる観衆を想定して物語の伝わりやすさを尊重している点や、「映画と音楽が文化戦の武器として効果的なことは言うまでもなく殊に、東亜共栄圏諸国は、祭礼を生活の中心とする民族である点、普遍的、且つ効果的な手段である」[43]として音楽映画が他民族を懐柔する「武器」であるとする点において、ここまでに確認してきた娯楽を指導性確立への架橋として位置付ける映画界の認識を忠実に踏襲したものと認められる。こうした「娯楽」を「文化戦の武器」として定義する言説はまた、第一章で確認した軽音楽による南方文化工作論にも共鳴するものであった。

「娯楽」による「迎合」

前述した通り、南方向け特殊映画として制作された『音楽大進軍』には当初、独自の検閲基準が設けられるとの計画であった。だが、完成した「海外版」の検閲記録や、その検閲基準を示す史料は残っていない。他方で「内地版」は、三月一二日に行なわれた内務省警保局による内地向けの一般的な検閲を経て同一八日に封切られているから、結局のところ南方向け映画に特化した検閲基準は立てられず、作品への処遇は内務省による内地の検閲基準にのみ回収されたと言うほかない。その記録によれば、高杉妙子が服部良一作曲の和製ブルース「湖畔の宿」（一九四〇年）を歌う場面や、大谷冽子がタンゴ「碧空」を歌う場面、灰田勝彦が兄・晴彦の作曲による「憧れの南」（一九四三年）を歌う場面など、計二九八メートルのフィルムが削除処分の対象となった[44]。採用された楽曲は「愛国行進曲」（一九三七年）や「愛馬進軍歌」などの国民歌謡や軍歌、藤原義江・瀧田菊江による「トスカ二重唱」、平岡養一による「チャルダス舞曲」、辻久子による「支那の太鼓」など純音楽系の声楽および器楽曲、あるいは日本民謡の「さくらさくら」や「元禄花見節」、童謡の「兵隊さんよありがとう」などである。かつてダンスホールで演奏されていた音楽＝「ジャズ」に由縁のある軽音楽で採用されたのは、桜井潔による「荒城の月」のみであった。

では、南方向け特殊映画としての『音楽大進軍』は、映画界でどのように受け止められたのであろうか。

作品公開前後の時期に発行された映画雑誌における『音楽大進軍』に関する記述で最も顕著だったのは、南方の現地住民に対する迎合性を問う論評であった。評論家の筈見恒夫は「南方の住民は、音楽映画を好むと、誰かが言い出す、恥も外聞も捨てて、馬鹿騒ぎの音楽映画を作れば、南方工作が直ぐにでも出来るように考える。これなどは完全なる迎合である」と述べている[45]。

こうした批判に対して情報局の不破祐俊は「『音楽大進軍』は軽いものでして、いちばん手取り早く、南の人は音楽がわかるから、音楽でもともなりを感ぜしめよう、そうして日本に馴染を多くさせようという意図で作られた[46]」として、そうした批判の不当性を訴えている。だが一方で不破は、「あのなかに中心的に取り入れられている音楽なりジャズなりはあまりに南方に迎合している点があると思う。これはむろん国内には到底公開されないものです。軽音楽の指揮をしているが、昔のダンスホールの楽士みたいな身振り宜しくやっている。これは私としては不愉快でならない。こういうものを南方に持って行っていいかどうか私個人としては疑惑を持っていますが、訊いて見ると、その連中が南方に行ってそれをやったら受けたというのです」(47)と述べている。不破は作中に盛り込まれた軽音楽とその「身振り」が内地の検閲・統制基準に見合わないものであることを指摘し、この点において作品が現地住民への迎合になりかねないということを危惧していた。(48)

貴族院議事録にみる統一的指導基準の所在

南方向け特殊映画として制作されたにもかかわらず内地の統制基準の影響を多分に被ることとなった『音楽大進軍』の処遇の背景には、指導機関の濫立による権力の分散、そして統制と工作を整合する統一的指導方針の不在を指摘することができる。以下ではそれを二月一九日の貴族院議事において議員子爵の京極高鋭(一九〇〇—一九七四)が提出した一連の質疑およびそれに対する応答の記録から論証しよう。(49)

この議事において、京極は各官庁の文化統制および指導団体ないしは民間音楽協会の濫立状態を指摘し、各団体間における統一的な指導方針の有無について質問した。これに対して情報局次長の奥村喜和男は、文化統制に関わる内務省、情報局、文部省がそれぞれ「警察的見地」から「公安を害する音楽を止める」こと、「積極的に音楽をして国民精神の作興に使い又音楽の助長をする」こと、教育の領域を管轄すること、というように異なる職責から指導を行なっており、その一元化が不可能な以上は官庁間の連携を強化するという他に解決策はないと応答していた。すなわち、文化の指導をめぐる方針の齟齬は、各官庁の指導方針の食い違いとして、すでに対内統制における懸案事項となっていたのである。

京極は続けて、南方や中国大陸での文化工作を一元的に管理する機関の所在について質問した。これに対しては前年一一月一日に設立された大東亜省の南方事務局長である水野伊太郎が回答している。水野は、同省内に新設されたという文化委員会が今後その役目を果たしていくと回答した。また、南方文化工作を管轄する部局が大東亜省と情報局とに分散しているとの指摘に対しては、対外工作についても内地の統制と同様に各官庁との横断的な連絡によって企画運営を行なっているとした上で、「映画を一つ送るにしても、出版物を送るにも、国内に持って居ります情報局なり其の他方面と協力しなければ出来ませぬ」と応答していた[50]。このように、国内の文化統制にあたる官庁間のみならず、情報局と大東亜省との間で、さらには大東亜省内部においても、統制および工作の管轄や権力の配分は明確に規定されていなかったのである。

この議事の三日後、奥村は情報局と大東亜省との間で重複している対外事業の管轄分化を申し合わせる旨を記した書簡を大東亜省次官の山本熊一宛に送付している。その後「大東亜省所管地域」のみを目的とする文化事業が大東亜省へ移管され、それ以外の文化団体の指導権、映画やレコードなど対外宣伝資料の作成とその寄贈および交換に関する国内機関への斡旋業務は情報局に留め置かれることが決定した。この取決めは三月二五日に施行された[51]。『音楽大進軍』の制作から公開までの過程をめぐる構想と実態の乖離の背景には、このような構造的齟齬が存在したのであった。

三、軽音楽による南方文化工作のゆくえ

統制と工作をめぐるジャズの位相

では、ジャズを含む軽音楽を南方文化工作に利用していくという楽壇の計画は、『音楽大進軍』公開前後の時期にどのような道筋を辿ったのであろうか。

一九四三年一月に情報局および内務省が「米英音楽作品蓄音機レコード一覧表」を発表すると、音楽雑誌上では「敵性音楽」としてジャズの廃絶を訴える論調がいっそう強まり、ジャズ排斥論は実演による演奏禁止措置やレコードの破棄ないしは供出を求める積極的な排斥運動へと発展していった[52]。これにより、南方文化工作の文脈でも「米英蘭系音楽を逐い出し、日本的色彩ある音楽を以て置き換える[53]」ということが強調されていった。

だが、対外工作に携わる当事者のあいだでは、内地と同様に南方占領地域でジャズの排斥を進めることは不可能ではないかという見解が共有されるようになっていた。先述の貴族院議事において奥村は、アメリカの統治下にあったフィリピンに浸透しているジャズの影響について、内地におけるのと同様の統制方針によってそれを駆逐しようとするのでは民心

獲得という目的に相反する結果を導きかねないとして、その限界を示唆していた。奥村はまた「適当なる所の音楽」のレコードを内地から送っているが「今迄の処見るべきもの、誇るべきものはございませぬ」とする一方で、「軍楽隊」の演奏がシンガポールで好評を博していることに触れ、「今後は色々日本の組織して居る所の交響楽団や音楽団を派遣致しまして、南方に出したい」と述べていた。[54] 一九四二年五月から翌四三年までに軍恤兵部の要請および新聞社や放送局の企画により南方占領地域に派遣された音楽慰問団のうち、四三年の初め頃までにシンガポールを訪れているのは、吉本興業（四二年七月～）、新興演芸部（四二年七月～四三年二月）、日本放送局（四二年一〇月～四三年二月）による三組である。これらの慰問団は「南十字星」、「ハットボンボンズ」、「東京放送管弦楽団」という軽音楽団や、作曲家の古関裕而、漫談家の徳川夢声、歌手の松平晃、林伊佐緒、森光子、また石井みどりとその舞踏団などを擁していた。さらに、評論家の野川香文による呼びかけを通じて組織された毎日新聞社主催の南方慰問団は、四二年六月以降の時期にサイゴンを訪れている。この慰問団には、日本コロムビアのレコーディング・オーケストラのメンバーをはじめ、かつてダンスホールで演奏していたジャズ音楽家たちが中心となって組織された「ニュー・オーダー・リズム・オーケストラ」が参加していた。[55] このオーケストラは、第一章で触れた「ゼロアワー」で米軍兵士に向けてジャズを演奏していた楽団である。奥村の言及した「軍楽隊」や「音楽団」、あるいは不破が現地住民から反響を得ていると述べていた軽音楽団がこれらいずれかの慰問団に該当する可能性は高いのではないだろうか。

さらに、外交官の立場から見たジャズへの見解もまた、対内統制における強硬な姿勢とはやや趣が異なる。日泰文化会館館長を務めていた柳澤健は次のように述べる。

米英人の不当な圧迫を世界から追いのけてやるということになれば、もちろん現今のアメリカジャズの持っている頽廃的な空気はわれわれの今日の新しい性格とは相容れないけれども、しかし、ジャズ自身だって相当多種多様であって、その起源に遡ればいわゆる人類性を持っている物もあるのじゃないか。アメリカ的でないジャズというものも考え得るのじゃないかと思う。実際的な問題として、今のところジャズに代るものといえば、『会津磐梯山』『小原良節』を軽音楽に直したというものになっている。どうもこれを比較して見ると、遺憾ながらいまの日本の軽音楽のほうに人類性が何か乏しいのじゃないかという気がする。寧ろ黒人の原始的なジャズの中から人類性のある何物かを発見できるのではないでしょうか。(56)

これに対して雑誌記者は「ジャズの問題でも、黒人から出たものをアメリカ人が利用してアメリカ化したから今日われわれは排撃するのであって、ジャズというものの本質的な音楽性を検討して、南方諸民族なら南方諸民族を対象にした場合、利用する仕方によってはその価値も違って来なければならないものじゃないかと思いますが……(57)」と同意を示している。こうした柳澤の発言は、内地におけるジャズの統制基準ないしはこれに準じた「日本的軽音楽」をそのまま南方占領地域へと敷衍するのでは現地住民の感性にアピールしない、したがって文化工作の在り方としても適当ではないという現地の実態を物語っているように思われる。

少し時代は下るが、雑誌『音楽知識』一九四四年七月号に掲載されたインタビューで南方軍報道部員の市川元が語ったところによれば、日本の占領下に置かれた米軍撤退後のフィリピンに残存したダンスホールでは現地住民によるジャズの演奏が公認されていた。さらには、そのようなダンスホールの演奏家に特化した音楽協会までもが、軍部の主導によって作られていたのである。当時のフィリピンでは、現地の音楽家一五、六名を交えた軍報道部音楽班によって音楽家組織の一元化が進められる中で、作曲家および指揮者、演奏会出演者、吹奏楽、ダンスホールで演奏する楽団、劇場出演者を中心とする五つの協会が組織され、各会から選出された二、三名ずつの代表委員からなる音楽連盟がその統括組織として置かれたのであった。

現地住民の演奏家たちが演奏するジャズについて、市川は「ただ踊るだけ」の上手くはない「楽隊的なジャズ」であったと言及するに留まっており(58)、現地の軍政部がジャズと軽音楽との区別、ひいては軽音楽とナショナリズムの関係性についてどのような見解を有していたかまではわからない。しかし、市川の示すフィリピンにおけるジャズおよびダンスホールの実態は、先に触れた外交官や情報部員たちの示唆した統制の限界を物語っている。ジャズを核とする軽音楽による文化工作という構想そのものは、皮肉にも現地におけるダンスホールやジャズに対する宥和政策へと姿を変えて存続していったのである。

統制／工作の回路——「日本的軽音楽」の確立

最後に、『音楽大進軍』公開前後の時期における軽音楽をめぐる楽壇の動向を確認しておこう。

この時期、楽壇では日本的軽音楽の確立と南方文化工作を主題とした演奏会が相次いで開催され、それらには『音楽大進軍』の出演者も多数出演していた。映画の公開を翌週に控えた三月九日には、演奏家協会第三金曜会の主催による「軽音楽新作発表会」が日比谷公会堂で開催された。この演奏会では山田耕筰が同協会を代表して開会の辞を述べたあと、映画に出演した桜井潔による室内楽団や劇伴音楽を担当した服部良一をはじめ、灰田勝彦の兄による灰田晴彦と南の楽団、松竹軽音楽団、笠置シヅ子とその楽団、日蓄楽団などの軽音楽団が「敵性米英的ジャズを撃滅」し「健全なる日本軽音楽」を確立するという趣旨のもとに演奏を披露している。[59] さらにこの演奏会の翌週、映画公開二日前の三月一六日には同じく日比谷公会堂にて、音文国際専門委員会による主催と灰田晴彦の所属するもう一方の軽音楽団「南海楽友」の共催、情報局、毎日新聞社、藤原義江歌劇団による後援で「南方共栄圏大音楽会」が開催され、南海楽友、藤原義江、大谷洌子、斎田愛子などが出演した。この音楽会では南方の民謡が「ジャワのマンゴ売り」（一九四二年）の作曲家として知られる佐野鋤による編曲で披露され、それをタイ、インドネシア、ビルマ各国からの留学生が解説するという企画も催された。司会は園部三郎が務め、主催者である国際専門委員会を代表して京極高鋭が式辞を述べている。[60]

また、映画公開直後の三月二〇日および四月一日発行の『音楽文化新聞』には、レコード文化協会による南方向けレコード再選定の結果が一部掲載されている。これによると「民族性に立脚した日本的音楽音盤」として「邦楽演芸音盤」一五五点、「小年少女向音盤」一一八点とともに一八六点の「歌謡曲音盤」が選出されている。この「歌謡曲音盤」リストには管弦楽から国民歌謡に至るまでの幅広い楽曲が含まれており、純粋に歌謡曲のみを取り扱ったものではないが、その中には「蘇州夜曲」をはじめとする服部良一作曲による楽曲、桜井潔や杉井幸一が日本民謡をジャズおよびタンゴ風にアレンジした「サロン・ミュージック集」など、ジャズに関連の深い「日本的軽音楽」と呼びうるレコードが含まれていた。[61] また、同年七月には国際音楽専門委員会による南方向け楽譜の選定リストが発表されたが、「大衆歌曲」として選出された三八曲の中には「君が代」「愛国行進曲」と並んで「蘇州夜曲」がその名を連ねていた。(62)

先に引用した奥村や柳澤の発言、さらには演奏会に出演した服部や桜井、藤原、大谷、斎田が出演者あるいは劇伴担当として『音楽大進軍』に関わっていたという事実、そして南方向けレコードおよび楽譜における「日本的軽音楽」の選出結果を踏まえた上で、かつこれらの演奏会や選定の趣旨を額面通りに受け取るならば、「敵性音楽」の統制と南方文化工作とは、「日本的軽音楽」の確立を回路として軌を一にしていたといえる。すなわち、ジャズやタンゴ、南米音楽やセミ・クラシックなどさまざまな出自を持つ音楽から「ジャズ」そのものではなく「敵性」のみを排除し、「日本的軽音楽」として統合・再定義しようとする楽壇の実践は、内地の大衆を「健全」な方向へと導くという意味では一九四一年の内務省文書「ジャズ音楽取締上の見解」以来一貫した取り組みであったが、他方では「日本的軽音楽」に包含されるジャズの要素を通じて南方占領地域の「ジャズ好きな原住民」を「大東亜共栄圏」に引き込むための対外工作としても機能する両軸の回路であった。その意味で、南方文化工作の文脈においてはジャズの「敵性」はさほど問題ではなく、むしろ言語の通じない他民族との間に存在する数少ない共通の娯楽文化として懐柔策への有用性を期待されていたという点で、対内統制とは異なる性質を帯びていた。つまり、楽壇全体においては、軽音楽およびジャズをめぐる内地における統制と南方占領地域における工作への利用とは必ずしも相反するものではなく、むしろ「日本的軽音楽の確立」というテーゼを回路として連続的な関係にあったのである――だが、「日本的軽音楽」による南方文化工作の構想はあくまで構想の域を出なかった。結局のところ、日本軍は南方占領地域のジャズやダンスホールに対して融和的な態度を取らざるを得なかった、というのがその実態である。

おわりに

本論では、『音楽大進軍』の制作過程を辿りつつ、軽音楽による南方文化工作の構想と実態を論じてきた。第一章では南方占領地域における日本の指導性確立に有効な娯楽としてジャズを活用していこうとする楽壇の構想を論じた。第二章では次の二点を明らかにした。第一に、『音楽大進軍』を南方向け特殊映画として制作していく過程において、音楽映画改善協議委員会の設立により楽壇および映画界が組織化されたこと。第二に、同作の作品検閲を契機として対内統制と対外工作との指導方針の齟齬が顕在化し、情報局および大東亜省間における指導管轄の分化を導いたことである。こうした経緯を踏まえ、第三章では内地におけるジャズの排斥運動と南方占領地域における軽音楽による文化工作というふたつの取り組みが「日本的軽音楽の確立」という回路によって理論的な整合性を有していたものの、実態を伴うことはなかったという結論を導出した。

なお、本論では『音楽大進軍』の「海外版」フィルムの公開状況や、大東亜省の文化政策、南方慰問音楽団の詳細な経緯などについては十分に論じることができなかった。これらの点については今後の課題としたい。

注

（1）戦争の呼称をめぐる問題について、近年では高橋三郎「戦争の呼び方」（吉田純編『ミリタリー・カルチャー研究――データで読む現代日本の戦争観』青弓社、二〇二〇年、四六～五四頁）が優れた整理を行なっている。

（2）戸ノ下達也『音楽を動員せよ――統制と娯楽の十五年戦争』（青弓社、二〇〇八年）。金子龍司『昭和戦時期の娯楽と検閲』（吉川弘文館、二〇二一年）。

（3）Atkins, Taylor E., *Blue Nippon: Authenticating Jazz in Japan*, Duke UP, 2001. 細川周平『近代日本の音楽百年――黒船から終戦まで（四）ジャズの時代』（岩波書店、二〇二〇年）。

（4）佐藤卓己『言論統制――情報官・鈴木庫三と教育の国防国家』（中公新書、二〇〇四年）。古川隆久『戦時下の日本映画――人々は国策映画を観たか』（吉川弘文館、二〇〇三年）。

（5）Nagahara Hiromu, *Tokyo Boogie-Woogie: Japan's Pop Era and Its Discontents*, Harvard UP, 2017. 京極高鋭については古川隆久「京極高鋭の思想と行動――昭和戦中期の政治と音楽」（『軍事史学（四四）二』軍事史学会、二〇〇八年、四～二一頁）も参照のこと。

（6）小平麻衣子「誰が演劇の敵なのか――警視庁保安部保安課興行係・寺沢高信を軸として」（『検閲の帝国――文化の統制と再生産』新曜社、二〇一四年、二四九～二七〇頁）。

（7）戸ノ下、前掲書。

（8）長木誠司「南方占領地域での日本による音楽普及工作」（戸ノ下達也・長木誠司編『総力戦と音楽文化――音と声の戦争』青弓社、二〇〇八年、七八～九四頁）。

（9）後藤康行「戦地に舞う慰問舞踊――戦時下の兵士がみた女性舞踊家たち」（『専修史学（五三）』専修大学歴史学会、二〇一二年、三三～五五頁）。星野幸代「南方『皇軍』慰問――芸能人（アーティスト）という身体メディア」（『アジア遊学（二四七）移動するメディアとプロパガンダ――日中戦争期から戦後にかけての大衆芸術』勉誠出版、二〇二〇年、一三三〜一四九頁）。

(10) その他、南方以外の占領地域を対象とした音楽による対外文化工作については、葛西周「音楽プロパガンダにおける『差異』と『擬態』——戦時下日本の『満支』をめぐる欲望」（『アジア遊学（二四七）移動するメディアとプロパガンダ——日中戦争期から戦後にかけての大衆芸術』勉誠出版、二〇二〇年、一一三〜一三二頁）などがある。「大東亜共栄圏」の音楽を包括的に論じた鈴木聖子『〈雅楽〉の誕生——田辺尚雄が見た大東亜の響き』（春秋社、二〇一九年）も、帝国主義的文化構築の諸相について示唆に富む議論を行なっている。

(11) 岡田秀則「南方における映画工作——《鏡》を前にした『日本映画』」（岩本憲児編『映画と「大東亜共栄圏」』森話社、二〇〇四年、二六九〜二八八頁）。

(12) 古川、前掲書、一九一〜一九五頁。鈴木宣孝「戦時下の要請に翻弄された『音楽大進軍』」（『東宝・新東宝戦争映画DVDコレクション（七〇）』デアゴスティーニ・ジャパン、二〇一六年、四〜五頁）。

(13) 書名に「軽音楽」という語を冠したものとしては最初期の専門書となる『軽音楽とそのレコード』（三省堂、一九三八年）は、軽音楽を「管弦楽」「独奏曲」「吹奏楽」「スウィング・ミュージック」「喜歌劇」「シャンソン」「民謡」などの洋楽から構成される「頭を鎮め、身体を憩わせる楽しい音楽、家庭の団らんに用いる」ための「気軽」な音楽として定義し、「軽佻浮薄」な「ジャズ」と「軽音楽」とを相対化している。同書において「タンゴ」「ハワイアン」「キューバン」「ヒリービリー」などの欧米大衆音楽は「スウィング・ミュージック」の下位区分として位置付けられている。

(14) 「ジャズ音楽取締上の見解」（『現代史資料（四一）マス・メディア統制（二）』みすず書房、一九七五年、三五二〜三五三頁）。

(15) 「軽音楽座談会」（『月間楽譜』月間楽譜発行所、一九四一年七月号、二三頁）。

(16) 前掲「軽音楽座談会」、二四頁。

(17) 座談会「軽音楽論」（『音楽公論』音楽評論社、一九四二年六月号、五二頁）。

(18) 前掲「軽音楽論」、五三頁。

(19) 堀内敬三「最も有数な武器　南方の文化工作と音楽」（『朝日新聞（東京版）』朝日新聞社、一九四二年三月一七日朝刊、四面）。

(20) 飯田信夫「南方の音楽工作について」（『朝日新聞（東京版）』朝日新聞社、一九四二年五月一二日朝刊、四面）。戸ノ下、前掲書、一九五頁。

(21) 座談会「南方共栄圏の音楽工作」（『音楽之友』音楽之友社、一九四二年四月号、二九頁・三四頁）。

(22) 石井文雄「大東亜共栄圏と音楽対策」（『音楽之友』音楽之友社、一九四二年六月号、二一頁）。

(23) 「ゼロアワー」については毛利眞人『ニッポン・スウィングタイム』（講談社、二〇一〇年、二八三〜二八四頁）を参照。

(24) 座談会「大東亜戦下に於けるレコードの新方針（二）」（『音楽文化新聞（二四）』音楽之友社、一九四二年九月一日号、一〇頁）。同座談会で日蓄（日本コロムビア）の高山憲之助は大衆音楽に抑圧的な文化人主導による南方文化工作論に対する批判を述べていた（同、一一頁）。
(25)「音盤界の新発足と廃盤」（『都新聞』都新聞社、一月三日朝刊、三面）。「別れのブルース」に関しては、戦地を慰問に訪れた歌手の淡谷のり子が、軍部から禁止されているにもかかわらず、前線の兵士にせがまれて同曲を歌うことがあったという逸話もよく知られている（淡谷のり子『ブルースのこころ』新日本出版社、一九七八年、二四～二六頁）。
(26)「南方向音盤の再検討」（『音楽文化新聞（二七）』音楽之友社、一九四二年一〇月一日号、一〇頁）。
(27)「映画時報」（『映画旬報』映画出版社、一九四二年九月一一日号、四頁）。ただし、じっさいに制作された南方向け特殊映画は、管見の限り『音楽大進軍』のみである。
(28)「映画時報」（『映画旬報』映画出版社、一九四二年一〇月一一日号、五頁）。
(29) 古川ロッパ『古川ロッパ昭和日記・戦中編』（晶文社、一九八七年、二九三頁）。
(30)「南方映画工作の発足態勢成る」（『映画旬報』映画出版社、一九四二年九月二一日号、六頁）。
(31) 不破祐俊「南方向映画について」（『映画旬報』映画出版社、一九四二年九月二一日号、七頁）。
(32) 座談会「南方映画工作」（『映画旬報』映画出版社、一九四二年九月二一日号、一八頁）。
(33)「映画時報」（『映画旬報』映画出版社、一九四二年一二月一一日号、五頁）。なお、大映による純音楽映画『華やかなる幻想』が南方向け映画として制作された形跡はない。
(34) 協議会の発足に先駆けて開催されたとみられる映画人と音楽関係者による座談会では、東宝音楽部の掛下慶吉から「南方向け映画」に盛り込む音楽として日本の音楽は「アメリカのジャズに影響を受けた軽音楽的なもの」や「欧州風な西洋音楽」に及ばないと思うがどうしたらよいかという発議がなされているが、これに対する返答および議論の進展は記録されていない（座談会「映画音楽の検討」『音楽之友』音楽之友社、一九四二年一二月号、四三頁）。
(35) 伊藤恭雄・南部圭之助「映画人の革新（対談）」（『映画旬報』映画出版社、一九四三年一月二一日号、一三頁）。
(36)「映画音楽の検討」、五七頁。
(37) 古川ロッパ、前掲書、三二六頁。
(38) 森岩雄「国民啓発と国民娯楽」（『映画評論』映画出版社、一九四三年一月一日号、九頁）。
(39) 古川ロッパ、前掲書、三五二頁。
(40) 古川ロッパ、前掲書、三五二～三五四頁。
(41) 完成版として対象の異なる二種類のフィルムを想定しているということは先に触れた『映画旬報』における森の論考でもすでに言明されていた（森、前掲書、九頁）。
(42) 渡辺邦男「映画紹介――〝南へ飛ぶ〟音楽映画の演出」（『音楽之友』音楽之友社、一九四三年二月号、九〇頁）。
(43) 渡辺、前掲書、九〇頁。渡辺はこの内容を『音楽大進軍』の「制作意図」として内務省に提出したと述べている。
(44) 内務省警保局『映画検閲時報　査閲フィルムノ部』（一九四三年第三号）、『映画検閲時報　制限ノ部』（一九四三年第三号）。なお、服部は大谷冽子の歌う「荒城の月」にブギのリズムを使ったと証言しているが、作品および検閲記録には確認できない（服部良一『ぼくの音楽人生――エピソードでつづる和製ジャズ・ソング史』中央文芸社、一九八二年、二二一頁）。

(45) 筈見恒夫「映画時評」（『映画評論』映画出版社、一九四三年四月一日号、三頁）。

(46) 座談会「決戦期映画界の進路」（『映画旬報』映画出版社、一九四三年三月二一日号、一六～一七頁）。

(47) 前掲「決戦期映画界の進路」一七頁。古川、前掲書、一九四頁。

(48) 同時代には、『十分娯楽味の多い、音楽中に多少米英味があっても、それが日本人が演奏出演しているなら、日本人でもこの位の仕事は出来るのだと誇示する意味で一向差支えがないではないか』等の説をなす人もありそう」（「時事録音」『映画旬報』映画出版社、一九四三年四月一日号、一九頁）とする評価もあり、軽音楽における欧米文化の徹底的な払拭よりも、それを用いた南方向け特殊映画による民心懐柔を優先させる方針があってもよいのではないかとする見解も存在していたことが分かる。

(49) かつて情報局の前身である内閣情報部の役人として、映画の中でも慰問団壮行大演奏会の場面で出演者全員により合唱されている「愛国行進曲」の制定および普及運動に尽力した京極はロッパの実兄でもあり、当時は南方向けのレコードや楽譜の選定を統括していた音文の内部組織である国際専門委員会で委員長を務めていた。

(50) 前掲「貴族院に於ける音楽協議の要旨」四一～四二頁。

(51) 「大東亜省間ノ協力及事務分界ニ関スル大東亜次官、情報局次長間申合事項」国立公文書館アジア歴史資料センター（レファレンスコード：A03025357600）。

(52) 「米英音楽の追放」（情報局編『週報（三三八）』情報局、一九四三年一月二七日号、一六～一七頁）。

(53) 堀内敬三「南方への文化工作」（『南洋経済研究（六）』南洋経済研究所、一九四三年、二五頁）。

(54) 「貴族院に於ける音楽協議の要旨」（『音楽之友』音楽之友社、一九四三年四月号、四〇頁）。

(55) 大森盛太郎『日本の洋楽（一）』（新門出版社、一九八六年、二五五～二六〇頁）。

(56) 対談「外交と音楽」（『音楽之友』音楽之友社、一九四三年二月号、四四～四五頁）。

(57) 同上、四五頁。

(58) 市川元「蘇へるフィリッピンの音楽」（『音楽知識』一九四四年七月号、音楽雑誌社、八頁）。

(59) 佐藤邦夫「日本軽音楽の方向」（『音楽之友』音楽之友社、一九四三年四月号、三二～三三頁）。

(60) 『音楽文化新聞（四二）』（音楽之友社、一九四三年三月一〇日号、一頁）。南方共栄圏大音楽会および南海楽友については古川隆久「昭和戦中期の軽音楽に関する一考察」（『研究紀要（七四）』日本大学文理学部人文科学研究所、二〇〇七年、二三～四五頁）も参照のこと。

(61) 『音楽文化新聞』（音楽之友社、一九四三年三月二〇日号、八～九頁、および四月一日号、四～五頁）。

(62) 『音楽文化新聞』（音楽之友社、一九四三年七月一日号、七頁）。

書評論文

海外戦没者と遺族を隔てる政治外交の壁

——浜井和史『戦没者遺骨収集と戦後日本』（吉川弘文館、二〇二一年）

田中　悟（摂南大学）

はじめに

その気になれば我々は、日常の中で多くの戦没者の墓を目にすることができる。それは、かつて国立歴史民俗博物館の共同研究によって詳細に調査報告が行なわれた、旧陸海軍の軍用墓地に限られたものではない。第二次世界大戦以前に起源を持つ各地の公営墓地や、村落共同体が維持管理してきた共同墓地などを訪れれば、そこに戦死した軍人の墓碑が立っているのを目にすることは多いはずである。

しかし、それらの墓に名を記された人物の遺骨が、そこに収められているとは限らない。とりわけ一九三七年の盧溝橋事件に始まる日中戦争から一九四五年に至るまで続いたアジア太平洋戦争における戦没者は約三一〇万人、うち海外の戦没者は二四〇万人にのぼるが、いまなお一一〇万柱を超える遺骨が未収容のまま取り残されている。この事実を踏まえて、著者は次のように課題を設定する。

本書は、広大な旧帝国圏の戦場に取り残されたこれら戦没者の遺体や遺骨が戦後どのように処理されてきたのかという問題に焦点を当て、日本政府による海外戦没者処理政策の決定過程と関係諸国との交渉経緯を明らかにし、今日まで続く「遺骨収集事業」が戦後の日本社会に

有した意義について考察することを課題とする。(三頁)

また、こうした観点から著者が着目するのは、明治期に始まる大日本帝国の海外戦没者処理と戦後日本における海外戦没者処理政策との連続性／非連続性であり、その比較検討を通じて浮上する戦後日本政府の取り組みの特徴である。また、本書自体の特徴は、海外戦没者処理政策の政治外交プロセスに焦点を当て、この問題を国際問題としてとらえようとする視点である。この点については、本書を国際政治学、あるいは国際関係論のケーススタディとして読みうる可能性を指摘しておいてもよいだろう。

本書の概要

本書は、本論として七つの章が収められている。その各章について、まずはここで概観しておくこととしたい。

第一章「『英霊の凱旋』から『空の遺骨箱へ』――戦没者の遺骨をめぐる記憶の変容」は、戦前から戦時中にかけての海外戦没者の遺骨処理、およびそれらの遺骨をめぐる人々の記憶が戦後にいかに接続していったか、という問題を扱っている。日清・日露戦争を経て「戦場掃除」「内地送還」という遺骨処理の方針が固まる中で、一九三〇年代以降、遺骨の帰還を「英霊の凱旋」とする意識が広まる一方、戦局悪化の局面になると、帰還のかなわぬ遺骨の代わりに「空の遺骨箱」が届けられ、「英雄の凱旋」は完遂されたものと見なされた。この措置が、海外に残された戦没者の遺体・遺骨に対する捜索・収容への動機づけを、戦後の日本政府に失わせたと著者は指摘する。

第二章「『象徴遺骨』の収容という選択――一九五〇年代における遺骨収集団の派遣」は、占領期から講和後という戦後初期における海外戦没者の処理方針の検討状況を、日本政府とGHQおよび米国との関係を中心に分析するものである。日本政府は戦没者遺骨について当初、「内地送還」を原則としたが、平和条約との関係で現地に戦没者墓地を築く「現地埋葬」の意見が強まり、主権回復後には「内地送還」と「現地埋葬」の折衷案が浮上した。しかしその案には、諸外国の事例や国際慣行を研究した外務省が否定的な立場をとり、米国との交渉過程において「印的発掘」＝「象徴遺骨の収容」と回収不能遺骨に対する「現地慰霊の重点化」という方針が打ち出された。そして一九五〇年代の遺骨収集団の派遺が終了した段階で、いちど高まった海外戦没者――多くの遺骨は今なお現地に残されている――に対する国民的関心は再び沈静化し、政府自体の遺骨送還に対する意欲も低下することとなった。

第三章「『相互性』の模索――墓地協定と遺骨収集団派遣をめぐる対英豪交渉」は、海外戦没者処理をめぐる英豪との交渉を取り上げて検討している。日本政府と英豪政府は、一九五〇年代前半、日本の遺骨収集団の派遣と英連邦戦死者に関する墓地協定とをめぐる交渉を並行して行なっていた。両交渉は「相互性」をめぐる連動性を意識しつつ展開され、横浜の英連邦戦死者墓地の維持と遺骨収集団の派遣については達成されたものの、日本人戦没者墓地等の維持管理については、ソ連など他地域とのバランスを考慮することによって、遺骨の本国送還が実施されず、「遺骨に対する事実上の放任主義」とも言うべき日本政府の消極的姿勢を露わにした。

第四章「『無縁』化する戦没者――千鳥ヶ淵戦没者墓苑の建立」は、同墓苑の建立経緯と、海外戦没者の遺骨収集事業との関連において同墓苑に納められた遺骨の位置づけと問題点について検討し、整理するものである。遺族へ伝達し得ない遺骨等を収める「納骨堂」の必要性から、政府は「無名戦没者の墓」を建立して維持管理することを構想したが、「無縁遺骨の納骨施設」として建立された千鳥ヶ淵戦没者墓苑が全戦没者を代表する「象徴性」についての考慮や議論は不足していた。それは、日本遺族会の強い反発を招くとともに、「象徴遺骨」として持ち帰られた遺骨が「無縁遺骨」として扱われることによって、遺骨に対する国民の関心の低下を招き、国家との関係における疎外を生んだのである。

第五章「可視化された海外戦没者――遺骨収集団派遣の再開とそのゆくえ」は、一九五〇年代に「一応終了」とされた遺骨収容に対する政府の方針転換について検討するものである。一九六四年の海外渡航自由化による戦跡の慰霊巡拝旅行の普及は、軍部やメディア等を通じて管理されていた現地の情報を生々しく国内に伝えることとなり、民間の遺骨収集の動きに押された政府は、これを抑制するために、遺骨収集団の派遣を「再開」した。その経緯が示すのは、責任意識の希薄な政府の、場当たり的な姿勢と対応であった。

第六章「冷戦下の慰霊と外交――一九六〇年代の墓参問題の中心に」では、ソ連地域・北方領土・小笠原諸島への墓参問題を検討している。シベリア抑留死者を対象とするソ連地域への墓参問題は、日ソ間の北方領土と日米間の小笠原諸島への墓参問題と相まって複雑な展開を見せた。冷戦下における外交関係の枠組みのもとで行なわれた墓参交渉では、対ソ・対米関係を連動させる外交戦術がとられたが、結果として当該地域への墓参事業は安定性を欠くものとなった。かくして、墓参を望む遺族の希望は、外交交渉に臨む国家の政治的な思惑によって翻弄されることになったのである。

そして第七章「復帰前沖縄の南洋群島引揚者による『慰霊墓参団』派遣問題」は、本土復帰前の沖縄から派遣された「慰霊墓参団」の実現過程について検討を加えている。第一次大戦後に日本の委任統治領になった南洋群島へは、多くの沖縄出身者が移民し、第二次世界大戦後は直接沖縄に引き上げたという経緯から、引揚者による慰霊墓参と遺骨収容が課題となった。戦後、日本本土から切り離された沖縄は、日本政府による海外戦没者処理の営みから除外されており、その慰霊墓参の希望は紆余曲折を経て実現したものの、その過程では日米交渉における日本政府の政策決定に強く影響を受けたのである。

以上の各章における検討を経て、戦後日本の遺骨収集事業について、著者は以下の特質を指摘する。

第一に、それが民間主導ではなく、政府主導（特に厚生省主導）で実施されたことである。それは、敗戦後の海外渡航の制約に加えて、米国管理地域での戦没者処理に関する日米交渉によって活動の方向性が規定されたことの結果であり、政府の消極的かつ受動的な姿勢が事業に反映されることにもつながっていった。

第二に、事業の国際的側面、すなわちそれが遺骨収集団の派遣先となる相手国――かつての交戦国との関係性や現地の事情を踏まえて実施されたことである。とりわけ米国との関係は、決定的な影響力を持っていた。また、とりわけ初期の遺骨収集においては現地の反日感情に直面することがあった点にも、目を向ける必要がある。

第三に、沖縄などを除いて、それが本土から遠く離れた「周縁」地域で行なわれたことである。戦時中の情報統制によって明らかにされていなかった海外戦没者の死の実態は、講和後の海外渡航自由化によって可視化され、初めて国民的な関心を集めることになった。ただそれも、政府による措置がある程度実施され、年月が経過するにつれて、まだ約半数が取り残されている海外戦没者の遺体や遺骨は再び「周縁」化され、国民的な関心事から外れていったのである。

第四に、それが徹底的な遺骨の捜索・収容ではなく、「遺族たちの慰藉」に重点を置いていたことである。そもそもこの事業は、国内世論の動向とは別に、米国との交渉において「象徴遺骨」の収容という方式を採用せざるを得ず、日本政府は収集団の派遣目的を「現地慰霊」へとシフトさせ、遺族をはじめとする国民の慰めとしたのである。そのため、事業の終了に際しては、補完的な措置としての慰霊碑の建立や慰霊巡拝への補助を推進したのである。

第五に、それは遺骨収集団の派遣のみならず、時には形態を変えて実施されたことである。例えばソ連地域への墓参、あるいはオーストラリアにおける日本人戦没者墓地の建立などが挙げられるが、各国政府間交渉の結果として実施されたこうした例外措置についても、目を向けておく必要がある。

これらの特質をもって一定の成果を挙げた遺骨収集事業だが、他方で開始当初から様々な問題点をはらんで展開してきたとされる。著者は、次の四点を指摘する。

第一にして最大の問題点は、政府主導であったにもかかわらず、戦後日本における国家と戦没者との関係が曖昧なまま再構築されなかった点である。敗戦後、陸海軍から海外戦没者処理を引き継いだ厚生省は、政教分離原則や軍国主義復活への警戒などとの関係から受動的で消極的な態度をとり、「国の責任」について戦争責任との関連での議論が深められることはなかったのである。

第二に、現地で発見・収容された遺骨の個体識別の問題が軽視された点がある。これは、戦後初期までの「空の遺骨箱」を届けた措置との関係で、未帰還の遺骨を遺族へ引き渡すことへの責任感や義務感の欠如に帰結した。また「象徴遺骨」の収容という方針の採用は、収容された遺骨のほとんどが「無縁遺骨」として千鳥ヶ淵戦没者墓苑へ納骨される結果となった。

第三に、遺骨収集事業における対象をめぐる「包摂」と「除外」への認識の欠落である。具体的には、本土復帰前の沖縄への視点、また朝鮮籍・台湾籍の人々への視点が、遺骨収集事業に欠落していたことが指摘できる。

さらに第四に、戦没者遺族の動向が与えたネガティブな影響である。千鳥ヶ淵戦没者墓苑の存在意義は、日本遺族会の態度によって強く矮小化され、社会的存在感を喪失していった。そしてそのことが、遺骨に対する国民的な想像力と関心の低下を招いたのである。

以上の考察と整理を経て著者は、遺骨収集事業の今後の課題と可能性についての議論に進むのだが、ここから本書の内容紹介を少し離れ、評者自身の見解も交えつつ、書評として責を果たしたい。

本書の意義と今後の課題

本書が示す著者の研究の意義として第一に挙げるべきは、海外戦没者問題を外交の問題として位置づけ、国際政治・国際関係の観点から包括的に論じる視座を示したことであろう。戦後日本における海外戦没者の遺骨処理や慰霊巡拝に際して、遺族がまず接するのは日本政府であり、個人の目からすれば、そこにあるのは遺族と政府との間の交渉と関係性の構築であり、政府主導の事業はこの両者の連携によって進められたものとしてとらえられる。しかし、本書でたびたび指摘される厚生省と外務省との緊張関係は、それが国内問題にとどまらず、外交問題でもあったことを我々に教えてくれる。海外戦没者処理の問題は、日本政府がフリーハンドで意思決定できるようなものではなく、アメリカやソ連、またイギリス・オーストラリアといった関係各国との外交交渉と合意を通じて、ようやく実現の可能性を探ることができるものであった(実際、実現しなかった要望や計画も少なくない)。戦没者と遺族との間の血のつながりは、海外戦没者の遺骨と日本国民との間の関係を直接的に想像することを容易にするが、現実にはその間に、日本政府のみならず、国際政治の厚い壁が立ちはだかってきたのである。戦後日本における海外戦没者処理の歴史は、この壁に穴を穿ち、突破の可能性をひとつひとつ探りながら進むこととの積み重ねであったと言えよう。

そして、第二の意義として挙げられるべきは、海外戦没者をめぐる外交交渉と国際政治の存在を前提としたうえで、改めて日本政府の取り組みの姿勢が問われることを示した点であろう。交渉である以上、相手の意向だけでなく、こちら側の意向もその行方に影響を与えることになる。本書の各章における検証が示しているのは、海外戦没者問題に対する日本政府の消極的姿勢であり、国内世論や対外関係の影響や制約を受ける中でも、それは一貫していた。この点は、戦没者に対する国家の責任という論点が掘り下げられることなく今に至っている今日の日本社会のあり方に通じていると言えよう。

以上の点を踏まえて、著者がまとめている遺骨収集事業の今後の課題と可能性について、評者の立場から検討を加えてみたい。

著者はまず、今日の日本社会における遺骨収集事業の意味について、「国の責任」の観点から問い直し、その社会的意義を再設定する必要があると述べる。そして、その作業の一環として、千鳥ヶ淵戦没者墓苑に納められた遺骨の位置づけについても再考する必要があると説く。この点については評者も全く同感である。

ただ、この観点からすると、千鳥ヶ淵戦没者墓苑の成立の経緯までさかのぼり、靖国神社との関係において、その位置づけをいま一度問い直す必要があるのではないか。戦後、国家の管理を離れて民間の一神社となり、かつ地域的な氏子集団を持たない靖国神社が戦没者遺族の拠り所として強い存在感を持っていたのは、戦没者を祭神として霊璽簿に記載し、合祀しているが故であった。靖国神社のこの特質については、海外にきわめて多くの戦没者が取り残され、収容・送還された遺骨も多くは「無縁遺骨」として取り扱われたという実態のもとでは、遺族として特定個人を記憶し、慰めを得るという点において、無視できない意義を認め得る。旧陸海軍省から業務を引き継いだ厚生省の基準に従って合祀を行ない、「記名性」を獲得していた靖国神社と、その関連において「警戒」され、「象徴遺骨」として持ち帰られた遺骨を「無縁遺骨」として受け入れ、その性格を曖昧化された結果として「無記名性」を抱え込んだ千鳥ヶ淵戦没者墓苑との関係については、改めて問い直される必要がある。この点に関しては、個体識別のためにＤＮＡ鑑定という科学的手法が導入されることが（朝鮮籍や台湾籍の戦没者の識別という点に加えて）意味を持ってくる可能性もある。おそらく、千鳥ヶ淵の無縁遺骨の「象徴性」そのもののあり方を、戦没者個々人の記憶――そのよすがとなるのが戦没者の固有名が記された〈名簿〉である――との関連において、将来的には議論の俎上に載せていく必要があるように思われる。

さらに、本書評の冒頭に挙げた軍人の墓との関連についても、今後の課題として設定すべきでないだろうか。例えば、オーストラリアの日本人墓地の遺骨送還について、現地政府も日本の外務省も好意的であったにもかかわらず、厚生省がその措置を見送ったエピソード（第三章）は示唆的である。そこで厚生省が根拠としたのは、「戦死者」として本土で厚く葬られている埋葬者が「戦時中の捕虜として」送還されることが本人とその遺族の「名誉を傷つける」だけでなく、「捕虜死」として認定されることで遺族年金や軍人恩給の支給停止や返還を迫られることになる、という事情であった。ソ連抑留死者とのバランスという国際政治的理由に加えて主張されたこうした事情は、海外戦没者が戦後日本において不可視化されたもうひとつの側面を生々しく伝えている。そのような「封印」を解き、真相を明らかにするには、一定の年月の経過が必要であるのかもしれない。こうした問題はおそらく今後、戦後を生きる日本人が取り組むべき未解決の課題となっていくだろう。

そうした課題とともに、考慮に入れるべき問題として、軍人戦没者の「無縁化」のさらなる進行が挙げられる。いま、全国の墓地では、遺族の参拝が絶えた墓地の無縁化と整理が進められているが、そうやって整理されている墓の中には、少なからず軍人のものが含まれている。戦後日本の戦没者をめぐる研究について振り返ってみると、少なくともこれまでは「戦没者の死」は「遺族の生存」と対で論じられることを暗黙の前提としていたように思われる。それはもちろん実態の反映であったわけだが、この少子高齢化社会の趨勢を踏まえれば、「遺族の死」のみならず、「遺家族の断絶」をも視野に入れていかなければならない。それは、戦没者に対する国家の役割の強化という展開を生むかもしれないし、国家とは別に何らかの社会的制度が構築される、ということになるかもしれない。また、さらなる将来を見据えれば、いかに〈忘却〉を準備し、受容していくか、という論点の設定も可能であるかもしれない。

こうして考えてみると、本著作が戦没者遺骨収集をめぐる戦後日本研究に大きな一歩を進めたものであることは間違いないとしても、その先にはなお果てしなく遠い道が延びているように思う。

参考文献

赤澤史朗『靖国神社――「殉国」と「平和」をめぐる戦後史』(岩波現代文庫、二〇一七年)。
新井勝紘・一ノ瀬俊也編『国立歴史民俗博物館研究報告　第一〇二集　慰霊と墓』(二〇〇三年)。

書評論文

戦争社会学と宗教研究の架橋のために

――島薗進・大谷栄一・末木文美士・西村明編『近代日本宗教史 第4巻 戦争の時代――昭和初期～敗戦』『近代日本宗教史 第5巻 敗戦から高度成長へ――敗戦～昭和中期』（春秋社、二〇二一年）

宮部 峻（親鸞仏教センター）

本書評の目的

本書評で取り上げる二冊は、近年、研究の進展が著しい近代日本宗教史の成果を各分野の専門家がまとめたシリーズのものである。それぞれ、戦前と戦中期、敗戦後まもない時期を扱っている。アプローチは、歴史学、宗教学、思想史、社会学など論者により異なっている。しかし、本書には一貫したテーマがある。それは、各分野から実証的に成果をまとめつつも、日本社会において、「宗教」という境界がどのように変遷し、その変遷とともに、人びとの実践が変容してきたのか、という問いである。日本では、とくに二〇〇〇年代以降に盛んになった「宗教」概念批判の成果を取り入れつつ[1]、「神道」、「仏教」、「キリスト教」といった狭義の「宗教」にとどまらず、人びとの実践に見られる宗教性、あえて言うならば広義の「宗教」に焦点を当て、成果をまとめあげているのが、本シリーズである。今回の書評で取り上げるのは、

「昭和前期〜敗戦」、「敗戦〜昭和中期」と副題が付けられている二冊である。

本書評では、二冊の各論文の概要を踏まえて、戦争社会学に対する本書の意義と今後の展望を示す。戦争社会学という分野に限定する理由は、もちろん、本誌が戦争社会学の雑誌であるというのがまず挙げられる。しかし、西村明が指摘しているように、宗教研究と戦争社会学という両分野の成果は、まだ没交渉のようにも思える。(2) 本書の成果から宗教研究と戦争社会学を架橋するために必要なことを評者なりに取り出してみたい。そこで、簡単ではあるが、二節にて、本書二冊の内容について、評者なりに論点を取り出しつつ、まとめる。なお、紙幅の都合により、コラムについては言及しない。三節にて、本書の成果を通じて見えてくる宗教を軸とした戦争社会学的研究の今後の展望を述べる。

本書の内容

第四巻の各章の内容は次のとおりである。

第一章「総論――総力戦体制下の新たな宗教性と宗教集団」(島薗進)では、一九二六年から一九四五年の敗戦までの日本の宗教について、全体的な見通しと各章の相互連関、今後の宗教史の方向性が示される。具体的には、昭和の始まりは、神聖天皇崇敬の体制が強化されていく転機となったこと、アジア・太平洋戦争期には、戦死者が増加し、神聖な天皇のために犠牲になることをいとうべきではないという観念が広がり、靖国神社の存在感が増したことが挙げられる。多くの国民が国家神道と神聖天皇崇敬という共通の宗教的言説と実践に組み込まれていたことから、方法論的にも、「宗教団体や宗教思想や宗教者・思想家の次元で捉えるだけでなく、さまざまな社会構成員の生活や思考の中で働いている宗教性を捉えることが重要だ」(第四巻五頁)とされる。

第二章「思想と宗教の統制」(植村和秀)では、日本の宗教法・宗教行政、神社行政の特徴が整理される。キリスト教が主流である欧米諸国に対して、神道や仏教などが複雑に絡み合った日本の宗教事情を踏まえながら検討される。国民を主体的に動員することを目的に、総力戦体制下では、宗教団体に対する統制も強まる。ここには、信仰と主体性と国民・ナショナリズムの問題が見られると指摘される。

第三章「植民地における宗教政策と国家神道・日本仏教」(川瀬貴也)では、台湾と朝鮮を中心に、戦前・戦中に施行された宗教政策が紹介される。日本の植民地だった地域において、皇民化政策の一翼を担った神道も日本仏教も、戦後に定着することはなかった。しかし、その後も生き残った天理教の例のように、植民地における日本の宗教政策は、その後の各地域の宗教地形に影響を与えており、ポストコロニアルな問題があると指摘される。

第四章「戦争協力と抵抗」(大谷栄一)では、日中戦争初期を中心に、近代日本の宗教者や宗教教団の戦争協力、戦争への抵抗について、仏教とキリスト教の事例が紹介される。僧侶や牧師といった専門宗教者による戦争協力への取り組みを中心に整理され、矢内原忠雄ら無教会派や灯台社などの新宗教による抵抗の姿勢、妹尾義郎と新興仏教青年同盟、真宗大谷派の竹中彰元らの反戦・非戦論が紹介されつつも、宗教界の大勢は戦争に協力的であったと示されている。

第五章「昭和初期の新宗教とナショナリズム」(對馬路人)では、一九二〇年前後から終戦前後までの新宗教の展開について、ひとのみち教団と生長の家、大本教の例が取り上げられる。都市化の進展、それに伴う都市と農村の格差拡大により生じた問題に適応する教義・実践を展開したことで教勢を拡大した三つの教団には、天皇尊崇のナショナリズムが見られる。天皇ナショナリズムに関する三つの教団の解釈には異なりがある。その異なりが、昭和期の宗教弾圧を理解する鍵になると示される。

第六章「戦争・哲学・信仰」(藤田正勝)では、対外膨張政策期に宣揚された「日本精神」について、田辺元の「種の論理」に注目して論じられる。当初、「種の論理」の議論では、民族国家の絶対化に対する強い反対が見られた。しかし、時代の流れに呼応するように、田辺の議論は、現実の国家をそのまま肯定する方向へと思索が展開していったことが指摘される。一九四四年ごろから田辺は「懺悔」を語るようになり、田辺は信仰の問題、親鸞の『教行信証』へと接近していく。

第七章「超国家主義と宗教」(藤田大誠)は、「超国家主義」と「宗教」の概念史である。「超国家主義」は、橋川文三の議論以降、「ultranationalism」という訳語から逸脱し、「超国家」という日本語の語感から連想的に議論が展開され、現在まで曖昧な概念として使用されていく。しかし、当時の「宗教」の担い手が用いた「超国家(主義)」は、「普遍主義」や「世界主義」の意味を前提としながらも、両者を止揚し、「国家主義」を包摂した日本的「全体(普遍)主義」の意味に読み替えることもあったと紹介される。

第八章「戦時下の生活と宗教」（坂井久能）では、満州事変以降、とくに日中戦争・太平洋戦争期において、日本精神・国体論、天皇の神格化、「国家神道」が、軍隊や学校、地域社会に及ぼした影響について論じられる。学校教育や軍隊に対して、天皇の神格化、「国家神道」が及ぼした影響や、神社参拝の強制、英霊公葬運動や忠霊塔の性格をめぐって、キリスト教徒と神道、仏教と神道との対立が顕在化する過程が示される。

第五巻の各章の内容は次のとおりである。

第一章「総論——体制の転換とコスモロジーの変容」（西村明）では、本書の見取り図として、一九四五年から一九七〇年ごろまでは、敗戦後の法制度の大改革により、「『宗教』という概念が適用される射程」が広がった時期であるという点をおさえる必要があると主張される（第五巻四頁）。天皇の脱神話化、宗教団体の設立増加、農地改革や人口移動の影響を受けた宗教団体の経営基盤の変化、都市化による檀信徒の離村に伴う家庭祭祀や祭りの変容が指摘される。靖国神社国家護持法案をはじめとした政教分離問題、戦争協力への反省など、宗教界には新たな課題が出現した。以上のように、戦後の体制下における宗教の動向の見通しが示される。

第二章「占領と宗教」（ヘレン・ハーデカ）では、連合国による占領下で実施された宗教政策の形成過程について整理される。多くの宗教団体が憲法第九条に肯定的な態度を示すなか、神道指令の発令により公的な存在意義を失った神道が、総司令部の占領政策に対する反発を強めていく契機が示される。宗教界では、戦争の責任、敗戦後の社会状況を「懺悔」することがテーマになった一方、生長の家の谷口雅春のように、戦前の体制を支持し、保守的理念を掲げる宗教者も現れたと整理される。

第三章「戦後政治と宗教」（中野毅）では、戦後日本における宗教団体と国家・政治との関係、宗教の政治活動の展開が整理される。戦後初期の普通選挙では多くの宗教系議員が当選するなど、宗教者による政治参加が活発化した。他方、神道政治連盟や生長の家政治連合のように、宗教者による保守回帰運動も展開される。「靖国神社問題」を契機に、新宗教の内部では対立が生じ、一九七〇年代には、「宗教政治研究会」の結成など、宗教界の右派系の再編が進んでいくことが示される。

第四章「戦後知識人と宗教」（中島岳志）では、吉本隆明の親鸞論が論じられる。吉本の親鸞論は、戦中から戦後にかけて変遷していく。吉本は、「大衆」をめぐる論を展開する過程で、親鸞のなかにエリートと大衆の断層を「横超」する可能性を見出す。吉本の親鸞論は、オウム真理教をめぐって「大衆の論理」と「宗教の論理」という相反に行き着いたことが解き明かされる。

第五章「戦後の宗教とジェンダー」(猪瀬優理)では、教祖が女性であった初期の新宗教では、国家による「良妻賢母」主義的なジェンダー秩序に苦しむ女性を救済する可能性があったこと、戦後に発展した新宗教は、性別役割分業の範囲で「社会参加」の場を主婦に提供する役割があったことが示される。他方で、性別役割分業意識に対して保守的な寺院仏教の意識・制度慣行の問題が指摘される。戦後のジェンダー的価値観に対するバックラッシュにも、少なからず宗教関係者が関わっていることが紹介される。

第六章「慰霊と平和」(西村明)では、戦後直後から一九七〇年代を対象に、国家体制の転換、冷戦構造という時代状況を踏まえながら、戦争死者の慰霊・追悼、平和に向けた取り組みが扱われる。靖国神社と護国神社の歴史的背景と問題の構図が示される。第二次世界大戦による民間人の戦争犠牲者に対する慰霊・追悼は、靖国にとらわれない形でも実施されたる一方、時間の経過とともに、かつての慰霊・追悼の意味合いが変化してきたと主張される。

第七章「都市化と宗教」(寺田喜朗)では、新中間層の多くが地域社会との接点が希薄であったため、神社・氏子組織や寺院と関わりを持つ機会を失っていった一方、新宗教は、都市部の中下層にとって、ムラの紐帯に代わるセーフティネットの役割を果たしたと指摘される。一九五五年時点で一五歳であったものは、二〇二〇年に終活を迎える世代であることを踏まえ、現在の葬儀の傾向と次世代以降の供養・祭祀とを調査することにより、「家の解体」と「先祖祭祀の解体」との関係が実証的に検討可能になると今後の研究の方向性が示される。

第八章「大衆的メディアの時代の宗教表象」(姜竣)では、作家・芹沢光治良による「教祖様」という天理教の中山みきを描いた小説の執筆背景に注目し、「神がかり」以降の中山みきの伝記的資料が欠落している背景について、言文一致体の成立前後の時代背景を踏まえて検討される。映像文化における宗教表象も取り上げ、漫画における中山みきの描き方の違いなどにも注目し、宗教表象の不可視性と近代メディアの関係が論じられる。

本書の意義と今後の展望——戦争社会学として宗教を研究すること

以上のように、各論文の主張を簡潔ではあるものの、評者なりにまとめてみた。本書は、網羅的かつ体系的に宗教史研究の動向が整理されており、これから宗教研究を志す学部生や大学院生にとって、研究の出発点になる本である。

あえて、評者が気になった点を述べるなら、まずひとつは、宗教史の論集でありながら、各教団の動向の記述が相対的に少ないという点である。この点は、教団に代表される狭義の「宗教」の記述よりも、宗教者に限らない、人びとの実践に見られる宗教性、広義の「宗教」に焦点を当てたことからくる限界であろう。しかし、宗教史の論集であるからこそ、狭義の「宗教」に該当するであろう教団が戦前から戦中、戦後に抱えた課題や、それぞれの宗派・宗教の違いに光が当てられる章がもう少しあるとよかったように思われる(3)。狭義の「宗教」と広義の「宗教」との比較により、それぞれの特質がより鮮明に浮かび上がってくるのではないかと期待されるからである。

また、第四巻では、神聖天皇崇敬について、「宗教史を宗教団体や宗教思想や宗教者・思想家の次元で捉えるだけではなく、さまざまな社会構成員の生活や思考の中で働いている宗教性を捉えることが重要だという方法論的な視点」が重要であり、「政治史、経済史、思想史などのアプローチでは見落とされやすい側面であり、民俗学や文化人類学の方法を、歴史的変化を重視する方向で修正して用いていく必要がある」と述べられている（第四巻五頁）。しかし、本書では、概ね、思想史や実証主義的な歴史研究の手続が採られており、民俗学や文化人類学の方法を取り込んでいる章は少ない。宣言された方法論が十分に展開されているとは言えないのではないだろうか。

以上のふたつが、本書を読んで評者が気になった点である。もっとも、これらふたつの点は、今後この論集を踏まえて、後続の研究が発展させていくべき課題であるだろう。

最後に、本書の戦争社会学的意義を評者なりに示したい。本書が宗教研究と戦争社会学の架橋のための手がかりを示しているのは、戦前・戦中・戦後にかけて、宗教に関わる体制の転換がもたらした日本社会への影響に関する考察である。こうした分析の指針は、すでに西村と永岡崇により提示されている。すなわち、戦争を遂行する国家や組織そのものの宗教性の問題を検討する〈宗教的な戦争〉の問題系である。[4] 戦争社会学の研究が活発になってもなお、まだ〈宗教的な戦争〉の問題系に関する戦争社会学的研究が少ないのが現状であろう。本書では、その問題への手がかりとして、神聖天皇崇敬の問題が中心的に取り上げられている。

近代以降の日本の戦争は、本書が示すように、神聖天皇崇敬の問題が関わっている。さらに、占領下の政策は、日本社会の宗教意識・宗教制度を転換させた。慰霊・追悼、戦争責任、靖国神社問題は、日本の戦争と宗教の問題でもある。日本の戦争の歴史の根底には、宗教をめぐる問題があるといっても過言ではないだろう。そして、戦後の宗教界右派の再編やジェンダー的価値観に対するバックラッシュの動きには、戦前・戦中の国家体制・秩序を肯定する宗教者・宗教団体が関わっており、ここには、政治と宗教の問題が潜んでいる。戦後の日本社会の諸問題には、宗教が関わっているのである。日本の戦争が持っていた宗教性を問い返し、戦後の宗教政策の転換がもたらした人びとの実践への影響を問うていくこと。これは自ずと戦争と社会の関係を問う戦争社会学の主題となるはずだ。

注

（1） 宗教概念批判については、磯前順一・山本達也編『宗教概念の彼方へ』（法藏館、二〇一一年）などを参照。

（2） 西村明「『宗教からみる戦争』特集企画について」（『戦争社会学研究』第三巻、二〇一九年、八頁）。もっとも、戦争社会学の論集やブックガイドでは、宗教社会学者の粟津賢太による慰霊と戦跡研究、宗教社会学者の赤江達也による靖国問題の戦後史にかかわるブックレビューがなされているように、宗教社会学者による戦争社会学的研究の成果もある。以下の文献を参照。福間良明・野上元・蘭信三・石原俊編『戦争社会学の構想――制度・体験・メディア』（勉誠出版、二〇一五年）、野上元・福間良明編『戦争社会学ブックガイド――現代世界を読み解く132冊』（創元社、二〇一二年）。

（3） 二〇一〇年代以降、宗教別・宗派別に戦争と宗教の問題を論じたものとして、天理教については、永岡崇『新宗教と総力戦――教祖以後を生きる』（名古屋大学出版会、二〇一五年）。無教会キリスト者については、赤江達也『「紙上の教会」と日本近代――無教会キリスト教の歴史社会学』（岩波書店、二〇一三年）。日蓮主義については、大谷栄一『日蓮主義とはなんだったのか――近代日本の思想水脈』（講談社、二〇一九年）。浄土真宗については、近藤俊太郎『天皇制国家と「精神主義」――清沢満之とその門下』（法藏館、二〇一三年）。もっとも、いずれの著者も本シリーズの執筆者である。

（4） 西村前掲・永岡崇「〝聖戦〟と網状の実践系――金属品献納運動の宗教学」（『戦争社会学研究』第三巻、四六～四八頁）。

書評論文

「政治社会史」という可能性とその中心

――吉田裕編『戦争と軍隊の政治社会史』(大月書店、二〇二一年)

野上 元(早稲田大学)

「戦争と軍隊の政治社会史」とは何か――九〇年代半ばの吉田裕ゼミ参加経験から

これだけの執筆者が揃い、多様なテーマを孕んだ歴史学の本格的な論集として、専門的な見地からの書評はほどなく歴史学の学会誌に掲載されてゆくはずだろう。ここでは、狭義の専門的歴史学者だけで読者が構成されているわけではない本誌『戦争社会学研究』で採りあげる意味を忘れないようにしながら、日頃の不勉強を恥ながら書評の任に当たることにしたい。また個人的なことだが、評者は一九九二年四月からの二年間、一橋大学社会学部の吉田ゼミに参加し、卒業後も先生のご厚意で大学院の吉田ゼミと縁があった。本書の著者たちのなかでも、とりわけ当時在籍していた森茂樹氏・大串潤児氏・金奉湜氏にはお世話になったことを憶えている。以下、本書の書評のみならず、私の吉田裕先生との関わりも交えながら本の紹介をしてゆきたい。

「社会科学の殿堂」を名乗る一橋大学に、その学知の強度を測る広大なフィールドとして、学部を横断したヴァーチャルな「歴史学部」があるのではないかということは別のところでもふれたが(拙論「歴史が聞こえてくること――方法的ラディカリズムと歴史への愛」『日本オーラル・ヒストリー研究』第一三号、二〇一七年)、もちろん吉田先生の講義やゼミも、その重要な構成要素であった。ただ私が吉田ゼミに入った一九九二年度は、もうひとりの政治学の担当者が在外研究だったことにより彼の担当ゼミが休講となったことから、現代政治に関心を持つゼミ生も少なくなかった。

ゼミに入ったばかりの三年次の学生たちに先生がまず示した輪読文献は、丸山真男の『現代政治の思想と行動』であった。次いで家永三郎『太平洋戦争』、吉見義明『草の根のファシズム』を読む。その次の課題文献は、高橋三郎『「戦記もの」を読む』、そしてジョン・ダワー『人種偏見』だったと思う。

吉田先生は、論文「占領期における戦争責任論」(『一橋論叢』一〇五号、一九九一年)を出された直後で、この論文は、その少し前の「日本人の15年戦争観と戦争責任問題」(『歴史評論』四六〇号、一九八八年)と並び、社会心理史・社会意識的な研究と民衆の戦争責任論とを結びつけようとする作業のようにみえる。当時まだマイクロ化されていなかったメリーランド大学カレッジパーク校プランゲ文庫所蔵の占領期刊行資料を使用して書かれた「占領期における戦争責任論」には、知識人の思想論議において戦争責任論を説明するのではなく、むしろその言葉に透けてみえる一般民衆の心情に対する理解を目指そうとする姿勢があるように思われる。これらは、その後の『日本人の戦争観』(岩波書店、一九九五年)につながる問題意識や方法だったのではないか。

一方で先生は当時、一九九〇年末の『昭和天皇独白録』公開からの研究状況に関連した『昭和天皇の終戦史』(岩波新書、一九九二年)の執筆もされていたはずで、これらの論文・書籍と丸山・家永・吉見・高橋の四冊で示したかったことを受け止めれば、政治史と社会史にまたがる問題領域、つまり、「戦争と軍隊の政治社会史」が見えてくる。一見すると多彩なテーマを収めている本書が、「吉田裕」という研究者の存在によってがっちりとまとまっているというのは――その多様性に困惑しているかもしれない他の多くの読者とは違い――、評者には自明のことのように思える。これらを結びつけている「政治社会史」という言葉(序章には、やや硬い表現ながらメンバーの実質的な中心であろう大串潤児により「政治領域を社会統合や社会意識・文化を含み込んだ社会のありようから問題化すると同時に、社会やその基礎(人間社会の作り方にもおよぶ)となる領域に戦争・軍隊に関する「政治」がどのように反映しているか、という問題をつかまえようとする方法」とある)にも注意しながら、書評を始めることにしよう。

「天皇制の政治社会史」（第三部）について

吉田先生のキャリアのなかで最も早い時期の研究は、軍国日本の性格付け、とくに戦争責任のありか、という問題意識を背景に、軍部を国家統治機構の中に位置づけることだった。初期に書かれた論文では、「国防国家」構想の形成や「軍財抱合」の政治過程が論じられ、そうした研究にみられる手法は、「終戦」の政治過程における昭和天皇の関与をみるという前述の『昭和天皇の終戦史』にも表れている。先述の通り、先生の担当講義は、歴史学を冠したものでなく、政治学・政治史に関わるものだった。

そして本書でいえば、第三部「天皇制の政治社会史」に収められた諸論考に、その直接的な影響を感じ取ることができる。ただ前もって強調したいのは、「責任」や「天皇」の表れ方は吉田先生ほどストレートではないということだ。

例えば、東條英機の政権運営における政治的なテクニックとその挫折を緻密に論じた第一〇章・森論文「東條内閣期における戦争指導と御前会議」は、その挫折の理由に天皇の支持という政治的資源の枯渇をみる。両者を乱暴に結びつけてしまうのではなく、東條の制度運用のさまを緻密に見ることで（吉田先生が論じた）天皇の政治的影響力の問題をより精確にみることができる、と主張しているようにみえる。

また、戦前・戦後の国会開会式の変遷をみる第一二章・瀬畑源論文「国会開会式と天皇」は、たんに「式」のやり方についての探究ではなく、開会式の形式の持つ意味論に、国会に天皇を「どう」関わる／関わらせるかが表れていると考える。象徴天皇制というかたちでの天皇制の存続と戦後民主主義との接続における「やりくり」を（それこそ）象徴的に示している局所だというのだ。

皇室財産、とくにその有価証券の収支に注目した第一一章・加藤祐介論文「昭和戦前期の皇室財政」はさらに独特で（このような着眼点の存在を全く考えたことがなかった！）、この論文の目的は、単にその収支の詳細を明らかにすることなどではなく、その証券運用における意味づけや正当化の論理、それをめぐる対立に着目し、それらを通じて天皇制と戦争の関わりを「政治社会史」的な水準で明らかにすることである。

それぞれ精緻な構成や興味深い観点から「天皇制の政治社会史」を論じようとした第三部の論考を通じて感じられるのは、『昭和天皇の終戦史』の背景にあったような天皇個人に対する感情・感覚がみられないということだ。ここには、昭和天皇の政治関与・戦争責任を統治機構のなかでみるというストレートな問題設定ではなく、天皇・天皇制の「ありかた」に統治機構の特徴を読み取るという方法的な展開・転回があるのではないだろうか。

「軍隊・戦争をめぐる政治文化の諸相」（第二部）について

前述の通り、吉田先生は『昭和天皇の終戦史』上梓後、数年の内に『日本人の戦争観』を出す。けれども、これまたすでに述べたとおり、それは全く新しい問題意識というわけではなく、先行するいくつかの論考の存在があった。「戦争責任論の社会意識史」は長い年月をかけて抱かれていた問題意識である。

それを示すかのように、先生の講義では、内閣府やNHKの世論調査の結果による日本人の戦争観・平和観も柱となっていた。軍部の政治的な位置づけを中心とした戦前日本の統治機構の解説という政治学的な問題群を、「私たちの問題」として振り返らせるための工夫だったと思う。

見田宗介や作田啓一らの社会心理史・社会意識論の仕事も先生に影響を与えていたのではないか。少なくとも先生の棚には、森岡清美や日高六郎の本が並んでいたと記憶している。（学部・大学院のゼミ生は、先生の研究室で行われるゼミの時間に先生の蔵書を自由に手にする特権を得ていた。一番奥にあった膨大な部隊史には恐れ多くて近づけなかったけれども）

こうした社会史・社会意識論的な問題設定は、本書でいえば、第二部「軍隊・戦争をめぐる政治文化の諸相」に収められた諸論考にその影響を感じ取ることができる。「諸相」という表現はやや拡散的だが、「メディアと社会意識」という狙い（大串論文・李論文）と「軍事的なものと市民運動の対抗」という視点（松田論文・森脇論文）ははっきりしている。

第五章・大串論文「軍隊と紙芝居」は、戦時期の「紙芝居を素材に軍隊と大衆文化の関係についていくつかの論点を提供し、あわせて紙芝居という大衆文化から戦時期民衆の意識史に接近しようと」したもので、資料的制約もあるようだが、紙芝居は戦争体験を媒介に戦後の貸本文化や劇画といった大衆文化につながり（拙稿「水木しげる――ある帰還兵士の経験」『敗戦と占領（シリーズひとびとの精神史1）』岩波書店、二〇一五年）、紙芝居が演じられる場はそれらに比べよりインタラクティブな場なので、戦時期の社会を論ずる有効な視点であることは間違いない。

第九章・李宣定論文「メディア言説における韓国の対日認識と歴史教科書問題」は、吉田先生の『日本人の戦争観』で示されたような問題設定が、マスメディアの記事の内容分析によってマスコミ研究として展開してゆく方向性をはっきり示している。近年では、これらの研究領域では計量的な内容分析・テキスト分析が盛んだが、その方向にも結びついてゆくだろう。

第七章・松田圭介論文「講和後の基地反対運動」と第八章・森脇孝広論文「戦後地域社会の軍事化と自治体・基地労働者」とは対照させてみるとより問題設定が明らかになる。軍事基地（あるいは演習場）は、あからさまな暴力が顕在化する戦争・戦場と違い、平時（戦後）も存続する、軍隊と日常生活の接触面である。松田論文は自衛隊基地と開拓農民における「ナショナル」なものの現れについて、森脇論文は「豊かさ／支配」の共犯関係における米軍基地と労働者の関係について論じている。こうした視角の設定には、断片的には聞いたことのある吉田先生の社会運動論や運動経験、あるいは例えば家永教科書裁判や吉見「従軍慰安婦」裁判に深く関わったことが関係しているのだろうか。

難しいのは第六章・金論文「南次郎総督と新体制」の位置づけで、政策・政策担当者の思想や動向を精密に追いかけてゆくという方法においては第三部にあってもよかったかも知れないと思われる。というのも、国内政治諸勢力の調整に苦労した東條と、総督として始めから強権を有し、中央に対しては内鮮一体を働きかけなければならない南とは、（評者には思いつかないが）何らかの政治学・政治史的な対比の構図の中で捉えれば興味深い視点となり得るのではないかと思うからである。ただ、ここで同時に提起されている帝国・植民地主義の問題は、第二部でも前述の第八章（日米関係）や第九章（日韓関係）にも通じている。だから第二部なのだろう。ただ さらにそれは、次に紹介する第一部の問題設定、私たちは過去とどう向き合うか、という問題とも通底するところがある。

「身体と記憶の兵士論」（第一部）について

吉田先生のお仕事のうち、第一部にあたる「身体と記憶の兵士論」に対応するのは、二〇〇二年の『日本の軍隊――兵士たちの近代史』（岩波新書）や二〇一七年の『日本軍兵士

――アジア・太平洋戦争の現実』（中公新書）などの「兵士」をめぐる論考となろうか。そこでは、身体と感情を持つ人びととしての兵士が採りあげられている。こうした研究には、二〇〇三年に亡くなった先生の指導教官の藤原彰『飢死した英霊たち』（青木書店、二〇〇一年。後にちくま学芸文庫、二〇一八年）と呼応する問題意識があり、先述の『草の根のファシズム』を書いた吉見義明が『従軍慰安婦』（岩波新書、一九九五年）へと展開していったことにも対応していたのだろう。その手法は、兵士たちそれぞれの体験の具体性を取り出しつつ、同時に、そのような体験をさせた社会、特に軍隊という社会のメカニズムを捉えてゆくというものである。

そうした課題において、体験記の読解やオーラル・ヒストリーという方法の採用は、吉田裕「日本近代史研究とオーラル・ヒストリー――兵士の戦争体験記を中心にして」（歴史学研究会編『オーラル・ヒストリーと体験史――本多勝一の仕事をめぐって』青木書店、一九八八年。のちに『現代歴史学と戦争責任』青木書店、一九九七年に所収）ですでに表明されていた。第一部でも、第三章の平井和子論文がオーラル・ヒストリーについて（過去の聞き取り調査時の経験としてであるが）ふれている。

第一部に収められている諸論文をひとつの言葉にまとめることも簡単ではないけれども、吉田先生が提起した兵士の身体性や個々の感情や認識の問題は、それぞれにおいていっそう明確に浮かび上がっているといえるのではないか。そして第二部と第三部所収の論考が、吉田先生の問題設定を精緻にして発展させつつ、ストレートな問題意識の表明は後景に退いているようにもみえるのと対照的に、第一部の諸論考は逆に、先生の問題意識をより直截に、そしてより鋭敏に表現しているようにも思われる。（つまり、読んでいてつらい）

なかでも第三章・平井論文「日本兵たちの「慰安所」」は、これまであまり正面から論じられてこなかった慰安所の「利用者」たる日本軍兵士たちの認識やその変化を膨大な量の手記の読み取りから丁寧に論じている。回想録の記述の表面だけでなく、いわば記述の行間も読みながら、過去の性暴力に対する多様な向き合い方（反省・悔悟だけでなく、合理化・居直りなど）や、それを可能にする／してしまう集団のメカニズムを浮かび上がらせてゆく。フェミニズムの成果が、性暴力を構造的に捉えることを可能にし、「手記を読む」という方法を前進させていることが分かる。

また、第四章・張宏波論文「新中国で戦犯となった日本人の加害認識」における方法は、この章の副題「供述書と回想録との落差を通じて」が全てを語っているといえるだろう。前者の「供述書」とは、二〇〇五年から中国で公開された、中国で戦犯とされた日本人の供述書である。そして後者の回想録は、帰国後、積極的に自らの加害体験・加害認識を語ってきた回想録である。この論文では、供述書と回想録の両方を残した人物をふたり採りあげて検討している。ここに見られるのは、「手記を読む」ことをめぐる徹底した比較の指向性（それぞれにおける供述書と回想録の比較と、両者の落差の程度が異なっているふたりの比較）である。

一方、第一章と第二章は「兵士」としての「欠格」を表す身体・精神のしるしへの〈まなざし〉を通じて「戦争と軍隊の政治社会史」をみてゆこうとする論考である。第一章・中村江里論文「国府台陸軍病院における「公病」患者たち」では、精神疾患と戦争の因果関係をどう捉えるかをめぐり、傷病恩給に関わる可能性のある「精神分裂病」患者の処遇を決定した医師たちの判定作業を追うものである。注意しなければならないのは、本人の「素因」によるものとされ、余り認められていなかった精神疾患と戦場体験の因果関係が、戦争の長期化に伴って、一定度、認められるようになってきていたということである。そのことをどう考えるのか、という問題を突きつける。

また第二章・松田英里論文「戦傷／戦病の差異に見る「傷痍軍人」」は、「戦病」あるいは内科系疾患における傷痍軍人の（いわば）隠蔽を論じる。何かとよく目立つ「戦傷」は軍事的なものの価値と結びついて称揚され、傷痍軍人においては時にその「壮健さ」として強調されたのに対し、「戦病」は恩給や美談から遠ざけられる。戦後も強く残存する「傷痍軍人」のイメージから抜け落ちているものを掘り起こすところから、衛生や給養を軽視した日本軍の特質を論じるところに議論が繋がってゆく。こうした「兵士」論の〈まなざし〉論的な展開が、ふたつの論文に共通している。

性暴力や加害認識、傷ついた「兵士」の篩い分けといった第一部のテーマにおいて感じるのは、「戦争責任」という問題意識が吉田先生から強くストレートに継承されているということだ。

おわりに――吉田先生と「戦争・軍隊の政治社会史」

そうして振り返ってみれば、はっきりと分かる。戦前〜戦後の統治機構への注目（第三部）、戦時・戦後日本の社会（意識や運動）史（第二部）、戦中・戦後の兵士たちの精神や身体（第一部）といったテーマを貫くのは、もちろん「戦争と社会」というテーマであり、吉田先生もそれを終章「戦後歴史学と軍事史研究」で軍事史研究の流れや展開と関連させようとしている。「軍事史研究」のなかに位置づけられた先生の研究の軌跡を踏まえて通して読めば、本書『戦争と軍隊の政治社会史』は、じつは社会にとっての戦争への向き合い方としての「戦争責任」という問題意識によって貫かれているのではないかと考えることができる。本書の編集においてこれが前面に打ち出されているわけではないが、この「芯」のようなものを読者が見落としてしまっているとしたら、それは大きな損失だと思う。

「社会意識」や「歴史認識」は曖昧なもので捉えにくいし（社会学でも苦労している）、それに基づく「社会史」は、事実を追うことをまず重視する政治史や経済史と比べて書きにくい歴史である。テーマ毎に拡散しがちな歴史記述・歴史研究を貫く芯として「戦争責任」を追い求め、政治史と社会史を繋ぐ大きな領域が吉田先生によって作り上げられた。これを受け継ぐ本書は、そう読まれるべきだろう。

蛇足ながら付け加えれば、学部時代に吉田先生に師事した私が、大学院で先生の元を離れたのは、先生と問題意識が異なるためではなく、先生の問題意識にあまりに強く惹かれ、重く受け止めてしまったために、まず社会意識論という方法、そしてそれに関連した（西洋社会史もふくめた）歴史社会学の自由な方法に惹かれていったということがある。歴史学の人は迷惑がるかも知れないが、以来私は、社会学の視点や方法が歴史研究においてどのように貢献可能かというテーマを抱いている。

書評

創作特攻文学からポスト体験時代を考える

井上義和『特攻文学論』(創元社、二〇二一年)

角田燎
(立命館大学)

内容紹介

本書は、ベストセラーとなり、映画化、ドラマ化された百田尚樹『永遠の0』(二〇〇六年)や、近年動画投稿アプリ「TikTok」で中高生を中心に話題になった汐見夏衛『あの花が咲く丘で、君とまた出会えたら。』(二〇一六年、以下『あの花が…』と表記)などの創作特攻文学が人々を感動させるメカニズムを分析することを通じて、ポスト体験時代の戦争観、戦争表象を考える指針を与えてくれる。

本書は、著者の前著『未来の戦死に向きあうためのノート』(二〇一九年)の続編として書かれた。前著では、特攻基地・知覧がスポーツ研修や企業の研修場所に選ばれ、特攻隊員の遺書を読んで人生が前向きになる現象を分析している。特攻隊員の遺書の言葉が心に刺さって前向きな力が呼び覚まされる「特攻の自己啓発的な受容」において重要なのが「命のタスキの想像力」である。「命のタスキの想像力」とは特攻隊員の遺書に書かれた「祖国の未来を託す」「後を頼む」といった言葉を何十年も後の時代に「この私宛」のメッセージ、命のタスキとして受け取り、それを次世代に繋ぐ使命感を抱くという構造を持つ。

「特攻の自己啓発的な受容」についての問題意識を引き継ぎ、非体験者による創作特攻文学における〈差し出す者〉と

〈受け取る者〉の継承のコミュニケーションに着目し、分析しているのが本書である。

通常、継承の起点は特攻体験者であると私たちは考えるが、毛利恒之『月光の夏』（一九九三年）などの戦後六〇年以前の作品では、生き残りの特攻隊員がまず死者に向き合うことが起点となっている（七〇頁）。

戦後六〇年のタイミングで立て続けに刊行された辺見じゅん『小説　男たちの大和』（二〇〇五年）、百田尚樹『永遠の0』などでは生き残りの特攻体験者の立ち位置が大きく変わり、歴史の目撃証人として現れ、死者をめぐる物語の語り手の役割がより強くなる。そして、物語の焦点が、生き残りの負い目から、生かされた意味への気づきを経て、「意志の継承」へと移動し、特攻体験者の役割が、生き残って葛藤する主体から、死んだ仲間を回顧する物語の語り手へ変容してきたという（八四頁）。

戦後七〇年を過ぎると特攻体験者（生き残り）を作品に登場させるのは困難になり、生き残りを媒介せずに、戦死者が〈差し出す〉ものを、直接、後世の非体験者が〈受け取る〉ようになる。つまり継承の回路が短絡される（八六、八七頁）。そして、「過去」と「現在」という時間的距離を飛び越える方法として採用されているのが、タイムスリップなどの時間移動である。現代の若者を過去にタイムスリップさせ、現代の価値観の持ち主でも命を捧げることに納得する条件がさまざまに試行錯誤されていく（一〇五頁）。

そして、創作特攻文学は、「特攻の生みの親」である大西瀧治郎らがいう「未来として戦後」のためにあえて特攻するという軍事的合理性を逸脱した「超」論理をも包摂する。具体的には、命のタスキの受取人を指名することで、未来のための特攻という「超」論理は、託す者と託される者の物語となり、受取人を媒介して、読者にも託される。そして、人が涙を流すのはこの命のタスキを託す者と託される者の物語であると指摘する（一二二～一二六頁）。

著者は、創作特攻文学の分析を行った上で、特攻隊員や特攻隊の生き残りを多く演じ、自身も特攻隊の生き残りである俳優鶴田浩二の分析や戦友会などの「同期の桜」共同体に言及しつつ、戦死者が「我々の死者」[1]とならなかったこと、そして死んだ仲間とともに生きる戦中世代を、社会的に包摂することに失敗したことを指摘する。その上で、「私たちが『我々の死者』を取り戻すためには、まずは、戦中世代を」「『我々の生き残り』として取り戻す必要があるのではないでしょうか。戦中世代を捨象して、現代の私たちが過去の戦死者と直接向き合おうとする『我々の死者』論は、二〇〇〇年代以降に台頭してきた自己啓発的受容のような、命のタスキリレーの想像力にもたやすく接続してしまう」と指摘する（一九四、一九五頁）。

「特攻の自己啓発的な受容」とポスト体験時代

本書の意義は、著者が前著で提起した「特攻の自己啓発的な受容」という概念を研磨したことにあると評者は考える。前著で扱った戦跡ではなく、創作特攻文学というジャンル自体を扱うことによって、「特攻の自己啓発的な受容」における感動のメカニズムがどのように形成され、研ぎ澄まされてきたのか、そして、そこに生き残りの特攻体験者がどのように関わっているのかといった点が分析できるようになっている。そして、その現象がどのような日本社会の変化によって起こったのかを戦中世代の分析を通じて行っているのである。

「自己啓発的な特攻受容」という現代の特攻受容のあり方の形成過程は、単に我々が何を捨象してきたかを教えてくれるだけではなく、現代やポスト体験時代の戦争観を考える端緒となるのではないのか。

その上で、著者の議論に多くの示唆を得ながら特攻隊の慰霊顕彰団体の研究をしている評者が感じたことを二点ほど述べたい。

一点目は、特攻の歴史認識と創作特攻文学の関係についてである。前著では、「特攻の自己啓発的な受容」を行う人々は、特攻隊員の物語を、戦争や特攻作戦の評価とは完全に切り離して、つまり、歴史認識が脱文脈化した上で受容されていることが指摘されている（前著一八五頁）。今回分析している創作特攻文学における「感動」のメカニズムと、戦争や特攻作戦の評価といった歴史認識はどのような関係にあるのだろうか。著者は、近年中高生に話題になった『あの花が…』では、特攻の背景の説明や文献リストも存在せず、「号泣」は歴史認識の有無とは独立に可能だという（一〇頁）。一方他の作品に目を移してみると、『月光の夏』では、陸軍振武寮[2]という「特攻」の暗部について描かれている。また、『永遠の0』でも軍事的合理性の観点から特攻作戦の批判や、特攻隊指揮官への批判が行われている。こうしてみると本当に「号泣」は歴史認識の有無とは独立に可能なのか疑問に感じる。むしろ時間の経過とともに歴史認識の有無とは独立に

「号泣」が可能な社会状況になってきたのではないのか。そして、それは継承の回路が短絡されてきたという著者の主張とも関係するのではないのか。また、『あの花が…』は、確かに特攻の背景に関する言及は少なく、文献リストもないが、現代の中学生から率直な特攻や戦時体制への疑問が発せられる。また、故郷に残した許嫁のために出撃直前に逃亡する特攻隊員も登場する。こうした特攻の歴史認識が無くとも物語にのめり込み「号泣」できるような工夫が現代の創作特攻文学においてなされているのではないか。

二点目は、特攻隊の慰霊顕彰団体と「自己啓発的な特攻受容」の関係についてである。著者は、「自己啓発的な特攻受容」は戦友会などの慰霊顕彰団体的な受容とは異なることを指摘している（一七頁）。しかし、非体験者が慰霊顕彰団体の中心となってきている現代においては、慰霊顕彰団体が「自己啓発的な特攻受容」に近づいてきているのではないか。評者が研究する特攻隊の慰霊顕彰団体では、戦争体験世代の高齢化に伴い戦友でも遺族でもない戦後派世代が会の中心となっている。そこでは、陸海軍の対立や指揮官と兵士の対立の歴史があり、戦後派世代が「特攻」を語るのは容易ではなかった。そこで、戦後派世代は、「特攻」の歴史認識を脱文脈化し、その精神を称揚し、感謝や決意、精神を学ぶ対象としている。[3] つまり、著者の「自己啓発的な特攻受容」に近い現象が現代の特攻隊の慰霊顕彰団体で起きているのである。

そうしたことを考えると「自己啓発的な特攻受容」は決して、特攻文学や特攻資料館、そして「特攻」に限られたものではなく、他にも類似した現象が起きているのではないのか。そういったポスト体験世代の時代を考える上で、本書は必読の書であるといえる。

注

（1）大澤真幸の「我々の死者」論を参考にしている。「我々の死者」とは「我々＝国民」共同体の歴史的な連続性のなかに位置づけられることで、未来の世代に力を与える存在になるという（一九二頁）。

（2）機体のトラブルなどで生きて帰ってきた隊員を収容する施設であり、隊員は生きて帰ったことを上官に厳しく非難された。そして上官は戦後、元特攻隊員の仕返しを恐れ、拳銃や軍刀を手元から離さなかったという（大貫健一郎・渡辺考『特攻隊振武寮』朝日新聞出版、二〇一八年、三二〇～三二一頁）。

（3）詳しくは拙稿「戦後派世代による『特攻』の慰霊顕彰事業」（『立命館大学人文科学研究所紀要』一二七号、二〇二一年、一六五～一九四頁）で論じている。

日本型「民主主義」のゆくえ

山本昭宏『戦後民主主義――現代日本を創った思想と文化』（中央公論新社、二〇二一年）

根本雅也（松山大学）

一、「戦後民主主義」の歴程をたどる――本書の概要

本書は、これまで戦後日本における核や平和について精力的に執筆してきた山本昭宏による新書である。本書の問いは明確である。「戦後民主主義と総称される思想や態度は、戦後［の日本］社会のなかで、どのように現れ、いかに人びとに受け止められてきたのだろうか。それが本書の問いである」（viii頁）。[1]

そもそも「戦後民主主義」とは何か。著者によれば、この言葉は一九五〇年代に現れ、六〇年代になって定着した。著者は、この言葉の意味するものが時代や論者によって異なることを認める。しかし、「戦後民主主義」に関する意見や議論には「一定の共通理解が成立」していた（iii頁）。すなわち「戦後民主主義とは、日本国憲法に基づいた主権在民による民主主義、戦争放棄による平和主義、法の下の平等を徹底しようとした思想である」。そして、それは「帝国憲法下の天皇主権」「全体主義」「軍国主義」などの戦前・戦時中の体制への「強い批判と反省」に依っており、「個人の政治参加の権利を重視した民主主義」や「第九条が規定した戦争放

棄」を「人類の普遍的な理念として推進」するとともに、「基本的人権の尊重」「思想の自由」「集会・結社・言論の自由」などを擁護する立場をとる。こうした「戦後民主主義」の根底には、「多大な犠牲者を出した戦争体験」がある（iii頁）。

「戦後民主主義」は肯定的に評価されてきたばかりではない。むしろ、それは「総体としてみれば、敗戦後の数年を例外としてほとんど常に否定の対象として話題にのぼってきた」（二八〇頁）。たとえば、私たちが述べる「民主主義」は占領下で進められたものである。だとすれば、それは選び取られたものではなく、押し付けられたものに過ぎないのではないか。こうした批判が実際に展開されることになる。

では、議論の対象となり続けてきた「戦後民主主義」を捉えるには、どのようにすればよいのだろうか。著者は、「戦後民主主義という概念を固定的なものとしては扱わず、社会の変化に応じてその内実を変化させてきた動的なものとして捉え」ることを主張する（vii頁）。そして、「戦後民主主義」を擁護する人びと、批判する人びとの双方を視野に入れて、彼・彼女らの営為を「戦後七〇年を超えた時空間のなかで」歴史的に探ろうとする。そのために、本書はその時々の政治状況や社会運動、知識人や文化人による議論、さらに映画や小説といった文化的作品にまでその射程を広げる。

本書の各章は時系列で並べられており、それぞれ時代状況を反映した多様な言論が示されている。そのため、要約は難しいが、簡単に内容を紹介しておきたい。

第一章「敗戦・占領下の創造——戦前への反発と戦争体験」では、敗戦からサンフランシスコ平和条約までの時期が扱われる。敗戦後の占領下で、日本国憲法が制定され、アメリカが体現する民主主義の肯定や、反戦意識が醸成された一方、朝鮮戦争による占領政策の転換、再軍備の動きが起こり、そこでの諸種の動きや言論が検討される。第二章「浸透する『平和と民主主義』の確立——一九五二〜六〇年」は、講和から六〇年安保までの時期を扱う。五五年体制や日米安保条約の改定が進められる中で、護憲運動、基地反対運動、原水爆禁止運動、そして安保闘争といった大規模な社会運動が展開された時期である。この時期には「平和と民主主義」が運動の基調をなしていた一方で、六〇年安保の大衆行動は「民主主義」のあり方をめぐって議論を引き起こすこととなった。

岸信介退陣後の池田勇人・佐藤栄作の両政権を対象時期とする、第三章「守るべきか、壊すべきか——一九六〇〜七三年」では、「戦後民主主義」に対する懐疑的な声とともに、それを守ろうとする動きが示される。「大東亜戦争」の肯定論、国際政治における現実主義的な理解、集団安全保障論などが表面化したほか、大熊信行によって占領下の民主主義が「虚妄」だったのではないかという問いが発せられた。他方、こうした動きとは反対に、「戦後民主主義」を擁護したり、それを批判的に継承しようとしたりする動きも起き、山田宗睦による『危険な思想家――戦後民主主義を否定する人びと』はベストセラーとなった。

第四章「基盤崩壊の予兆――一九七三～九二年」では、「戦後民主主義」に対する多角的な批判に加え、個人主義や消費社会、大衆社会、市民運動への忌避感など、それまでの社会のありようとは異なる動きが出てくる様子が描かれる。第五章「限界から忘却へ――一九九二～二〇二〇年」では、一九九〇年代に論壇の地殻変動が起き、戦後民主主義的な価値観が次々に批判されるようになったことが指摘される。「普通の国」「イデオロギーとは無縁」「自虐史観」「戦後レジームからの脱却」「積極的平和主義」といった言葉は、「戦後民主主義」が過去の遺物となることを映し出しているように思われる。

終章「戦後民主主義は潰えたか」では、このタイトルの問いに対する著者の考えが示される。「戦後民主主義」は過去のものになりつつあるという認識は避けられないかもしれない。しかし著者は、現代の日本社会においてこそ、「戦後民主主義の精神」が求められているのではないか、と問いかける。コロナ禍のなかで私たちがまさに目にしているように、近年、政策・政治において「時間のかかる合意形成」は批判的に捉えられ、「速度」が重視される。だが、「戦後民主主義」が私たちに教えているのは、「民主主義が『統治』の手段ではなく、『参加』を通じた『自治』の手段である」（二八三頁）ということだ。「選挙以外の場での政治的意思表示から、コミュニティや集団に関わってより良い運営を模索する粘り強い社会実践まで、生活の至るところに民主主義があるという感覚」がそこにはあった。「戦後民主主義の何を継承すべきなのか、あるいは何を継承すべきでないのか」（二八四頁）。この問いを残して本書は締め括られている。

二、「戦後民主主義」を架橋する――本書の意義

評者は「戦後民主主義」の歴史について十全な知識を持ち

合わせているわけではない。だが、日本の戦後、特に政治意識に関心を持つひとりとして本書の意義を考えてみたい。

「戦後民主主義」を知る入口として——新書としての役割

新書である本書は、「戦後民主主義」を理解する入門書としての役割を十分に果たしている。その理由として、本書はふたつの点で網羅的であることが挙げられる。ひとつは対象とする時期であり、本書は敗戦後から二〇二〇年までという長い期間を扱っている。もうひとつは、検討の対象とするジャンルである。本書は、知識人・文化人の論壇を中心としながらも、政治、社会運動、教育、メディア、文芸・映画などの言論・表現を幅広く見渡している。このように網羅的であることは、「戦後民主主義」の「総体的な変容過程の把握」(二七七頁)を目指す本書の趣旨に適うと同時に、「戦後民主主義」がどのように形づくられ、展開されてきたのかを知るための〈入口〉を提供しているといえよう。(2)

上記に関連して、本書の特徴を挙げるならば、映画や小説を扱うことで、それぞれの時代における空気感のようなものを伝えていることがある。『青い山脈』、手塚治虫、『二十四の瞳』、高畑勲、『なんとなく、クリスタル』、『紅の豚』、山田洋次などの作家や作品を取りあげ、表現者たちの議論や態度を考察する。それによって、本書は「戦後民主主義」を取り巻く時代的な雰囲気を描き出している。

だが、こうした新書としての役割は、一部の読者にとっては短所として映るかもしれない。というのも、本書で取り上げられるひとりひとり、ひとつひとつの議論は吟味されているわけでもなければ、それらの相互の関連性が深く掘り下げられているわけでもないからだ。(3)だが、本書の役割が「戦後民主主義」の研究の〈入口〉を提供することにあるとするならば、こうした課題は関心ある読者によって今後深められていくべきことであろう。

「戦後民主主義」を架橋する——日本型「民主主義」のゆくえ

「戦後民主主義」は日本特有の「民主主義」の理念であり思想である。それは「日本国憲法に基づいた主権在民による民主主義」「戦争放棄による平和主義」「法の下の平等」を主軸として普遍的な価値を志向するとはいえ、本書が明らかにしたように、それは「戦後」の日本社会のなかで(そして大きくは日本を取り巻く国際社会の時代状況のもとで)議論され、形づくられてきたからである。つまり「戦後民主主義」とは日本型の「民主主義」だといえよう。

だが、こうした日本型「民主主義」は様々な角度から批判され、過去のものとなりつつある。これは「戦後」という時間軸と無関係ではない。著者が述べるように、「戦後民主主義」の原点には「戦争体験」があるからである。評者の印象ではあるが、本書において、戦前・戦時中における個々の体験をもとにした議論は（擁護派・批判派問わず）時代とともに減少していく。〈あの戦争〉からの時間の経過と、日本という国や政治のあり方への関心が相互に関連するのであれば、「戦後民主主義」を問い直すことは「戦争体験」をどのように位置づけるのかにもつながっている。

おそらくそうしたことも視野に入れながら、著者は「戦後民主主義」を再び議論の遡上にあげようとしている。本書にあるように、二〇一六年に岩波書店から出版された『私の「戦後民主主義」』では、最も若い執筆者でも現在七〇歳を超えている。「戦後民主主義」を身体的に感じ取っていた世代が少なくなるなかで、私たちは「戦後民主主義」をめぐる議論から何を学びとるべきなのだろうか。「戦後民主主義の何を継承すべきなのか」という著者の投げかけは、こうした世代間の隔たりを架橋する営みであるように思われる。

ただし、その架橋のあり方は、本書の明快な記述とは裏腹に懇切丁寧になされているわけではない。料理にたとえるならば、読者の前には食材が並べられているだけである。レシピも、どのような料理を作るのかさえ、読者には知らされていない。読者に求められるのは、与えられた材料をもとに（必要ならば付け足して）、皆で議論しながら、試行錯誤して何らかの料理を作ることなのだろう。そこに『参加』を通じた『自治』の手段」としての「民主主義」があらわれるようにも思う。

注

(1) 本書からの引用は該当の頁数のみを記す。

(2) 本書の巻末には年表が収められており、読者はそこから自分なりに調べることが可能になっている。

(3) たとえば、本書では日本国内の知識人や文化人らを主な対象にしているが、彼らがアメリカやソ連、中国などとどのような関係性にあったのかなどは議論されていない。冷戦下での両陣営の対日政策を鑑みれば、知識人をめぐる両陣営の駆け引きもあったように思われる。

書評

戦争体験を「創り、伝える」

蘭信三・小倉康嗣・今野日出晴編『なぜ戦争体験を継承するのか――ポスト体験時代の歴史実践』（みずき書林、二〇二一年）

四條知恵（広島市立大学）

本書のタイトルは、「なぜ戦争体験を継承するのか」である。これに付随して、幾つかの疑問が思い浮かぶ。第一章の小倉康嗣や終章の今野日出晴の問題提起とも重なるが、「戦争体験の継承」とは何か。そもそも、「戦争体験」とは何か。「継承」とは、何を、何のために受け継ぐことなのだろうか。だが、副題にある「ポスト戦争体験の時代」については、戦争体験を伝える実践者が体験者から非体験者に交代していく時代状況を指していると序章で説明があるものの、本書を通して統一した「戦争体験の継承」の定義が示されることはない。各執筆者により示されるのは、それを考えるうえでの手がかりである。

本書の構成を見ると、第一部「体験の非共有性はいかに乗り越えられるか」には、高校生が被爆者の体験を聞いて「原爆の絵」を描く取り組み、非体験者が関わることで戦友会が質的に変容していく様子、非体験者による創作特攻文学の分析などの六人の研究者による継承めぐる実践に関する論考が収録されている。第二部「平和博物館の挑戦」では、国内の代表的な平和博物館・資料館の展示などの取り組みが、外部の研究者や関係者の手で論評されている。第二部の補論には、「戦後六〇年」前後以降に開設された平和博物館・戦争関係展示施設のリスト、巻末には二〇〇九年〜二〇一九年までの平和博物館関係研究文献リストも収録され、「戦争体験の継承」を考える人々のための手引き書としての役割も果たす。総ページ数も五〇〇頁を超え、内容も読み応えがある。

論集としての性格もある本書の多様な論点を全て示すことは難しいが、「戦争体験の継承」について、主観的に考えを深めるヒントとなった部分を紹介したい。第一章では小倉康嗣が、広島市立基町高校の生徒が被爆者の聞き取りをもとに絵を描くという活動を取りあげている。小倉は両者の対話的相互行為のなかで、記憶が共同生成されていく様子を丁寧に追い、「継承」とはコミュニケーションであるということを指摘する。また、第一部補論「戦争を〈体験〉するということ」で人見佐知子は、非体験者である玉井洋子さんの神戸空襲の語りを手がかりに、非体験者による戦争体験の継承の可能性を検討している。人見は、当事者ではない玉井さんの体験もまた〈戦争体験〉だったとしたうえで、さらに「空襲体験者から空襲体験を聞いたというわたしの〈体験〉を、そのときの感情も含めて後世に伝えることが、戦争体験を『創り、伝える』ことなのではないか」と、戦争体験という言葉の指し示す範囲を自らを含む非体験者にも広げていく。第二部では「東京大空襲・戦災資料センター」と「戦争と平和の資料館ピースあいち」を扱った木村豊は、戦争の体験を語り継ぐ／継承するといったことが語られるとき、しばしば戦争を知っている体験者から戦争を知らない世代の人びとが教えてもらうという構図が前提とされてきたが、民間の空襲資料館の成立過程とそこでの活動の中では、体験者は空襲を知っている者という立場をとってきたわけではないと指摘する。空襲は体験者であっても分からないものであり、だからこそ、空襲を知ろうとする探求は体験者によって進められてきたということに目を向けるべきという見解である。このほか、「ひめゆり平和祈念資料館」の説明員である仲田晃子は、同館で非体験者が始めた「平和講話」の取り組みを語っている。ここでは「平和講話」が、沖縄戦の体験者の気持ちに焦点を当てることで、体験者自身が表現しえなかった語りを掬い上げるとともに、体験者の語りをも変容させ、波紋を広げていく様子が描かれる。「戦争体験」は、体験者でも捉えかねるものであり、コミュニケーションを通じて体験を受け継ごうとする非体験者の試みは、時に体験者自身の語りすらも変容させるような、ダイナミックなものにもなりうる。

平和博物館に焦点をあてた第二部には、「遊就館」「広島平和記念資料館」「アクティブ・ミュージアム　女たちの戦争と平和資料館」など、成り立ちも姿勢も異なる一五館に関する論考が並ぶ。各館の様々な設立経緯と取り組みへの言及は、そのまま、多様な「戦争体験の継承」をめぐる論点を提供している。このなかで、一九世紀に開館した靖国神社の「遊就館」を取り上げた山本晶子は、「史実の展示というより、歴史的な資料を並べて靖国神社の宗教的な精神世界を表象した空間」と批判的に同館の展示を捉えつつ、直接的に表象されるものの裏側やその先へ、豊かに想像力を働かせることの重要性を説く。また、「広島平和記念資料館」を検討した根本雅也は、「何かに光を当てるということは、逆に光の当たらない部分を創出することでもある」と、同館の展示が戦争という歴史的文脈などを見えにくくしていることを指摘したうえで、「展示されているモノやストーリーに触れながら、そこに表れていないものに思考を巡らせることによって、自分なりの〈継承〉のかたちを模索することが重要なのではないだろうか」と問いかける。同じく戦争による死者を展示の中心としながらも、発信内容は全く異なる遊就館と広島平和記念資料館に対する考察が、ともに展示に表れていないものへの視線の重要性を提起していることは、興味深い。

現在も継承すべきという前提で語られることの多い「戦争体験の継承」であるが、その実、「戦争体験」も「継承」も、その言葉が指し示すところは自明ではない。編者のひとりでもある蘭信三は本書のあとがきで、第二部の執筆者と対象となる平和博物館の関係性について、執筆者の立ち位置の一貫性のなさが、第二部の長所とも欠点ともなりうると述べている。しかしながら、その主体的な関わりの差は、我々ひとりひとりと「戦争体験」との関わりの距離、立ち位置の多様性を示してもいる。冒頭で本書全体を通した「戦争体験の継承」の定義が示されることはないと述べたが、そもそも固定した「戦争体験の継承」の意味を定義することは難しい。原爆体験の継承について、山口響が時間と空間を広げて考えることの重要性を指摘し、他人に伝えるべきは、当事者の体験を聴いた自らの気づきや自省だと述べるように(1)、「戦争体験の継承」の意味は、継承に自ら関わろうとするひとりひとりが生み出し、かつ変容させていくものである。本書で取りあげられた多様な実践とともに、本書そのものも、創り、伝えようとするその実践のひとつである。自らを問いつつ、「戦争体験」という輪郭に、我々の手で中身を与えていく。それが、継承するということなのではないだろうか。「戦争体験の継承」を模索する人々に、手に取ってほしい一冊である。

注

（1）山口響「長崎の原爆体験を継承するために〈特集 戦争・被爆体験の継承〉」（『生活協同組合研究』五三五号、生協総合研究所、二〇二〇年、二六〜三三頁）。

書評

多様な女性を可視化する

シンシア・エンロー著／望戸愛果訳『バナナ・ビーチ・軍事基地――国際政治をジェンダーで読み解く』（人文書院、二〇二〇年）

福浦厚子（滋賀大学）

本書は二〇一四年に出版された第二版の翻訳である。エンローは一九八九年に第一版を出版したが、二〇〇〇年にはアップデートし、その一四年後、全面改訂し第二版を出版した。第一版が出た際、本書は国際政治学だけでなく他の専門分野でも賞賛をもって受け入れられた(1)。その後、ジェンダーと国際政治の関係はさらに複雑な様相を呈している。二〇〇〇年前半以来、ペルシャ湾岸諸国で働く家事使用人に対する虐待が相次ぎ国際問題化し、二〇一三年にはバングラデシュで衣類工場の倒壊事故が発生する等、国際関係のポリティクスをジェンダーの観点から議論する必要性を象徴的に示す事態が相次いでいる。

第一版と第二版では各章のテーマに変わりはない。二五年の歳月を経た後も古びた印象を抱かせないのは、取り上げられたテーマの多くが依然として問題のままであるからであろう。第二版の出版にあたりエンローが「ここ数十年間に、勤勉で権威にとらわれない研究者たち、教師たち、そして作家たち――女性および男性――が、多様な女性たちを可視化することは国際政治の現実の働きを暴露すると明らかにしてきた」と指摘しているとおり(2)、著者が描いた一九八〇年代後半から二〇一〇年代までの間だけでなく、その後も#MeToo運動やTime's Up、すなわちセクハラなど今のご時世には論外というセクハラ撲滅運動へ賛意を示す運動などによりさまざまな問題が可視化され、かつそれらに対する揺るぎなき抵抗の意思が国際的に表明されてきた。そのため、エンローが増補すべき内容は今日においても減ることはない(3)。このような問題について専門家や大学院生だけでなく、学部教養課程の学生でも容易に理解できる機会がこの翻訳書により提供されたことは、まさしく時宜を得た出版である。さらに、第一版に比して約二倍に増えた原著を翻訳された望戸氏にはその労苦を賞賛したい。

本書の構成は以下の通りである。

第一章　ジェンダーが世界を動かす——女性はどこにいるのか?

第二章　レディ・トラベラー、美人コンテスト優勝者、スチュワーデス、そして客室係のメイド——観光の国際ジェンダー・ポリティクス

第三章　ナショナリズムと男性性——ナショナリズムの物語は終わらない——そしてそれは単純な物語ではない

第四章　基地の女性たち

第五章　外交的な妻と外交的ではない妻

第六章　バナナに夢中!——バナナの国際政治において女性はどこにいるのか?

第七章　女性の労働は決して安くはない——グローバルなブルージーンズと銀行家のジェンダー化

第八章　グローバル化されたバスタブをごしごし洗う——世界政治における家事使用人

第九章　結論——個人的なことは国際的なこと、国際的なことは個人的なこと

どの章もとても微細な視点で書かれており、誰が読んでも何かしら目を引く事項が提示されていることから、全ての章がお勧めではあるが、ここでは第一、三、四、七章について紹介したい。

第一章ではジェンダーと国際政治の関係に焦点を当て、この領域における女性の経験を分析している。なかでも二〇一三年国連総会において国際的な武器貿易条約が採択された際、トランスナショナルなフェミニストの連携によってジェンダーに基づく暴力が明るみになり、それを抑止する議論が展開された過程は示唆に富んでいる。

第三章のテーマはナショナリズムである。一九世紀半ばに

国際政治の舞台に現れたナショナリズムは二一世紀に入った後も民族やネーションの名の下で領有権・統治権の行使を正当化してきたが、他方で男性のナショナリストの指導者にはジェンダーの視点が欠落していた。例えば、フランス植民地期のアルジェリアの絵はがきに描かれた現地の女性たちはまぎれもなく帝国の支配下にあったが、その絵はがきを収集することで自己の怒りを掻き立て、被植民者としての自己のナショナル・アイデンティティを構築しようとしたアルジェリアの男性ナショナリストには、植民地の女性に向けられた帝国のまなざしという視点が欠如していた。さらにエンローは、一九一〇年代と二〇年代の日本支配下での朝鮮の女性と日本のフェミニストとの協働や、朝鮮の伝統的な女らしさといった一部の朝鮮ナショナリスト男性の期待を拒否した事例からナショナリズム運動がもつ家父長制の課題についても明らかにしている。

第四章では、軍事基地を女性に依存するミクロな世界として取り上げている。エンローはどの章でも明快な議論を展開しているが、なかでも一般読者にはわかりにくい軍隊内部の事情と女性の関係を具体的に記述し、基地が依存する女性を、（一）基地で生活する女性（二）基地で働くか夜は帰る女性（三）フェンスの外で生活するが、軍人が基地を離れたらすることに不可欠の女性（四）基地から遠くても基地の男性とほぼ毎日インターネットで付き合う女性という、四つのカテゴリーに分類する。この四つに注意を払うことで、軍事基地の国際政治により意識的になることができる。軍事基地を管理運営することは住宅や結婚、環境、司法などに関する多くの政策のジェンダー化・人種化・階級化・国民化が必要となる。さらに興味深いことに、ジェンダー化された基地の政策は固定的ではないという。つまり軍隊生活、男性性、国家間同盟に関する議論の推移に伴い、基地と女性の関係も政策の過程で変化して行くのである。誰もが一連の変化のアクターとなり得るという指摘は、今日においても非常に重要である。

第七章ではバングラデシュの事例により、衣料品生産自体がポリティクスであることを示すにはネオリベラル経済モデル批判だけでは不十分であるとし、女性工場労働者の女性としての経験に着目する重要性が示される。グローバル企業は現地工場請負業者と納入業者に衣料品製造を委託し、若い女性を雇用してきたが、この流れは低賃金化、周縁化される女性労働を「自然なもの」として不可視化してきたのである。

本書について残された問いについて二点述べる。エンローは第二版の序論でバトラーに言及しているが、バトラーが言うように男女を分ける自然な性差と考えられてきた「セックス」ですら文化的構築物であるという考えに基づくならば、[4] ジェンダーに由来する伝統的な性役割を批判するだけではなく、その自然な性差が存在するかのように偽装していくやり方事態をミリタリズムやツーリズムを視野に入れて考えることはできないだろうか。

また、軍隊と女性との関係はとても重要な指摘であるが、別の角度からひとつ疑問が残った。二〇一五年米国防総省はすべての戦闘職を女性に開放したが、開放慎重派は女性が戦闘で亡くなった場合、一般人からの批判が高まり戦争への支持を失うことを懸念した。しかしコーエンらによると戦闘での負傷者の性は戦争支持の決定要因としては優先順位が低いことが明らかになった。[5] 女性も含めた不可視化された軍隊のメンバーについて、さらなる議論をするときが来ているのではないか。これは今後の研究に期待したい。

注

（1） Cohn, Carol. 2003. A Conversation with Cynthia Enloe: Feminists Look at Masculinity and Men Who Wage War. *Signs*. 28(4): 1187-1207.

（2） 本書一四頁。

（3） 例えば本書四一四頁の訳者解題にあるように、エンローはコロナウイルスの感染拡大とジェンダーの関わりについてすでに言及している。

（4） バトラー、ジュディス／竹村和子訳『ジェンダートラブル——フェミニズムとアイデンティティの攪乱』（青土社、一九九九年、二八〜二九頁）。

（5） Cohen, K. Dara., et. al., 2021. At War and at Home: The Consequences of US Women Combat Casualties. *Journal of Conflict Resolution*. 65(4): 652.

書評

原爆報道の国際比較、その画期的達成

井上泰浩編『世界は広島をどう理解しているか――原爆七五年の五五か国・地域の報道』(中央公論新社、二〇二一年)

山本昭宏(神戸市外国語大学)

二〇二二年二月末のロシアによるウクライナ侵攻以降、大国意識が顕著なロシアの為政者たちによって、核兵器がまたもや政治的駆け引きの道具となった。このような現代世界のなかで、本書の内容は、結果的に時宜を得たものになってしまった。

本書は五五の国と地域、一九四紙の原爆報道を調査・分析した画期的研究である。もっとも、調査対象は二〇二〇年八月一日から一六日までに掲載された広島・長崎、原爆に関する新聞記事であり、期間は短い(ただし、各章ではそれ以前の報道の例が参照される場合もある)。もちろん、たとえば第四章のフランスの事例が示すように、報道がそのまま世論を代表しているわけではない。また、国や地域で新聞の位置づけは異なり、新聞社と通信社の報道姿勢も同じではない。しかし、「世界」の原爆認識の現在地を知るには、対象の横の広がりが必要であることは言うまでもない。そもそも、国際的な原爆認識を調査した研究は少なく、既存の研究はほとんどが日本とアメリカを対象としていたことを考慮すれば、本書の対象の広さはこうした研究状況に一石を投じるものとして高く評価されるべきである。国際比較という発想自体は新しいものではないが、それを実際に行うのは困難だ。ありそうでなかった研究を一冊にまとめた広島市立大学国際学部のプロジェクトと共同研究者、そして編者の井上氏にまずは敬意を表したい。

さて、本書が対象とした代表的な国と地域を具体的に列挙すると以下のようになる。アメリカ、イギリス、カナダ、フランス、ドイツ、オーストリア、スイス、スペイン、イタリア、中国、台湾、香港、韓国、ラテンアメリカ諸国、中東アラブ諸国、ロシア、北欧などである。本書の各章は上記の国や地域のケーススタディとしてまとめられているが、比較の視座が鮮明に出ているのは、第一章「救いなのか、大虐殺なのか——世界の原爆史観」（井上泰浩）と、第一二章「原爆報道にみる「核のタブー」」（武田悠）である。この二本から読み始めて、各自が関心を持つ章へと移るのもひとつの読み方だろう。

本書の分析枠組みは、第一章で詳述されるように、報道の「フレーミング」分析だ。本書の編者である井上は、世界の原爆報道から八つの「フレーミング」を抽出した。「フレーミング」とは、ある出来事に特定の定義や意味を与える枠組みを指す。その八つを以下に引用しておきたい。

第一に、戦争をあっという間に終結させ人命を救った（戦争終結・人命救済）。

第二に、市民を標的にした無差別虐殺（戦争犯罪）。

第三に、悲惨なことではあったが戦争終結のための手段だった。

第四に、日本の戦争行為に対する当然の報い。

第五に、日本はすでに戦いには敗れ降伏寸前で原爆は不要だった。ソヴィエトの参戦が日本を降伏させた（原爆は日本の降伏に不要・無関係、ソヴィエト参戦が決定打）。

第六に、原爆の教訓と被爆体験継承の重要性、広島で起きたことは自分たちにも起こりうる（広島は人類の教訓）。

第七に、他の戦争惨事と比べれば、原爆はたいしたことではない、犠牲者の数はわずか（矮小化）。

第八に、報道がない場合（消極的フレーミング）

これらの八点が、相互に結びつきながら、原爆報道を形成している。各国・各地域の原爆報道の背景には、当然ながら、それぞれの歴史と現在に規定される部分が大きい。つまり、核保有国であるかどうかや、第二次世界大戦に関わったかどうか、大国か小国かなどの要素である。このように、日本の戦後史とは異なるそれぞれの歴史的要素が「フレーミング」に作用している可能性についても本書は議論している。

本書を読みながら、ジョン・ダワーの『戦争の文化』（上・下、岩波書店、二〇二一年）を思い出していた。ダワーはこの本のなかで、「戦争の文化」について論じている。「戦争の文化」とは、戦争の原因・継続・結果に関わる人間の営みを総称する多義的な言葉だ。「戦争の文化」の構成要素は、「大国意識」「希望的観測」「異論排除と同調圧力」「宗教的・人種的偏見」「想像力の欠落」などである。これらの要素が絡まり合って、選択の余地があるところで開戦の決断がなされ、情報は都合よく切り貼りされ、聖なる戦争が吹聴される。戦争に適合するための論理がひねり出されたり、よりマシな悪を選ぶという発想が幅を利かせたりすることも「戦争の文化」の一部なのだとダワーは言う。こうしたダワーの理解を踏まえて言えば、本書が提示した「フレーミング」をめぐる議論も、「戦争の文化」研究の一環と呼べるだろう。

本書のなかから、評者が気づきを得た事例は以下の四点である。

まず、第九章が扱う、ラテンアメリカ。キューバ危機を受けて一九六七年に締結されたトラテロルコ条約により、世界に先駆けて軍事的非核化構想を実現したラテンアメリカ諸国は、核兵器の正当性に懐疑的で、原爆投下も否定的に評価する傾向にあるという。とりわけ、第九章で紹介されているメキシコの報道の例が興味深い。

次に、第一〇章で取り上げられる中東アラブの事例。湾岸戦争時に劣化ウラン弾が使用されたイラク、フランスの核実験場だったアルジェリア、さらにはイランの核兵器開発とイスラエルの核保有など、不幸なことに核に関する話題に事欠かない。第一〇章は、中東アラブを関心の外に置きがちな日本の議論に貴重な視座を提供してくれる。

第三に、二〇二〇年の世界各国・各地域の新聞報道が、広島・長崎の被爆者たちの具体的な言葉を伝えている点だ。これは本書を通しての気づきだが、それを第一章のコラムが整理してくれている。特にサーロー節子、小倉桂子、近藤紘子の三名への言及が多い。背景には国連における核兵器禁止条約をめぐる議論と、それが引き起こした関心の高まりがあるのだろう。

最後に、人類が地球環境に多大な影響を与えるようになった「人新世」という時期区分である。これは、第五章と第一三章で言及されている。通常、核は二〇世紀の科学技術の産物と考えられているが、「人新世と核」という視点はその認識を拡張するものであり、思想史的考察の可能性を開くものと受け止めた。

以上のような気づきを与えてくれた本書だが、より踏み込んだ検証の余地は残されている。第七章で指摘されているように、対象となった二〇二〇年八月は、世界中で新型コロナ・ウイルスの感染が拡大しており、報道も加熱気味だった。他方で、少なくとも報道に表れる限りでは、核兵器禁止条約への関心も一定の落ち着きをみせていた。それも含めて「現代」ではあるが、新型コロナ・ウイルス以前の「現代」の報道はどうだったのだろうか。あるいはこれからは？　たとえばこのように、今後は、本書が提示した知見が、別の研究を触発し、多角的な検証が続くであろう。

書評

ドイツと日本、その未来をつなぐ研究として

伊藤智央『市民性と日本の軍国主義——一九三七年から一九四〇年における言説と、政治的意思決定過程へのその影響』(IUDICIUM、二〇一九年)

テイノ・シェルツ
(ベルリン自由大学)
(柳原伸洋訳)

一九三〇年代、日本帝国は、喫緊の課題に直面していた。それは、一九三一年(満州事変)から、とくに一九三七年(日中戦争)以降に、アジア大陸で長期にわたる総力戦を展開するという課題である。これにより、軍事・経済・政治・社会の国家規模の構造は、戦争遂行上の要求に適応せざるをえなくなった。しかし、天皇、皇室、各省庁、陸軍、海軍、議会、そして政党など、さまざまな権力中枢からなる伝統的かつ多頭的な構造は、調整のプロセスを大幅に阻害し、遅延させた。このような状況は、軍部の各グループの対立、陰謀、そしてクーデター未遂、さらに政治家の暗殺によって悪化した。この改革の行き詰まり感は、内政における軍事プレゼンスの高まり、そして軍事が改革志向の官僚や政治家と連携したことでようやく解消された。総力戦体制の構築(山之内靖)は、一九四一年からの太平洋戦争での欧米列強との軍事衝突目前、いわゆる「新体制」の樹立に、その頂点を見ることができる。

ボン大学哲学部に提出された伊藤智央(以下、著者)の博士論文「市民性と日本の軍国主義——一九三七～四〇年」は、

上述の時代的前提をもとに書かれており、一九三〇年代の日本の「軍国主義形成プロセスにおける非軍事的な構成要素の構造的役割」を分析することを目的としている（八頁）。このために、著者はふたつの事例を援用する。ひとつは「国策研究会」で、もうひとつは「昭和研究会」である。前者は一九三六年から一九四五年まで、後者は一九三三年から一九四〇年まで存在していた。法案や政治プログラムや戦略を作成し、政治システムに影響力を行使しようとすることで、どちらも半官半民のシンクタンクとして機能し、政府機関や政治団体をサポートした。具体的には、第一に、ふたつの研究会の行動の背景にはどのような思想や意図があったのか、第二に、行為の基準はどのようなものか、第三に、これらの行為が一九三〇年代や四〇年代の日本の軍国主義構造の伸張にいかなる効果を及ぼしたのか、ということである。本研究は一九三七年から一九四〇年に焦点を当てている。これは、両研究グループが政策決定プロセスに影響を与えた年だからである。本書は、先ほど概括した本書の主要な問いにしたがって構成されている。分析や知的関心を向ける位相が多岐に渡るので、その結果、著者も様々な研究手法を利用している。まずは、いわば前史と呼ばれる箇所として、両研究会の形成プロセスを叙述・分析する（第二章）。第三章では、社会ネットワークとしての両機関を分析し、そのネットワークに歴史的分析を加えた。ここで、著者は体系的な比較考察に深く立ち入ることを避けている。著者の関心は、国策研究会の「有力者」を特定すること、両研究会の組織的発展を理解すること、そしてふたつのネットワークの関係を可視化することに向けられている。結果として、著者は「国策研究会」の運営で多大な役割を果たした一〇人を特定し、その具体的な役割も明らかにした。その中でも、貴族院議員の大蔵公望（一八八二―一九六八）と下村宏（一八七五―一九五七）は中心的な存在だったとされる。続く第四章では、両組織の言説が分析される。ここで著者は、「個人な言説」と「集団の言説」を体系的に区別している。「国策研究会」の指導者たちを事例とし個人の言説の共通点として挙げられるのは、第一に、いわゆる「革新主義」である。これは、多岐にわたって政治分野の改革の必要性を唱え、それにしたがい反個人主義的あるいは反自由主義的を標榜する主義だとされる。第二に、それに関わる実践本意な点である。他方で「集団的な言説」は以下の共通点を有していた。つまり、両グループともに結局はコーポラティズム的な経済秩序を目指していたと考えられる点である。ただし、「国策研究会」は具体的な政策立案の実践問題に取り組んでいたのに対して、「昭和研究会」はより理論上の構想について議論したという。

いよいよ第五章では、著者はふたつの研究会が政治上の意思決定プロセスに与えた影響の実態を問う。このために、日本が総力戦体制へと移行するための重要な指針をまとめた「国策研究会」と「昭和研究会」の役割を分析している。具体的には、電気事業法、健康保険法、「基本国策要綱」（一九四〇年）の策定、いわゆる「新体制」の確立、そして「大政翼賛会」の設立などである。この翼賛会は、それまでは多数存在していた諸政党に代わって統一政党となり、政治体制の再編を使命とした。ここで著者が、改革の第二の「中心的基軸」とも呼べる一九三八年の「国家総動員法」について考察しないのかは疑問が残る。ここでは、両研究会が政治プロセスに与える影響の成果や限界については触れられている。著者によれば、親密な人的コネクションも部分的にはあったが、彼らは国家機関への制度上のつながりがないので、どれほど影響を及ぼすかは政治上の決定権のある者の意思にかかっていた。利害の一致の度合いが大きければ大きいほど、この政治側がより利用しようとしたというのである。この状況への対応として、程度の差はあったが、軍人や役人たちも自分たちの意向を実現するために両研究会を利用したとされる。

本研究には数多くの長所がある。ここで利用されている資料群は、出版物、研究会の内部史料、公官庁史料、同時代の報道、日記あるいは回想録などにいたるまできわめて幅広く、人脈分析などのきめ細かい分析手法が用いられている。これらを通じて、著者は、とくに両研究会の内部構造、イデオロギー的な受容、そして政治的な行動規範に光を当てることに成功している。そして、一九三〇年代の政治史における両研究会の役割について、従来の研究よりもより精確に肉薄することにも成功しているのである。その際に著者は、関係者と彼らの組織的利益の観点から事象を説明している。

しかし惜しむらくは、本研究が（とくに概念上の）可能性を十分に掘り下げきれていないことだ。ひとつには、アジア太平洋戦争期の日本の政治秩序をいかに特徴づけるかという問いである。これはその同時代的問題でもあり、同時に今日に至るまで論争を呼んでいる問題である。終戦直後にも軍国主義概念は用いられた。そのなかのひとつに、戦争とその敗北に対する責任を主に軍部に押しつけ、そして文民エリートの責任を相対化するという機能があった。だが、著者自身も強調するように軍国主義概念は、一九五〇年代以降には後景に退いていった。代わって、ファシズム概念の様々なバリエーション（とりわけ、いわゆる「天皇制ファシズム」）が支配的になった。そしてここ数十年では、総力戦概念が歴史学上の議論の分析カテゴリーとして多く用いられてきた。このような議論の進捗の利点のひとつは、政治的責任を軍部に限定的に適用することを避け、代わりに民間も含まれる様々なアクターの相互作用に焦点を当てることが可能となった点である。このような研究上の背景に照らすならば、ここ数十年の歴史学における総力戦概念に基づく主流な解釈に対して、それとの差異を明らかにしつつ、軍国主義概念の適用可能性とヒューリスティックな可能性を明示できれば、著者が提起したような分析装置としての軍国主義概念に「再び息を吹き込むこと」ができたのではないか。このような議論は、畢竟、明治時代および大正時代の日本における軍構造の問題、すなわち、一九三〇年代と一九四〇年代における軍改革のプロセスの程度や意義に対する問題として扱われなければならない。やや突飛に感じたのは、ホロコーストに対するアドルフ・アイヒマンの共同責任に関するハンナ・アーレントの「悪の凡庸さ」という（かなり物議をかもした）理論に著者が依拠したことだ。さらに、ここから著者が提起するアナロジーとして、ふたつの研究会が「悪」の原動力となったのではなく「悪」の触媒だったという説は、ここでは説得力に欠けるだろう。

他方で、両研究会の構造に対して歴史学的なネットワーク分析を用いたことは、疑問の余地なく革新的であり、これによって著者は研究会内部を活写しえたのである。ただし、軍国主義体制の確立に彼らが果たした役割という主題に答えるためには、軍関係者や大臣官僚など他の組織とのネットワーク、あるいは近衛文麿など政治的に影響力のあった個々人とのネットワークを体系的に検討することに大きな意味があると思われる。実は、著者は両研究会のメンバー自身が官僚出身だったこと、また一部は省庁の助言者として働いていたことを強調し、事実上は政治活動が禁止されていた将校が時宜に応じて両研究会の活動に参加していたこと、あるいは各省庁が公式な手段で助成金を用いて研究会の活動を支援していたことなども指摘している。しかしながら、先述のように、体系的な調査がなされていない。まさに、体系的調査にはこのネットワーク分析が有益な道具となったであろう。加えて、各時代の日本の政治構造の歴史の中に、著者自身の考察を位置づけられていない。より適切な分析手順を踏み、その結果を出していけば、本研究の論点はより強化され、より説得性をもったと思われる。

以上のような批判点はあるものの、著者の達成した研究成果は入念なものであり、多くの点でこれまでの研究状況に実りをもたらすものである。本書『市民性と日本の軍国主義——一九三七年から一九四〇年』は、両研究会が内部構造および諸関係のなかでどのように発展していったのか、そして具体的事例に則して、彼らの思想や構想が法律の制定や政治秩序の再編についての計画において、その都度、どのように考慮されていったのかを明らかにしている。さらには、実際的な決定は内閣、高級官僚、議会レベルで行われたが、著者の見解では、戦時中、民間レベルのアクターが議論や決定に到達するまでのプロセスに影響を与えたり協働したりできたと指摘されているのである。（翻訳／柳原伸洋）

〈訳者より〉

以上、伊藤智央氏の書籍『市民性と日本の軍国主義——一九三七年から一九四〇年における言説と、政治的意思決定過程へのその影響』に対するティノ・シェルツ氏の書評の翻訳である。そこで本誌『戦争社会学研究』に掲載するにあたり、訳者から著者および評者、そして書籍の紹介を添えておきたい。日本の読者に向けて、本書および本書評への理解の道筋をつけたいという編集部からの意向に応えた次第である。

まず、評者のティノ・シェルツ氏はベルリン自由大学の東アジア講座に所属する研究者（二〇二二年三月時点）である。実は訳者とはおよそ二〇年来の知己であり、研究上で私は彼から大いに刺激を受けてきた。とくに東京大学とドイツ・ハレ大学との共同研究プロジェクト「市民社会の形態変容——日本とドイツとの比較」（二〇〇七—二〇一七年）で、シェルツ氏はコーディネーターとして日独をつなぐ重要な役割を果たした。そのなかで、二〇一三年、シェルツ氏は「日本における一九世紀以降の戦死者追悼」に関する論文で博士号を取得している。

伊藤氏による本書『『市民性と日本の軍国主義』は二〇一九年にIUDICIUM社から「エアフルト・アジア史シリーズ」の一九巻目として出版された。このシリーズ主幹は、日本研究で世界的に知られるラインハルト・ツェルナー教授（現ボン大学）で、邦訳著として『東アジアの歴史　その構築』（明石書店、二〇〇九年）がある。伊藤氏はツェルナー教授の下で本書の基になる博士論文を執筆した。

伊藤氏と私は、トーマス・キューネほか『軍事史とは何か』（原書房、二〇一七年）の翻訳に携わった。他にも、彼はルーデンドルフ『総力戦』（原書房、二〇一五年）の訳者でもある。学部を東京大学で、修士課程をジーゲン大学で、博士課程をボン大学で終えられている。その間、経営コンサルタント会社に勤められる等、多岐にわたる活動をされている。今までの数々の研究業績および経験は、本書にも存分に活かされている。とくに私の目を引いたのは、データマイニングによる言説の量的分析である。この点は、シェルツ氏の書評でも高く評価されている。

以下、伊藤氏のブログに書かれている本書の章・節である。氏の許可を得て転載しておく。

6　「文民軍国主義」の意味するところとその可能性
　6.1　両研究会の特徴比較
　6.2　作用機序：軍国主義の市民的触媒
　6.3　「悪の陳腐さ」？　軍事的なもの以外から捉える軍国主義研究の可能性

本書は、全体でほぼ六〇〇頁にも及ぶ分量で、また大部の付録があるのも特徴である。付録は、データマイニングによる分析結果に当てられている。昨今着目されるデジタル・ヒューマニティーズを利用し、国策研究会と昭和研究会における人的ネットワークを関係図として可視化している。

最後に述べておきたいことがある。二〇二〇年以降、新型コロナウイルス感染症が「人の移動」を直撃した。日本とドイツとの研究者の往来はほとんど途絶えてしまった。本来であれば、伊藤氏やシェルツ氏をはじめ、本書『市民性と日本の軍国主義』をハブとして、研究者同士の交流が行われたはずだ。現時点では、この機会が失われてしまっているのが残念でならない。ゆえに、同書の書評を翻訳し『戦争社会学研究』の読者に届けることの意義は計り知れないと思っている。

テーマ別分野動向

ドイツ語圏における空襲研究の動向

柳原伸洋（東京女子大学・アウクスブルク大学）

はじめに――映画『娘は戦場で生まれた』と日本における空襲研究の「空白」

二〇一九年に公開されたドキュメンタリー映画『娘は戦場で生まれた（原題：For Sama）』（監督：ワアド・アルカティーブ、エドワード・ワッツ）という作品をご存じだろうか。カンヌ国際映画祭の最優秀ドキュメンタリー賞をはじめ、ドイツではケルン映画祭やミュンヒェン国際映画祭などでも受賞し、その受賞数は五〇以上にのぼる。(1) 日本では二〇二〇年二月に公開されたが、大きな話題を呼んだわけではない。(2)

この内奥には、日本とヨーロッパとの「空襲との距離」の違いが横たわる。『娘は戦場で生まれた』は、シリア内戦下のアレッポ市内での五年におよぶ「日常」を撮影したドキュメンタリーである。作品内では何度も実際の空爆の様子が映し出される。先ほどまで生きていた友人が血まみれになり命を落とすシーンなどが繰り返し出てくる。このような空爆による突然の死が、二一世紀の今なお続いていることを本作は知らしめる。

このドキュメンタリーがヨーロッパで特に注目されたのは、空爆下のシリアが「近しく」捉えられたためだと思う。これは物理的距離のみを指すわけではない。シリアは難民と結びつく地であり、難民受け入れによる政治的・社会的議論が欧州で沸騰していたからである。この文脈で本作は注目された。近年のドイツ各都市の空襲追悼式典でも、第二次世界大戦と現在の難民問題は重ね合わされて語られる。(3)

対して日本では、「空爆」について、難民を通じてだとしても身近に感じる機会は少なく、「今、ここ」と空襲とを接続する回路はほとんど形成されていないのが実情であろう。『娘は戦場で生まれた』の映画パンフレット、映画紹介ブログやサイトにも、シリア空襲について「日本の空爆加害・空襲気害の歴史」を通過させて語るものは見られず、(4)奇妙な空白あるいは忘却がある。ここにも、本論がテーマとする空襲研究での独日の差異が垣間見える。

一、ドイツをめぐる空襲、その実態

本章を「ドイツをめぐる空襲」と題した理由は、ナチ・ドイツが遂行した爆撃、そして逆に連合軍によるドイツ地域・占領地への爆撃を含めたかったからである。ドイツをめぐる空襲には、加害・被害の両面が包含される。これは、後述する「空襲論争」で歴史家ハンス・ウルリヒ・ヴェーラーが重視する歴史的コンテクストを意識した言葉使いである。(5)

まずはドイツ空軍が実行したヨーロッパ空爆に触れよう。一九三九年九月一日は、ナチ・ドイツがポーランドを侵攻した日だが、「開戦の地」として北ポーランド・グダニスク(当時は自由都市ダンツィヒ)のヴェステルプラッテが知られている。今なお「ヴェステルプラッテの開戦」として想起される。しかし、九月一日の開戦は、現ポーランドの中央部からやや南西にある小都市ヴィエルニへの爆撃だったことはあまり知られていない。(6)つまり、第二次世界大戦は空爆から始まった戦争なのである。ドイツ軍はその後、ワルシャワさらにロッテルダムなどを爆撃し、ブリテン島のロンドンへと爆撃の矛先を向けた。イギリスへの大爆撃、いわゆる「ブリッツ The Blitz」は一九四〇年秋ごろから四一年前半にかけての空爆作戦を指す。なお、これはイギリス側からの呼称で、ドイツでは「イングランドめぐる航空戦 **Die Luftschlacht um England**」と呼ばれた。

ドイツは一九四二年以降、英米の連合軍から激しい空爆を受けた。ドイツ国内で約六〇万人の死者と数百万の人が住居を失った。ただし、この直前の「ブリッツ」によるイギリス国内での死者四万人を無視することはできない。(7)これは、日本が遂行した重慶空爆などのアジアへの爆撃の「閑却」とともに常に想起されてもよい(8)。また、イギリス空軍の爆撃部隊の死者数は作戦行動中に四万七二六八人、故障墜落などにより八一九五人となり、四割以上が戦死したことになる(9)。空襲を語るときに、被害が前面に出ることが多いが、実際は「加害」と「被害」は複雑に絡み合っている。

これらの状況を受け、昨今では「ヨーロッパ全体」を俯瞰した研究が出されている点を指摘できよう。冷戦体制が崩壊していった一九九〇年代以降、ヨーロッパ連合（EU）における「対話的な想起の空間」（アライダ・アスマン）の創出とも関わる(10)。イギリスは二〇二〇年にヨーロッパ連合（EU）を脱退したので今後の動向は不透明だが、三〇年以上にわたる空襲記憶をめぐる取り組みは、おそらく今後も活きつづけるだろう。EUという「想起の空間」における空襲記憶についても、筆者は取り組んでいるが(11)、さしあたりここでは二〇〇三年の「空襲論争」、そしてこの論争を起点とする空襲研究の動向を描き出してみたい。

二、「空襲論争」という起点

一九九〇年代まで、ドイツの空襲研究は都市史としては各地に蓄積はあったものの、全体を俯瞰するものは主に軍事史として「軍事的な攻守」の視点からなされてきた。たとえば、ホルスト・ボークは、南西ドイツのフライブルクの軍事史研究所を拠点として空爆研究に取り組んできた(12)。この集大成として、『ドイツ・ライヒと第二次世界大戦 *Das Deutsche Reich und der Zweite Weltkrieg*』シリーズが挙げられ、二〇〇一年発行の第七巻が空爆に当てられている(13)。なお、同シリーズの「第九巻の二」で「戦時下の社会」がテーマになっており(14)、以下に紹介する二〇〇三年の空襲論争をまたいで、空からの視点から地上の社会へと眼差しが向けられている点にも着目したい。

現ドイツにおける空襲研究を理解するためには、二〇〇三年の「空襲論争」を起点として捉えると分かりやすいだろう。この「論争」が真の意味での論争だったかどうかは疑問の余地がある。ただし発端は明らかだ。イェルク・フリードリヒ『ドイツを焼いた戦略爆撃 *Der Brand*』の出版であり、本書がベストセラーになったことである。

空襲論争の前史を一九八六年のドイツ歴史家論争だと指定し、空襲論争の位置づけを筆者は過去に物した(15)。歴史家論争とは、概括すればホロコーストの一回性と比較可能性をめぐる論争であり、その時点ではドイツの加害をめぐっては「ナチズム」が対象とされていた。

ここでは歴史家論争後、一九九〇年一〇月のドイツ統一以降の変化を簡潔にまとめておこう。しばしばドイツ「再統一」と呼ばれるように、分断状態を異常とする歴史観のもとでは、統一が正常への回帰とみなされ、「普通の国」ドイツの復活という語りも見られた[16]。

「普通のドイツ人」をめぐる歴史論争が連続した時期が、一九九〇年代である。巡回展「国防軍の犯罪」をめぐる論争、ゴールドハーゲン論争、そしてヴァルザー・ブービス論争などである。これらを一言で括ってしまえば、「普通のドイツ人による加害」の過去をめぐる論争だといえる。これと同時並行的に「普通のドイツ人の被害」にも目が向けられるようになった。これは「記憶研究」へともつながる流れを形成し、以下に紹介する空襲の記憶研究の素地を生み出した。

一九九七年、作家のW・G・ゼーバルトはチューリヒ大学の講演でドイツ文学における空襲の不在を指摘した。この講演記録は『空襲と文学*Luftkrieg und Literatur*』として出版され、話題を呼んだ[17]。実際には、戦後ドイツにも空襲は文学作品のテーマとなっていた[18]。だが、ここで日本の状況と比べるならば「空襲被害」は多くの物語としては表現されず、とくに『火垂るの墓』のようなアニメーション映画なども存在しない[19]。

そして二〇〇二年、フリードリヒ『ドイツを焼いた戦略爆撃』が出版される。同書は前述の一九九〇年代の流れに影響を受けている。つまり、「ドイツの普通の人々」というテーマ設定の下で、彼らの犠牲についてドイツ全体をテーマに描こうとしたのである。公的には、主にナチ加害の責任を追求してきたドイツ連邦共和国では、「ドイツ全体の被害」はあまり描かれてこなかった。

三、戦後ドイツにおける空襲記憶の位置づけ

戦後ドイツにおいて空襲記憶は、日本とは異なっている。ここには「被追放民Vertriebene」と呼ばれる旧ドイツ東部領から避難したり追放されたりした人々の存在が大きい[20]。その総数は約一二〇〇万人とも言われる。日本の「引き揚げ者」とは異なり、何百年ものあいだ当地で生活していた人々が多く含まれている。第二次世界大戦後には、西ドイツ内で旧東部領の土地や財産の返還を求める運動を展開した。たとえば、

政党「全ドイツブロック／故郷追放民および権利剥奪者同盟 Gesamtdeutscher Block / Bund der Heimatvertriebenen und Entrechteten」は、一九五三年には連邦議会に進出して連立与党となった。彼らは戦後西ドイツにおける「被害者」の中心に位置していた。同時に、同政党は空襲犠牲者も組み込んだ補償を求めたのである。

空襲被害の記憶は、家族内そして自治体や都市レベルでは語られたり歴史展示として残されたりしたもの[21]、西ドイツ全体のレベルでは「空襲被害」が語られることは少なかった。一例としては、ボンのドイツ歴史館（Haus der Geschichte）の展示が挙げられる。同館は西ドイツの歴史展示が中心だが、その出発点には「空襲によって生み出された瓦礫」が置かれている（図1）[22]。

フリードリヒの書籍は各メディアでタブーを破った書籍として取り上げられ、大きなインパクトを生んだ。しかし、戦後ドイツにおける「空襲のタブー」は、多くの歴史学者によって否定されている[23]。事実、一九九〇年には東ドイツの歴史家オーラフ・グレーラーが『ドイツに対する爆撃戦争 *Bombenkrieg gegen Deutschland*』を公刊していたが[24]、メディアで大きく取り上げられることはなく「知られていない」だけだった[25]。

ただし、本書のもたらしたインパクトは研究動向を押さえるうえでは無視できない。二〇〇三年以降の研究、とくに若手研究者に影響を与えたといえる。この時期、空襲論争に影響を受けた研究者は、空襲研究の必要性を強く意識し、加害・被害などの倫理的価値を負わされた空襲を研究の遡上に載せて「歴史化」を志した。

以下、この空襲論争以降に、あるいはその前後に研究に着手した世代の空襲関連研究を紹介し、その概要を示したい。最初に、空襲論争以後の直近の刊行物として二〇〇七年に出版されたディトマール・ズュース編『空戦下のドイツ――歴史と想起 *Deutschland im Luftkrieg. Geschichte und Erinnerung*』を紹介しておこう[26]。これは、空襲論争以後の直近の二〇〇五年にイエナ大学で開催されたシンポジウムを基にまとめられた論文集である。内容は多岐にわたるので、研究動向として注目すべきものを抜き出しておく。

第一に、英米軍パイロットへのリンチ殺に関するバルバラ・グリムの論稿である。ドイツ地域への空襲被害が注目されるなかで、ドイツ地域に着地したパイロットへの民衆暴力（リンチ殺など）に着目している。さらに、ニコル・クラーマーは、民間防空への女性の参加状況を考察した。女性のナチ体制参加や戦争協力について研究する意義は、後ほど詳述しよう。ここで確認すべきは、二〇〇三年以降の空襲研究において女性研究者が初期から活躍していたことであろう。

　また、ナチ・ドイツの歴史研究が二〇〇〇年代以降は民間レベルでのナチ協力や迫害の実態解明に向かったことから、「民族共同体 Volksgemeinschaft」の研究が盛んになった。これを受けて、マルテ・ティーセンは、戦前・戦中・戦後の中心に空襲体験があることに着目し、民族共同体の連続性への指摘した論文である。また、戦後史では、シュテファン・ゲーベルは空襲記憶がヨーロッパ化する揺籃としてドレスデンとコヴェントリィとの関係史を書いている。

図1　ボン歴史館の展示（筆者撮影）

　以上に挙げたこれらの論文は、この後一〇年以内に各自の研究（単著）へと結実していくこととなる。

　この直後、ドイツ・レベルからさらにヨーロッパ・レベルの取り組みも公刊されている。それが、イエルク・アーノルト、ディトマール・ズュース、マルテ・ティーセン編『空戦ドイツとヨーロッパにおける想起 *Luftkrieg. Erinnerungen in Deutschland und Europa*』である。(27) この論文集は、オランダ（ロッテルダム）、イギリス、フランス、スペイン（ゲルニカ）、イタリア（ローマ）、オーストリア、そして東西ドイツ諸都市を対象とした研究論文一七本が掲載されている。

　以上のように、ドイツを中心とした空襲研究はヨーロッパ大へと拡張されていった。「空襲」という現象を通じて、共同体研究、都市史あるいは記憶文化をクロスさせ、閉じることのない「開かれた」空襲研究が実践されているといえよう。

四、空襲に関する個別研究

筆者の体感にすぎないが、ドイツの歴史学の研究速度はかなり速い。あるテーマが「発見」されると、研究者は一気呵成にそれに取り組む。もちろん、これを支えるのは既存の基礎研究である。また、大学の「講座」には正教授の下に、助教授、講師、研究員そして秘書が置かれている。場合によってはチーム一丸となって調査し、その成果を公刊するシステムがある程度は成り立っている。ただし、ドイツの大学正教授は少数で、期限付きの任用研究者が多くを占めることになる。本論の「研究動向」という性質上、制度の言及も必要かと思って、ここに記しておいた。

では話を空襲に戻し、次に二〇〇〇年代以降の個別の空襲研究を紹介しておこう。

二〇〇七年に公刊されたマルテ・ティーセン『記憶に焼き付けられたもの——一九四三年から二〇〇五年、ハンブルクにおける空戦と終戦の想起 *Eingebrannt ins Gedächtnis. Hamburgs Gedenken an Luftkrieg und Kriegsende 1943 bis 2005*』である[28]。ティーセンは、ハンブルク市を対象に、一九四三年の大空襲の被害とナチ加害とをめぐる戦後の市民社会と「過去との取り組み」との関係を考究した。彼の研究範囲は、戦中から西ドイツ、そして統一後の二〇〇五年までを射程としている[29]。また、ティーセンは、ヴェストファーレン地域研究所の所長を務め公衆衛生の歴史にも取り組んでいる。今次の新型コロナウイルス感染症の流行下で注目されている研究者である[30]。

では次に「二〇一一年」に言及しよう。同年は、先に紹介した空襲研究の論集に寄稿した若手研究者が研究を次々と結実させた年である。

まず、ディトマール・ズュースが『空からの死——ドイツおよびイングランドにおける戦時社会と空戦 *Tod aus der Luft. Kriegsgesellschaft und Luftkrieg in Deutschland und England*』を出版している[31]。これは彼の教授資格論文であり、七〇〇頁を超す浩瀚な書である。ドイツ・イギリスの両社会に、空襲が与えた影響をイメージ・防空・実戦をテーマに多角的に分析した。とくに、空襲への対策と戦争士気への影響を二国の戦時社会の分析の俎上に載せた。

同年、イェルク・アーノルトは『連合国の空戦と都市の記憶——ドイツにおける戦略爆撃の遺産 *The Allied Air War and Urban Memory. The Legacy of Strategic Bombing in Germany*』を

イギリスで出版した。[32] 同書は、西ドイツのカッセルと東ドイツのマクデブルクの都市史において空襲が残した影響を比較分析したものである。戦中の一九四三年から九五年までの時期を設定して、空襲記憶をテーマに考究する。アーノルトの研究の特徴は、一九四三年から四七年の期間に「記憶の場が生起した」と見ている点だろう。つまり、経験が記憶へと転化する時期を精確に捉えようとしている。また、「死者の追悼」と「破壊への向き合い方、つまり復興」、そして歴史叙述の三つのテーマを、いくつかの時代の区切りを用いて分析する。たとえば「死者の追悼」は、「一九四〇―四五年」と「一九四五―七九年」、そして「一九七九―九五年」を時代区分とする。「復興」については、「一九四〇―六〇年」と「一九六〇―九五年」の区分、そして「歴史叙述」では「一九四〇―七〇年」と「一九七〇―九五年」というように異なる尺度を設定した。これにより、空襲記憶の三要素が二都市でどのように絡み合っているのか、その異同を剔抉しようと試みている。

この二〇一一年には他にも注目すべき書籍が日の目を見た。ニコル・クラーマーの『家郷戦線における女性の民族同胞。動員、行動、想起 *Volksgenossinnen an der Heimatfront. Mobilisierung, Verhalten, Erinnerung*』である。[33] 同研究は、女性の防空への参加さらに戦後ドイツの「瓦礫の女性たち」の神話化が一続きで分析されている。この研究意図には背景がある。ナチ体制に対する女性協力が積極的か消極的か、あるいは半ば強制されたものかについて、一九八〇年代の末に論争を呼び、「女性歴史家論争」と呼ばれた。[34] 女性が「加害者か被害者か」という問いも立てられていた。クラーマーは、この問いとは距離を置きつつ「女性の参加・実践」を戦前・戦中の防空活動のみならず、戦後における想起の文化からも照射した。女性の「民族共同体」への参加は、畢竟、人種主義的・政治的な性質を帯びていた。しかし、これが、戦後に女性の犠牲者化や復興への協力神話が作用して閑却されていったというのである。

このような、ドイツにおける空襲研究の成果は、他国の歴史研究にも波及した。ライプツィヒ大学で博士号を取得したミヒャエル・シュミーデルの博士論文は『鉄の嵐の下で――フランスにおける空戦と社会 *„Sous cette pluie de fer": Luftkrieg und Gesellschaft in Frankreich. 1940-1944*』として二〇一三年に出版された。[35] 第二次世界大戦の時期に限定されるが、フランス社会と空爆戦争について調査研究したものである。フランスにおける戦間期の防空体制の構築プロセスを押さえた上で、ドイツ占領とヴィシー政府の下での民間人の反応、空襲犠牲者の追悼、民間防空への動員プロパガンダ、さらに戦後の記憶文化までをカヴァーする幅広い研究である。空襲は民間人にとっての直接被害であり、ダメージコントロールをすべき占領者ドイツやヴィシー政府への不信を醸成する結果となった。だが戦後、空襲被害は忘れ去られていく。なぜなら、フランスの空襲被害は、自らが属する連合国側の攻撃の結果だという複雑性を孕むからである。

他にも、ゲオルク・ホフマン『一九四三年から四五年におけるパイロットへのリンチ裁判——撃墜された連合軍機搭乗員に対する暴力 *Fliegerlynchjustiz. Gewalt gegen abgeschossene alliierte Flugzeugbesatzungen 1943–1945*』を挙げておきたい[36]。これは英米軍に対する民衆暴力（リンチ）を裁判記録から分析した研究である。「空襲の被害者としての民衆」が実行した暴力が指摘される。ホフマンはオーストリアを対象に調査をしているが、ナチ・ドイツ圏内の空襲被害の一面的な語りに一石を投じている。同時に「ナチの最初の犠牲者」を自認してきたオーストリアの犠牲者神話を批判する研究でもあろう[37]。ただし、地域研究（郷土史）では、空爆の瓦礫処理における強制労働や空襲下で苛烈化したユダヤ迫害については着目されてきた[38]。この素地があって、本研究が生まれていることは無視できない。

おわりに——空襲研究の「空白」に取り組むために

以上、二〇〇〇年代のドイツにおける空襲研究は、空襲論争の大きな影響を受けながら、民族共同体研究や女性史研究と重なり合いながら発展してきたことが分かるだろう。そして、その領域を拡げていった。

実はドイツの空襲研究の拡がりは、アジアも視野に入れはじめている。たとえば、アウクスブルク大学のディトマール・ズュースのもとで研究を進めているゾフィア・ダーフィンガーは、対日本爆撃構想において社会科学者の役割を考察した書籍を二〇二〇年に上梓した[39]。また、プリンストン大学のシェルドン・ギャロンは、ドイツ・イギリス・日本の防空思想についての比較研究プロジェクトを開始している[40]。本論で紹介したように欧州での研究が充実してきたことから、今後は国際的な対話の場も拓かれることだろう。

最後に、空襲研究の「目的」のひとつを記述しておこう。

このために、筆者は最初に映画『娘は戦場で生まれた』をわざわざ紹介したのだから。スラヴォイ・ジジェクがコロナ・パンデミックについてのエッセイで語ったように(41)、災禍の歴史や語りには常に欠損があり、次の同じような事態を防ぎきれていない。事実、二〇二二年時点でも空爆は実行され、人間を殺し続けている（2月末に開始されたウクライナ戦争でも）。『娘は戦場で生まれた』の原題『サマのためにFor Sama』のサマは、監督の娘の名であり「空」を意味する。陳腐な言い方かもしれないが空はつながっていて、本作が映し出した二一世紀の空爆は、地球上の同じ地平、そして私たちがまさに経験している時間においても現代日本とつながっている。

空襲研究には、従来の成果を踏まえつつもそれだけに留まらない視点からの取り組みが待ち望まれている。確信をもって伝えたい。空襲は汲んでも尽きない知の泉である。日本においても後進の研究者の参入を期待したい。そして、この研究動向紹介が、未来の空襲研究に資することを願っている。

※本論は、国際共同研究加速基金（国際共同研究強化）「戦後ドイツにおける空襲記憶の形成・継承の研究——日独比較を通じて」（代表：柳原伸洋、二〇一七年度——、16KK0037）、基盤研究B「現代の戦争研究と総力戦研究とを架橋する学際的戦争社会学研究領域の構築」（代表：野上元、二〇一七—二〇二一年度、17H02584）、基盤研究B「イギリスにおける第二次世界大戦の経験、記憶と『戦後』の形成」（代表：岡本宜高、二〇二一—二〇二三年度、21H00583）の助成金を用いたものである。

注

（1）映画パンフレット『娘は戦場で生まれた』（二〇二〇年、二五～二六頁）。

（2）大きな話題にならなかった一因には、映画公開後に新型コロナウイルス感染症が流行したこともあるだろう。

（3）柳原伸洋「戦後社会の「平和の風景」を探る（二） ドイツ・プフォルツハイム市での実地調査をもとに」（『東海大学紀要・文学部』第一〇五号、二〇一六年、一五五～一六九頁）。

（4）真鍋厚「『娘は戦場で生まれた』の衝撃。前代未聞のドキュメンタリーを貫く「問い」」CINRA（二〇二〇年二月二八日付）https://www.cinra.net/article/column-202002-forsama_yzwtkcl（最終アクセス：二〇二二年一月三一日）：野中モモ「こんなことを世界が許すなんて 戦地シリアでカメラが映し出す地獄と希望『娘は戦場で生まれた』」BANGER!!!（二〇二〇年三月三日付）https://www.banger.jp/movie/28961/（最終アクセス：二〇二二年一月三一日）

（5）Hans-Ulrich Wehler, Wer Wind sät, wird Sturm ernten, in: Lothar Kettenacker (Hg.), *Ein Volk von Opfern. Die neue Debatte um den Bombenkrieg 1940-1945*, Berlin 2003, S. 140-144.

（6）Joachim Trenkner, Wielń, 1. September 1939. »Keine besondere

Feindbeobachtung«, in: Lothar Kettenacker (Hg.), *Ein Volk von Opfern. Die neue Debatte um den Bombenkrieg 1940-1945*, Berlin 2003, S. 15-23.

（7） Richard Overy, Barbarisch, aber sinnvoll, in: in: Lothar Kettenacker (Hg.), *Ein Volk von Opfern. Die neue Debatte um den Bombenkrieg 1940-1945*, Berlin 2003, S. 183-187.

（8） 潘洵／徐勇・波多野澄雄監修／柳英武訳『重慶大爆撃の研究』（岩波書店、二〇一六年）。

（9） Richard Overy, *The Bombing War. Europe, 1939-1945*, Penguin 2014, p. 408.

（10） アライダ・アスマン／安川晴基訳『想起の文化　忘却から対話へ』（岩波書店、二〇一九年、二一〇～二一七頁）。

（11） 筆者は以下の科研費の分担研究者として、戦後の英独社会の比較研究に取り組んでいる。基盤研究B（代表：岡本宣高）「イギリスにおける第二次世界大戦の経験、記憶と「戦後」の形成」（二〇二一—二三年度）

（12） Horst Boog, *Die deutsche Luftwaffenführung 1935–1945. Führungsprobleme. Spitzengliederung. Generalstabsausbildung*, Stuttgart 1982など。

（13） Horst Boog, Gerhard Krebs, Detlef Vogel, *Das Deutsche Reich und der Zweite Weltkrieg, Bd.7, Das Deutsche Reich in der Defensive: Strategischer Luftkrieg in Europa, Krieg im Westen und in Ostasien 1943 bis 1944/45* , Freiburg 2001.

（14） Jörg Echternkamp (Hg.), *Das Deutsche Reich und der Zweite Weltkrieg, Bd.9/2, Staat und Gesellschaft im Kriege. Die deutsche Kriegsgesellschaft 1939 bis 1945. Ausbeutung, Deutungen, Ausgrenzung*, Freiburg 2005. なお、同書の編者のイェルク・エヒターンカンプの空襲関係の邦訳論文は以下で読むことができる。ヨルク・エヒターンカンプ／猪狩弘美訳「連合軍による空爆戦とドイツの戦時社会　1939-1945年——連邦共和国における想起の文化の変遷と歴史記述の傾向」（『ヨーロッパ研究』一五号、二〇一六年、四三～四八頁）。

（15） 柳原伸洋「戦後ドイツの歴史論争に空襲論争を位置づける——「被害者の国家」の形成」（北海道大学ドイツ語学・文学研究会『独語独文学研究年報』四四巻、二〇一八年、二五一～二六六頁）。

（16） 邦訳があるものとしては、たとえば、ハインリヒ・アウグスト・ヴィンクラー／後藤俊明・奥田隆男訳『自由と統一への長い道（二）ドイツ近現代史　ドイツ近現代史　一九三三—一九九〇年』（昭和堂、二〇〇八年）が挙げられる。ヴィンクラーの同書の位置づけについては、今野元『ドイツ・ナショナリズム　「普遍」対「固有」の二千年史』（中公新書、二八三～二八五頁）を参照のこと。

（17） W. G. Sebald, *Luftkrieg und Literatur. Mit einem Essay zu Alfred Andersch*, München 1999（邦訳：W・G・ゼーバルト／鈴木仁子訳『空襲と文学』（白水社、二〇〇八年）。また、以下も参照されたい。香月恵理「『空襲と文学』論争について」（『ドイツ文学』一三〇巻、二〇〇六年、二〇六～二一七頁）。

（18） Volker Hage, *Zeugen der Zerstörung. Die Literaten und der Luftkrieg Essay und Gespräch*, Berlin 2003.

（19） 柳原伸洋「日本・ドイツの空襲と「ポピュラー・カルチャー」を考えるために：『君の名は』『ガラスのうさぎ』『ド

レスデン』などを例に」(『マス・コミュニケーション研究』八八号、二〇一六年、三五~五三頁)。

(20) 川喜田敦子『東欧からのドイツ人の「追放」――二〇世紀の住民移動の歴史のなかで』(白水社、二〇一九年)。

(21) ドイツの空襲展示については、以下の拙稿を参照。柳原伸洋「ドイツの空襲展示 統一後のドレスデン市を中心に」(『「無差別爆撃」の転回点 ドイツ・日本都市空襲の位置づけを問う』二〇〇九年、四三~五四頁)。

(22) ヘルムート・コールの「歴史政策」として一九八二年から計画が進められたが、間にドイツ統一を経て一九九四年に完成。地上階にはナチ時代の歴史も置かれている。また、東ドイツの歴史を中心とした歴史展示は、ライプツィヒ市の「現代史フォーラム」にある。

(23) Dietmar Süß, The Air War, the Public, and Cycle of Memory, in: Jörg Echternkamp and Stefan Martens (eds.), *Experience and Memory. The Second World War in Europa*, Berghahn Books 2010, Kindle, 4515 / 7804.

(24) Olaf Groehler, *Bombenkrieg gegen Deutschland*. Berlin 1990. 東西ドイツの歴史家と空爆研究については、Bastiaan Robert von Benda-Beckmann, *German Catastrophe? German Historians and the Allied Bombings, 1945-2010*, Amsterdam University Press 2010.

(25) 筆者は、グレーラーが東ドイツの歴史家である点から、「タブー」とは言えないまでも西ドイツにおいては「空襲下の被害」を描くことに、ある種の困難さを伴ったと考える。稿を改めて分析したい。

(26) Dietmar Süß (Hg.), *Deutschland im Luftkrieg. Geschichte und Erinnerung*, München 2007.

(27) Jörg Arnold, Dietmar Süß und Malthe Thießen (Hg.), *Luftkrieg. Erinnerungen in Deutschland und Europa*, Göttingen 2009.

(28) Malthe Thießen, *Eingebrannt ins Gedächtnis. Hamburgs Gedenken an Luftkrieg und Kriegsende 1943 bis 2005*, München 2007.

(29) ティーセンの論稿は以下の邦語訳がある。マルテ・ティーセン/川手圭一訳「時代精神と現代史――『第三帝国』、ハンブルク現代史研究所とハンブルクの公衆――」(『歴史評論』七〇一号、二〇〇八年、六五~七五頁)。

(30) Malthe Thießen, *Auf Abstand. Eine Gesellschaftsgeschichte der Coronapandemie*, Frankfurt am Main 2021.

(31) Dietmar Süß, *Tod aus der Luft. Kriegsgesellschaft und Luftkrieg in Deutschland und England*, München 2011.

(32) Jörg Arnold, *The Allied Air War and Urban Memory. The Legacy of Strategic Bombing in Germany*, Cambridge 2011.

(33) Nicole Kramer, *Volksgenossinnen an der Heimatfront. Mobilisierung, Verhalten, Erinnerung*, Göttingen 2011.

(34) 田村雲供「もうひとつの「歴史家論争」女性とナチズム」(同志社大学人文科学研究所『社会科学』六四号、二〇〇一年、一~四八頁)。

(35) Michael Schmiedel, „*Sous cette pluie de fer*". *Luftkrieg und Gesellschaft in Frankreich. 1940-1944*, Stuttgart 2013.

(36) Georg Hoffmann, *Fliegerlynchjustiz. Gewalt gegen abgeschossene alliierte Flugzeugbesatzungen 1943–1945*, Paderborn 2015.

(37) 参考:水野博子『戦後オーストリアにおける犠牲者ナショ

ナリズム　戦争とナチズムの記憶をめぐって』（ミネルヴァ書房、二〇二〇年）。また、ゲオルク・ホフマンは二〇一八年に新設された「オーストリア歴史館 Haus der Geschichte Österreich」の研究員である。同博物館はオーストリア現代史を扱っており、まさに犠牲者神話を批判的に考えるための展示がある。

（38）柳原伸洋「空襲認識をめぐる諸問題——ドイツ・ドレスデンを例に」（『季刊戦争責任研究』五九号、二〇〇八年、四九～五七頁）。

（39）Sofia Dafinger, *Die Lehren des Luftkriegs. Sozialwissenschaftliche Expertise in den USA vom Zweiten Weltkrieg bis Vietnam*, Stuttgart 2020.

（40）プリンストン大学のシェルドン・ギャロンのホームページ https://history.princeton.edu/people/sheldon-garon（最終アクセス：二〇二二年二月一日）

（41）スラヴォイ・ジジェク／中林敦子訳『パンデミック 世界をゆるがした新型コロナウイルス』（Pヴァイン、二〇二〇年）。

追悼文

森岡清美先生に感謝を込めて

青木秀男
（社会理論・動態研究所）

森岡清美先生が逝去されました。寂しいことです。高齢になっても精力的に研究されるお姿が、眩しくみえました。最後まで研究を続けられたのでしょう。そのような先生の気力の万分の一なりとも、あやかりたいものです。編集委員会より先生のお人柄を偲ぶ一文を書いてほしいと頼まれました。私がその任に合うのかどうか。個人的な話でもいいということですので、三つの先生の思い出を書かせていただきます。

森岡先生に最初にお会いしたのは、一九八二年（頃）、西日本のある勤務大学が社会学専攻の大学院修士課程を設けようと文部省（当時）に教員名簿を提出した時でした。大学設置審議会の社会学専門委員をされていた先生を同僚と訪ねました。すでに先生は、名簿にある教員の業績を精査されていました。その評価は、それは厳しいものでした。先生は、なぜそのような評価をされたのかを説明されました。先生の完璧なご説明に、私たちは一言もありませんでした。（思想としての）「大学解体」を叫んだばかりの全共闘世代の私は、大学の教員になっていたとはいえ、大学の学問に浅からぬ不信を抱いていました。しかしこの時、先生のお言葉を聞きながら、「研究とは何か」「社会学するとは何か」に思いを致し、わが学問不信の思慮短慮を思い知りました。人間解放の社会学を信じていいんだと思いました。それが、私の社会学への再出発となりました。先生に感謝です。

一九九〇年、勤務大学は、私たち社会学教員五人を解雇しました。解雇理由は、調査実習の経費の費目を変更して使用したということでした。詳細は省きますが、私たちは解雇処分に納得せず、その不当性を日本社会学会にも訴えました。その時森岡先生が会長をされていました。先生は、費目変更で解雇するようでは、社会学の調査はとてもできない、社会調査にはいろんな現場の事情が伴うのであり、違法な使途は論外として、可能な限り調査の実際が考慮されるべきだと言われました。そして、理事会に諮って大学と文部省への意見をとりまとめたいと言われました。しかしそれは叶いませんでした。先生は、いろんな意見が出てまとめることができなかった、申し訳ないと言われました。忘れもしません、その年の学会大会の控室での話です。そして先生は、東京教育大学の閉校をめぐる反対運動で私も造反教員として頑張りました、ゼミの学生には刑事の尾行までつきました、あなたたちも「大学権力」に負けないで頑張ってください、応援していますと言われました。その後、裁判闘争は一〇年続きましたが、その間、私の心を支えたのは、先生の「頑張れ、応援しています」のお言葉でした。先生に感謝です。

戦争社会学研究会が設立された経緯は、本誌四巻で書かせていただきました。森岡先生のご自宅へ伺った時、先生は、戦争の苦渋と研究への思いを切々と語られました。時代への責任と社会学の使命を説かれる先生のお言葉が胸を打ちました。先生は、ご自身の兵役体験を重ねられ、学徒兵・特攻隊員の「習俗的役割人間」「主体的役割人間」の意味世界を分析され、それを膨大な資料の「重ね焼き法」で検証されて、先生の戦争社会学を築かれました。私は、先生のご研究に触発されて、兵士の精神構造の分析という形で先生の後を追いました。これまた先生に感謝です。

思い出話で恐縮でした。人間の不条理への毅然たる態度と冷徹な研究への眼差し。そこに先生の強い生の意志を見ました。これが、私が知る森岡先生のお人柄です。先生に出会って幸せでした。先生が逝去されて寂しいです。研究の恩返しができませんでした。申し訳ないです。

編集後記

第一二回戦争社会学研究会大会（二〇二一年四月二四日〜二五日）はコロナ禍によりオンライン開催となった。初めての試みではあったが、高橋三郎先生の基調講演、シンポジウム「ミリタリー・カルチャー研究の可能性を考える」をはじめ六本の個人報告があり、これまでの対面での開催に劣らないほど充実した内容であった。『戦争社会学研究』第六巻の特集のひとつは研究会大会のシンポジウムおよび基調講演を基にまとめたものである。また、特集2「戦争体験継承の媒介者たち――ポスト体験時代の「継承」を考える」は独自企画である。戦争体験者世代の高齢化が進む中で、非体験者の「送り手」を「戦争体験継承の媒介者」と捉え、その多様な実践の可能性を検討するものである。

投稿論文は五本の投稿があったうち、査読に基づき二本を掲載した。書評すべき本は多数あったが、比較的長文の書評論文三本、書評六本を掲載した。テーマ別分野動向は「ドイツ語圏における空襲研究の動向」について、柳原伸洋さんにご執筆いただいた。

また本研究会の発足と発展にご尽力いただいた森岡清美先生が本年一月にご逝去され、青木秀男さんに追悼文をお願いした。

本号の編集も大詰めの二月二四日に、ロシア軍がウクライナに侵攻した。戦場から届く無差別爆撃や国民総動員令などの情報は強烈な既視感を抱かせるものであり、前世紀の戦争の様態がいまだに存在していることをまざまざと感じさせられた。その中でも戦争の新しい次元がいくつか見られるように思う。ひとつは、核使用と原発攻撃がもたらす現実的な危機がかつてないほどに高まっていることである。また、もうひとつの特徴は周辺をも巻き込んだ双方の激しいサイバー攻撃や戦場から

ＳＮＳを通して瞬時に世界中に拡散される情報戦がきわめて重要な意味を持つようになったということである。そして今までにない経済制裁が課されようとしているが、経済のグローバル化のもとでは、全世界に影響を及ぼすことは避けられないだろう。侵攻から一か月経過しているが、いまだ終結はまったく見通せない。

二〇二二年三月

戦争社会学研究編集委員会
亘　明志

執筆者一覧（五〇音順）

【特集1】

青木深（あおき・しん）
都留文科大学教授。一九七五年、神奈川県生まれ。一橋大学大学院社会学研究科博士後期課程修了。博士(社会学)。専門は歴史人類学、ポピュラー音楽研究。主著に『めぐりあうものたちの群像——戦後日本の米軍基地と音楽1945-1958』(大月書店、二〇一三年)、共著に『音楽の未明からの思考——ミュージッキングを超えて』(野澤豊一・川瀬慈編著、アルテス・パブリッシング、二〇二一年)など。

吉田純（よしだ・じゅん）
京都大学教授。一九五九年、大阪府生まれ。京都大学大学院文学研究科博士課程中退。博士（文学）。専門は理論社会学、社会情報学。主著に『インターネット空間の社会学——情報ネットワーク社会と公共圏』（世界思想社、二〇〇〇年）、編著に『ミリタリー・カルチャー研究——データで読む現代日本の戦争観』（青弓社、二〇二〇年）、共編著に『モダニティの変容と公共圏』（京都大学学術出版会、二〇一四年）など。

高橋由典（たかはし・よしのり）
京都大学名誉教授。一九五〇年、東京都生まれ。京都大学大学院文学研究科博士課程研究指導認定退学。博士（文学）。専門は社会学。主著に『感情と行為——社会学的感情論の試み』（新曜社、一九九六年）、『社会学講義——感情論の視点』（世界思想社、一九九九年）、『行為論的思考——体験選択と社会学』（ミネルヴァ書房、二〇〇七年）、共著に、高橋三郎編『共同研究・戦友会』（田畑書店、一九八三年）、高橋三郎編『新装版共同研究・戦友会』（インパクト出版会、二〇〇五年）、戦友会研究会『戦友会研究ノート』（青弓社、二〇一二年）など。

永冨真梨（ながとみ・まり）
関西大学社会学部メディア専攻助教。一九七九年、京都府生まれ。同志社大学大学院グローバル・スタディーズ研究科博士後期課程修了。博士(アメリカ研究)。専門は越境文化史・ポピュラー音楽研究。主論文に"Remapping Country Music in the Pacific: Country Music and Masculinities in Post-War Japan, 1945-56" Journal of Popular Music Studies 32(2) (2020)、共著に『ポップ・ミュージックを語る10の視点』(アルテス・パブリッシング、二〇二〇年)、共訳に『反日——東アジアにおける感情の政治』(人文書院、二〇二一年)など。

須藤遙子（すどう・のりこ）
東京都市大学メディア情報学部教授。一九六九年、神奈川県生まれ。横浜市立大学大学院国際総合科学研究科博士課程修了。博士（学術）。専門はメディア論、文化政治学。主著に『自衛隊協力映画――『今日もわれ大空にあり』から『名探偵コナン』まで』（大月書店、二〇一三年）、共編訳に『対米従属の起源――「１９５９年米機密文書」を読む』（大月書店、二〇一九年）、共編著に『Cultural Politics around East Asian Cinema:1939-2018』（京都大学学術出版会、二〇一九年）など。

山本昭宏（やまもと・あきひろ）
神戸市外国語大学准教授。一九八四年、奈良県生まれ。京都大学大学院文学研究科博士課程修了。博士（文学）。専門は日本近現代文化史、歴史社会学。主著に『核エネルギー言説の戦後史 1945~1960――「被爆の記憶」と「原子力の夢」』（人文書院、二〇一二年）、『核と日本人――ヒロシマ・ゴジラ・フクシマ』（中公新書、二〇一五年）、『大江健三郎とその時代』（人文書院、二〇一九年）など。

【大会基調講演】
高橋三郎（たかはし　さぶろう）
京都大学名誉教授。一九三七年、栃木県生まれ。京都大学文学研究科博士課程修了。専門は社会学。主著に『「戦記もの」を読む』（アカデミア出版会、一九八八年）など。

【特集2】
根本雅也（ねもと・まさや）
松山大学准教授。一九七九年、神奈川県生まれ。一橋大学大学院社会学研究科博士課程修了。博士（社会学）。専門は社会学。主著に『ヒロシマ・パラドクス――戦後日本の反核と人道意識』（勉誠出版、二〇一八年）、共編著に『原爆をまなざす人びと――広島平和記念公園８月６日のビジュアル・エスノグラフィ』（新曜社、二〇一八年）など。

木村豊（きむら・ゆたか）
大正大学心理社会学部専任講師。一九八三年、茨城県生まれ。慶應義塾大学大学院社会学研究科後期博士課程単位取得退学。博士（社会学）。専門は文化社会学、時間の社会学、記憶論。主論文に「東京大空襲で生き残った者の記憶実践」（浜日出夫編著『サバイバーの社会学――喪のある景色を読み解く』ミネルヴァ書房、二〇二一年）、「東京大空襲の集合的記憶と『戦後』の時間感覚――モニュメントにおける死者表象の変容に着目して」（『軍事史学』第五十一巻二号、二〇一五年）。

深谷直弘（ふかや・なおひろ）

福島大学地域未来デザインセンター客員准教授。一九八一年、北海道生まれ。法政大大学院社会学研究科博士後期課程修了。博士（社会学）。専門は記憶の社会学、地域社会学、震災アーカイブズ論。主著に『原爆の記憶を継承する実践――長崎の被爆遺構保存と平和活動の社会学的考察』（新曜社、二〇一八年）、主論文に「東日本大震災の記憶を残す活動と震災遺物保存の意味――福島県を事例として」（吉原直樹ほか編『東日本大震災と〈自立・支援〉の生活記録』六花出版、二〇二〇年）、「東日本大震災の経験と生活史――家族誌を書くことの意味とふるさとへの思い」山川充夫ほか編『福島復興学Ⅱ』八朔社、二〇二一年）など。

清水亮（しみず・りょう）

日本学術振興会特別研究員ＰＤ（早稲田大学）。一九九一年、東京都生まれ。東京大学人文社会系研究科博士課程修了。博士（社会学）。専門は社会学。主著に『「予科練」戦友会の社会学――戦争の記憶のかたち』（新曜社、二〇二二年）。主論文に「公立戦争博物館における教育・観光の分業と兼業――海軍航空隊展示製作過程における施設認識のせめぎ合い」（『軍事史学　特集「戦争博物館と戦争記憶のあり方」』五七巻四号、二〇二二年）、「戦争体験と「経験」――語り部のライフヒストリー研究のために」（『社会の解読力〈歴史編〉』新曜社、二〇二二年）。

大川史織（おおかわ・しおり）

国立公文書館アジア歴史資料センター調査員。一九八八年、神奈川県生まれ。慶應義塾大学法学部政治学科卒。ドキュメンタリー映画『タリナイ』（二〇一八年）、『keememej』（二〇二一年）監督。編著に、『マーシャル、父の戦場――ある日本兵の日記をめぐる歴史実践』（みずき書林、二〇一八年）、『なぜ戦争をえがくのか――戦争を知らない表現者たちの歴史実践』（みずき書林、二〇二一年）。

市田真理（いちだ・まり）

公益財団法人第五福竜丸平和協会学芸員。一九六七年、北海道生まれ。日本大学文学研究科史学専攻修士課程。修士（文学）。共著に『フィールドワーク第五福竜丸展示館』（平和文化、二〇〇七年）、主論文に「外交文書にみるビキニ事件をめぐる日米交渉」、「表現されるビキニ事件」（第五福竜丸平和協会編『第五福竜丸は航海中』、二〇一四年）、「第五福竜丸と『ビキニ』事件」（川口隆行編著『〈原爆〉を読む文化辞典』青弓社、二〇一七年）、「核の記憶とともに」（蘭信三・小倉康嗣・今野日出晴編『なぜ戦争体験を継承するのか――ポスト体験時代の歴史実践』みずき書林、二〇二一年）。

兼清順子（かねきよ・じゅんこ）

立命館大学国際平和ミュージアム学芸員。一九七五年、東京都生まれ。トロント大学大学院博物館学修士課程修了。主論文に「『平和と民主主義』のもとに――立命館大学国際平和ミュージアム」（蘭信三・小倉康嗣・今野日出晴編『なぜ、戦争体験を継承するのか――ポスト体験時代の歴史実践』みずき書林、二〇二一年）

岡田林太郎（おかだ・りんたろう）

みずき書林代表取締役社長。一九七八年、アメリカ・ボストン生まれ。早稲田大学第一文学部卒。本文で言及した以外の主な刊行書籍に、戦争社会学研究会編『戦争社会学研究』（二〇一八年～）、大川史織編『マーシャル、父の戦場――ある日本兵の日記をめぐる歴史実践』（二〇一八年）、山本昭宏編『近頃なぜか岡本喜八――反戦の技法、娯楽の思想』（二〇二〇年）など。

【投稿論文】

中原雅人（なかはら・まさと）

神戸大学大学院国際協力研究科特命助教。一九九〇年、兵庫県生まれ。神戸大学大学院国際協力研究科博士課程修了。博士（政治学）。専門は政治学、自衛隊論。主論文に「防衛協会・自衛隊協力会に関する一研究――１９６０年代の全国的設立を中心に」（『次世代人文社会研究』第一七号、二〇二一年）、「１９６０年代における財界人の自衛隊支援活動の一例――大阪防衛協会を中心に」（『立命館平和研究』第二二号、二〇二一年）など。

福田祐司（ふくだ・ゆうじ）

神戸市外国語大学大学院博士課程。一九八九年、山口県生まれ。神戸市外国語大学大学院修士課程修了。修士（文学）。専門は日本近現代文化史、歴史社会学。主論文に「『ジャズ音楽取締上の見解』（一九四一年）における『健康』と『人種』の表象――ジャズ雑誌『ヴァラエティ』との比較を通して」（『神戸市外国語大学研究科論集』第二三号、二〇二〇年）。

【書評論文】

田中悟（たなか・さとる）

摂南大学国際学部准教授。一九七〇年、大阪市生まれ。神戸大学大学院国際協力研究科博士後期課程修了。博士（政治学）。専門は政治学・宗教学。主著に『会津という神話―〈二つの戦後〉をめぐる〈死者の政治学〉』（ミネルヴァ書房、二〇一〇年）、編著書として『平成時代の日韓関係―楽観から悲観への三〇年』（木村幹・金容民と共編、ミネルヴァ書房、二〇二〇年）。

宮部峻（みやべ・たかし）
親鸞仏教センター研究員。一九九一年、大阪府生まれ。東京大学大学院人文社会系研究科博士課程修了。博士（社会学）。専門は歴史社会学、宗教社会学。主論文に「信仰と組織をめぐる矛盾と運動――戦後の封建遺制論と真宗大谷派の改革運動に注目して」（『年報社会学論集』第三十四号、二〇二一年）、「戦後日本社会における『大衆』と『宗教』――高木宏夫の宗教研究の理論的再評価を通じて」（『現代社会学理論研究』第十五号、二〇二一年）など。

野上元（のがみ・げん）
早稲田大学教授。一九七一年、東京生まれ。東京大学大学院人文社会系研究科修了。博士（社会情報学）。専門は歴史社会学、戦争社会学。主著に『戦争体験の社会学』（弘文堂、一九七一年）、共編著に『シリーズ戦争と社会（全5巻）』岩波書店、二〇二一―二二年）など。

【書評】
角田燎（つのだ・りょう）
立命館大学大学院社会学研究科博士後期課程。一九九三年、東京生まれ。専門は歴史社会学。主論文に「特攻隊慰霊顕彰会の歴史――慰霊顕彰の『継承』と固有性の喪失」（『戦争社会学研究』第四巻、二〇二〇年）、「戦後偕行社の大規模化と政治的中立のメカニズム」（『立命館大学人文科学研究所紀要』一三〇巻、二〇二二年）など。

四條知恵（しじょう・ちえ）
広島市立大学広島平和研究所准教授。広島県生まれ。九州大学比較社会文化学府博士後期課程修了。博士（比較社会文化）。専門は歴史社会学。主著に『浦上の原爆の語り――永井隆からローマ教皇へ』（未來社、二〇一五年）。

福浦厚子（ふくうら・あつこ）
滋賀大学教授。一九六三年、京都府生まれ。京都大学大学院教育学研究科博士課程修了。博士（人間・環境学）。専門は文化人類学、ジェンダー研究。共著に『自衛官と家族の心をまもる――海外派遣によるトラウマ』（あけび書房、二〇二一年）、『トラウマ研究2 トラウマを共有する』（京都大学学術出版会、二〇一九年）。

ティノ・シェルツ（Tino Schölz）
ベルリン自由大学研究員。マルティン・ルター大学ハレ・ヴィッテンベルク博士課程修了。博士（歴史学）。専門は日本学、歴史学。主著に、*"Die Gefallenen besänftigen und ihre Taten rühmen": Gefallenenkult und politische Verfasstheit in Japan seit der Mitte des 19.*

Jahrhunderts, De Gruyter Oldenbourg: München 2015. 論文に「石原莞爾――ドイツ軍事史研究から最終戦争論へ」（趙景達・原田敬一・村田雄一郎・安田常雄編『東アジアの知識人――戦争と向き合って』有志舎、二〇一四年）、「過去との断絶と連続――一九四五年以降のドイツと日本における過去との取り組み」（マンフレート・ヘットリングとの共著、川喜田敦子訳、石田勇治・川喜田敦子編『現代ドイツへの視座――ナチズム・ホロコーストと戦後ドイツ』勉誠出版、二〇二〇年）など。

【研究動向】

柳原伸洋（やなぎはら・のぶひろ）

東京女子大学准教授。アウクスブルク客員研究員。一九七七年、京都府生まれ。東京大学大学院博士課程単位取得退学。修士（学術）。専門はドイツ近現代史、空襲研究。主著に「第一次世界大戦の空襲とドイツの民間防空――家郷（Heimat）と防衛（Schutz）との溶け合い、そして『武器を持たない兵士』の出現」鍋谷郁太郎編『第一次世界大戦と民間人』（錦正社、二〇二二年）、「戦争と文化　―戦後ドイツの子ども文化に日本を照らして」野上元、佐藤文香ほか編『シリーズ 戦争と社会 一「戦争と社会」という問い』（岩波書店、二〇二一年）、共編著に『ドイツ文化事典』（丸善出版、二〇二〇年）など。

【追悼文】

青木秀男（あおき・ひでお）

特定非営利活動法人社会理論・動態研究所所長。福井県生まれ。大阪市立大学大学院文学研究科博士課程修了。博士（社会学）。専門は都市社会学、歴史社会学、部落問題研究。主論文に「原爆と被差別部落――被害の構造的差異をめぐって」（『社会学評論』六十六巻一号、二〇一五年）など。

【編者】

戦争社会学研究会

戦争と人間の社会学的研究を進めるべく、社会学、歴史学、人類学等、関連諸学の有志によって設立された全国規模の研究会。故・孝本貢（明治大学教授）、青木秀男（社会理論・動態研究所所長）の呼びかけにより2009年5月16日に発足し、以後、年次大会をはじめ定期的に研究交流活動を行っている。

戦争社会学研究　第6巻　ミリタリー・カルチャーの可能性

2022年6月20日　初版発行

編　者　戦争社会学研究会
発行者　岡田林太郎
発行所　株式会社 みずき書林
〒150-0012　東京都渋谷区広尾1-7-3-303
TEL：090-5317-9209　FAX：03-4586-7141
E-mail：rintarookada0313@gmail.com
https://www.mizukishorin.com/

印刷・製本　シナノ・パブリッシングプレス
組版　江尻智行
装丁　宗利淳一

ISBN 978-4-909710-24-6 C3030

乱丁・落丁本はお取り替えいたします。定価はカバーに表示してあります。

「戦争社会学研究」バックナンバーのご案内

1 ポスト「戦後70年」と戦争社会学の新展開

Ａ５判並製・１８４頁／定価：本体２２００円＋税／978-4-909710-01-7 C3030／品　切

戦争や軍事は、人文社会科学にとって、私たち「人間」が群れを作り、他者と関わりながら自由と平等、秩序や安全を折りあわせる場である「社会」の存立そのものに関わる根本的な領域である。あまりに重要すぎて、すべてに透徹する真理、すべての人を納得させる原理・原則はないと考えた方がよい。私たちが自由な社会にいる以上、様々な立場があって当然な対象領域である。

それゆえ、ここで求められているのは、巨大な社会問題としての戦争と軍事を、市民が討議するための題材の提供や論点の整理であり、討議をより活発にし有意義にするための創発となることである。

2 戦争映画の社会学

Ａ５判並製・３０４頁／定価：本体３２００円＋税／978-4-909710-02-4 C3030

大岡昇平による『野火』は市川崑と塚本晋也によって2度映画化された。同一作品は、表現形式によって、時代によっていかに変奏され、受容されるのか。また、山本五十六の表現から『戦艦ヤマト』『この世界の片隅に』まで、娯楽作品において戦争はどのように表現され、消費されてきたのか。社会学・歴史学・人類学のアプローチから、文学と映画に描かれた戦争を読み解く「特集1　戦争映画の社会学」。「特集2　旧戦地に残されたもの」では、ニューギニアを舞台にした戦友会の活動、マーシャルでの朝鮮人軍属の問題、遺骨収集や戦後保障の問題を考える。

3　宗教からみる戦争

A5判並製・280頁／定価：本体3000円+税／978-4-909710-09-3 C3030

宗教と戦争は、人の生死に関わる。戦争は人間にとって限界状況として立ち現れる事態である。多くの宗教では殺生に対する戒律を有し、相互に殺害し合う事態をもたらす戦争を「悪」と捉えて、平和を好むと考えられてきた。

しかし他方で、宗教や信仰者は戦う主体でもあった。宗教が戦争の道義性を担保して「正戦」として後押ししたり、さらには宗教的世界観、教義から戦いそのものを「聖戦」として積極的に推進することもある。近代戦で宗教が担ってきた役割とは。信仰と暴力の関係に迫る。

4

軍事研究と大学とわたしたち

Ａ５判並製・２４０頁／定価：本体２８００円＋税／978-4-909710-12-3 C3030

近年、再び学術と軍事が接近しつつある――。多様化・複雑化する学術と軍事の結びつきに対して、大学・研究者はいかに学問の自由を守り、自立・自律するか。「学術の軍事化」への警鐘を鳴らす。大学と軍事研究のありかたを問う特集1のほか、「特集2　井上義和著『未来の戦死に向き合うためのノート』をめぐって」「特集3　戦争社会学研究会――これまでの10年と今後のあり方」を収める。

5

計量歴史社会学からみる戦争

Ａ５判並製・２３２頁／定価：本体２８００円＋税／978-4-909710-17-8 C3030

アジア・太平洋戦争の敗戦は、日本に平等化をもたらしたのか？　不平等・格差が拡大しつつあるいま、戦争や暴力による社会の流動化を正当化する言説に対して、計量分析というデータの力は、どのような可能性を提示できるのか。「特集1　計量歴史社会学からみる戦争」では、大規模な社会調査データを駆使して、人々の不平等感や不公平感といった〈感覚〉を可視化する計量歴史社会学の試みを論じる。